# 持続可能な生き方をデザインしよう

## 世界・宇宙・未来を通して いまを生きる意味を考えるESD実践学

高野雅夫
編著

明石書店

# はじめに

今、世界は大きく変動しています。どれくらいの大きさの変動かというと、産業革命が本格化し現代社会とされる時代がスタートしたおよそ150年前以来の大変動です。そのような時代に、これから自分の将来を考える若い世代に向けて、私たちはこの本を作りました。社会が大きく転換しようとする時代には、親の世代の姿は参考にはなりません。皆さんの目の前にあらかじめ敷かれたレールはないのです。新しい働き方、暮らし方、生き方を自ら考え、切り開いていく必要があります。これはとてもたいへんなことですが、一方で、とてもクリエイティブで手応えのあることでもあります。150年に一度というたぐいまれなチャンスに出会ったのだと前向きにとらえて、果敢にチャレンジして欲しいと思います。

私たちは、そういうチャレンジをするためには、私たちが生きる地球や社会全体を大きく捉える確かな目が必要だと考えました。一方で、皆さん一人ひとりの具体的な人生を考えるためには、先輩たちの生きる姿をリアルに知ることが必要だとも考えました。その結果、総勢25人の執筆者によるこの本ができあがりました。執筆者はそれぞれ別々の分野で日々活動しています。でも現代の世界に対する共通の問題意識とそれに替わる共通の将来展望を持っています。経済成長、グローバル化、拡大、分業、競争で特徴づけられる現代社会に対して、脱成長、地域主義、身の丈に合った暮らし、自給、分かち合い、共生、自治をキーワードとする社会です。なぜそちらの方が良いかと言うと、そのような社会の方が、皆が自分らしく生き生きとした充実した人生を歩めると思うからです。そのような社会はまだこの地球に実現していませんが、それを構築することを目指してそれぞれの分野で取り組むことが、質の高い充実した人生をもたらすと考えて、私たちは日々実践しているわけです。

その中で私たちが根本から考え抜き、また人生をかけてチャレンジしていることをこの本でお伝えします。きっと皆さんが将来を考える時に、ピンとくるヒントがたくさんあることでしょう。さあ、新しい時代をきり開く、荒々しくもわくわくする旅に出かけましょう。

序　章

# いまを生きる意味
## —自分・世界・宇宙・未来—

古沢広祐（ふるさわ・こうゆう）

1950 年生まれ。國學院大學経済学部教授。専門は持続可能社会論、環境社会経済学。(特活)「環境・持続社会」研究センター（JACSES）代表理事、(特活) 日本国際ボランティアセンター（JVC）理事、市民セクター政策機構理事なども務める。地球環境問題に関連して永続可能な発展と社会経済的な転換について、持続可能な生産消費、世界の農業食料問題とグローバリゼーション、環境保全型有機農業、エコロジー運動、社会的経済・協同組合論、NGO・NPO 論などについて研究。著書に『地球文明ビジョン』（日本放送出版協会)、『共生時代の食と農』（家の光協会)、共著に『共存学』（全４冊、弘文堂)、『共生社会Ⅰ、Ⅱ』（農林統計出版)、『ギガトン・ギャップ：気候変動と国際交渉』（オルタナ)、『安ければ、それでいいのか！？』（コモンズ）など多数。

# Ⅰ　私たちはどこから来て、どこへ向かうのか

## 私たちが生きる世界

この世は自分をさがしに来たところ
この世は自分を見に来たところ
どんな自分が見付かるか　自分
どこかに自分がゐるのだ――出て歩く
新しい自分が見たいのだ――仕事する……

（「いのちの窓」、河井寛次郎の言葉より）

いまを生きていること――、不思議ですね。この世の中に世界があり、あなたがいて、私たちの世界があり、いまを生きています……。

自分という存在、生きている今、その不可思議さについて考えたことはありませんか。家族や友人たちがいて、世界や社会の広がりがあって、当たり前のように暮らしている日常ですが、死を考えたり、自分がいない世界を考えたりすると、そこに存在をめぐる不可思議な問いが頭をもたげます。

内なる自分と外なる世界、これをあまり意識しすぎると混迷しますので、自分とともに世界という存在の大切さを意識しつつ、相互連続体としていまを生きる自分を把握しておきましょう。さらに、今はずっと続きながらも変化して、自分が成長していくように社会や世界の姿も大きく変化していきます。

いま私たちが目にして感じとっている世界、この世界は不条理に満ちていますね。豊かさに恵まれた人々と、貧しい人々がいて、貧富の格差のみならず、住まいや親しい人もなく、不安、憂い、孤独に苛まれている人々も多くいます。いまの世界にとどまらず、さらに、長い人類の歴史に思いをはせると、生存競争のみならず過度な敵対や抗争が繰り返されてきました。幸せに安心して暮らす営みが数多くある一方で、大小の犯罪から、内戦、戦争、ジェノサイド（大虐殺）にいたるまで、無数ともいえる争いがあり、そこでは尊い命が奪われてきました。21 世紀のいま現在も、この地上のどこかでこうした事態がおきています。

人間とは、いったいどのような存在なのでしょうか？　私たちは、どこから来て、どこへ向かうのか、これは多くの先人たちが問いかけてきた疑問です。私たちもこの問いを胸にして、自分のいまを問い、これからの将来を見すえて、社会や世界のあり方を考えることから出発することにしましょう。

### 宮沢賢治にみる先人の思い、その後の世界

「世界がぜんたい幸福にならないうちは　個人の幸福はあり得ない」、この言葉は宮沢賢治の『農民芸術概論』のなかの一文です。かれは1896（明治29）年生まれですので、一世紀以上前に生を得た人ですね。壮大な世界を思い描き、その童話作品はいまも私たちの心をとらえています。自分と世界を問い、幸福な社会と人間の未来の姿を希求した人物ですが、かれは『農民芸術概論』のこの一文に続いて、次のように語っています。

> 自我の意識は　個人から集団 社会 宇宙と次第に進化する……新たな時代は　世界が一の意識になり生物となる方向にある／正しく強く生きるとは　銀河系を自らの中に意識してこれに応じて行くことである……

ここに、かれが願い希求した世界と人間のあり方が示されています。このロマンチックともいえる壮大な思いと願いは、過酷な現実によって裏切られていきます。かれが没した1933年に、日本は国際連盟を脱退しました。その後に、日中戦争（1937年）がおき、そして“大東亜共栄圏”を掲げて太平洋戦争（1941年）に突入して、国の内外にて無数の命が失われました。

そして第2次世界大戦後、世界は新たな出発をめざします。私たちの世界は宇宙にまで広がり、人類は地球時代の到来をむかえたかにみえました。

> ……地球を離れて、はじめて丸ごとの地球を一つの球体として見たとき、それはバスケットボールくらいの大きさだった。（中略）はじめはその美しさ、生命感に目を奪われていたが、やがて、その弱々しさ、もろさを感じるようになる。感動する。宇宙の暗黒の中の小さな青い宝石。それが地球だ。地球の美しさは、そこに、そこだけに生命があることか

らくるのだろう。自分がここに生きている。……

（立花隆〔1985〕『宇宙からの帰還』中公文庫，pp.133-134，宇宙飛行士の言葉より）

宇宙から見る地球には国境なんかない……自分が地球に生まれた生命のひとしずくだと感じた……

（日本人宇宙飛行士、毛利衛さんのスペースシャトルからのメッセージ、1992年）

思えば1961年、はじめて人類が宇宙に飛び出して以来、宇宙空間に浮かぶ小さな真珠のような地球を目の当たりにして、人・世界・宇宙という自らの存在の不思議さに、私たちはあらためて気づかされました。人間と地球という存在、そのかけがえのなさは、1972年にスウェーデンのストックホルムで開催された国連人間環境会議での標語、「かけがえのない地球」（Only One Earth）に示されました。地上を離れて宇宙から見た美しい惑星、かけがえのない地球。しかしその地球では、人類活動によって危機的な事態がひき起こされていたのです。

その20年後の1992年、ブラジルのリオデジャネイロで開催された地球サミット（国連環境開発会議）では、持続可能な発展（Sustainable Development）がキーワードに掲げられ、気候変動枠組み条約、生物多様性条約、アジェンダ21（21世紀行動計画）などが採択されました。

当時、カナダから地球サミットに参加した12歳の少女（セヴァン・スズキ）が、「……直し方のわからないものを、壊しつづけるのはもうやめてください……」と大人たちに訴えた6分間ほどの感動的スピーチは、その後インターネット（YouTube）に掲載され、「伝説のスピーチ」として世界中の人々に今も共有され続けています[1]。

1 「セヴァン・スズキ：伝説のスピーチ動画」としてYouTube（https://www.youtube.com/watc

そうした流れは、その後、2000年の国連総会での「ミレニアム開発目標」（MDGs：途上国の貧困撲滅をめざす目標）の動きを生みました。また、地球サミット（1992）から10年目の2002年にヨハネスブルグ・サミット（持続可能な開発に関する世界首脳会議）が開催され、その際に「持続可能な開発のための教育（ESD）10年」が提案されました。それを契機に、持続可能な社会づくりに21世紀の教育がもつ新たな意義と可能性が再認識されたのでした。

このサミット開催の同年の国連総会決議により2005年から2014年までの10年を「国連ESDの10年（DESD）」とすることが決まり、ユネスコが主導機関に指名されました。ESDとは、地球環境を保全し持続可能な社会づくりのための担い手となる人間を育成することをめざすものであり、未来世代の育成に大きな希望が託されたのです。このESD実施10年計画が2014年まで取り組まれて、その後も「国連ESDの10年」の後継プログラムとして「ESDに関するグローバル・アクション・プログラム（GAP）」が、2014年国連総会で承認され、継承され続けています。

さらに地球サミットから20年目、2012年に国連持続可能な開発会議（通称「リオ+20」）が開催されました。そこでは、2000年からの開発目標（MDGs）の流れと環境・持続可能な発展の流れが合流して、「持続可能な開発目標」（SDGs）が提起されたのです。そして2015年の国連総会（持続可能な開発サミット）において、「持続可能な開発のための2030アジェンダ」が満場一致で採択され、17の大目標（ゴール）と169の小目標（ターゲット）からなる「持続可能な開発目標（SDGs）」が正式にスタートするはこびとなりました（図1参照）。

ESDの取り組みは、このSDGsの17の大目標では4番目の「教育」に関する目標のなかにも継承されており、大きな流れのなかに発展的に合流しているといってよいでしょう。このようにして、私たちは、地球に生きる人類としての自覚、その課題と役割に目覚めて、一歩ずつ着実な歩みを始めているかのようにみえます。

しかし、地球と人間存在について新たな自覚と展望を見出し始めたかにみえた人類でしたが、その理想と現実との間には大きなギャップを生じさせて

---

h?v=N0GsScywvx0）に字幕付きのものがアップされている。

**図1　世界が向かう持続可能な開発目標（SDGs）の17ゴール**

（出典：国連広報センター　http://www.unic.or.jp/activities/economic_social_development/sustainable_development/2030agenda/sdgs_logo/）

います。理想や展望は掲げられたものの、現実世界との矛盾は増殖・拡大し続けており、とくに気候変動や生物の大量絶滅などの地球環境問題は、いっそう深刻度を増していったのでした。

また第2次世界大戦後、世界は東西陣営の対立と冷戦構造という緊張を生み、核兵器開発と軍事拡大競争が続きました。1989年にベルリンの壁が崩壊し、1991年にソビエト連邦は解体したのですが、国家的利害対立を超える地球市民的な時代の到来にはいたりませんでした。当時、兵器開発など巨額の軍事予算を縮小させて、その分を貧困問題や地球環境問題の解決にあてる「平和の配当」が語られましたが、軍事費は一時的には減ったものの再び増加に転じてしまい、かつての規模を上回る状況になってしまいました。冷戦終結後、平和な世界の夢とは逆に東欧諸国のなかでは地域紛争や内戦が激化し、中東地域でも抗争の火種は消えずに新たな紛争が生じました。さらには2001年米国を襲った同時多発テロ事件に象徴されるように、不安くすぶる世界状況へと時代が逆戻りしていくかの兆しさえ生まれているのです。

世界の経済は右肩上がりに成長し、とくに冷戦の終結を契機にグローバルな市場競争を激化させて全体的な経済的富を膨らませました。しかし、実体経済以上にマネー・金融経済が肥大化して世界金融危機（2008年）を招きました。また経済格差はグローバルに広がり、国内外で富者と貧者の大きな溝ができ、1％の富者（エリート）と99％の貧者（大衆）の対立（米国、ウォールストリート金融街デモ、2011年）を生じさせる事態ともなりました。

私たちは、希望と不安を胸にしながら、新しい未来の姿を予感しつつも矛盾渦巻く世界の現実を目にしています。この現状にどう立ち向かい、これからどのように生きていけばよいのでしょうか。

### いまを生きる ～ 自分・世界・宇宙を知ること

ここで一歩下がって、人間がどういった歩みのなかで現在の状況にいるかについて、再度より大きなマクロ的視点から見てみましょう。世紀（100年）単位で人類活動の歴史的な変化を見てみると、緩やかでなだらかな増大傾向にあったものが20世紀から21世紀にかけて大繁栄をとげ、20世紀だけで人口数だけみても4倍規模になりました。かつてアフリカを起源とした人類は、ゆっくりとした歩みのなかで地球の各地に広がっていきました（5～10万年前）。その後、地域的な諸文化や広域にまたがる諸文明を形成するなどの発展をへて15世紀になり、マゼランの世界一周に象徴される大航海時代をむかえて、新たな一体化の流れをつよめながら今日に至っています。

人間は、それぞれの場所で独自の生息環境に適応し活動域を拡げて、地域の環境を改変しつつ各地に独自の文化を生みだしてきました（分散化の時代）。長い時の経過のなかで、対立と融合を繰り返しながら、人間社会はその後再び統合への歩みを進めてきたのです。そして20世紀、人間の活動領域は地球を飛び出して宇宙にまで広がりました。これから50年、100年、200年後、人類の歩む道はどこへ、どのように広がっていくのでしょうか。

## II　困難な時代と世界のこれから

### 矛盾のなかでどう生きるか

目の前で進行する動きに目を向けましょう。人類の近年の「繁栄と発展」ぶりはとても急速です。そこでは自分たちの存在基盤を突き崩していく事態をひき起こしています。一歩立ち止まり、自分たちの存在についてきちんと理解しないままでいるならば、人間はこの世界において存続できなくなるのではないでしょうか。そのことに、私たちは気づけるのかどうか、ここでも現実と認識のギャップを感じざるをえません。

無限の繁栄と成長拡大の道を歩んでいるかにみえる現代文明は、破綻をむかえつつあるのかもしれません。人類が直面している危機とは、第一に生存環境の危機という土台の亀裂（人間―自然関係の危機）、第二にグローバル社会経済システムの歪み（人間―社会関係の危機）、そして第三に人間存在の空洞化（実存的危機）として進行しているように思われます。

しかし、危機に向かうその一方で、人々の意識は徐々に物質（外向）的な豊かさから精神（内向）的な豊かさへ、量的な拡大から質的な深化への転換のような兆候が生じ始めているかにもみえます（本書の各論参照）。とくに日本では、東日本大震災（3.11）を契機に、近代文明が築き上げてきた構築物や便利さには、思いがけず隠れていた脆弱さや落とし穴があることに、私たちは気づかされました。とりわけフクシマ原発事故と放射能災害の恐ろしさは、チェルノブイリ原発事故と並んで、あらためて人類を震撼させました。

現代は、人間社会が内在する巨大な可能性と危険性、その自覚と洞察力が問われているのではないでしょうか。人間という存在は、道具や言葉と概念を駆使して、自立的に周囲を改変・改造し、個的・社会集団的な活動を展開して世界を形成してきました。自立的存在という意味では、人間は意志（自由）により対象を操作する力を展開して、自然や世界を改変します。しかしその意志（自由）は、時に他者のみならず自分自身をも操作対象としうるし、場合によっては創造ではなく破壊する、抹殺する力としても現れます。人間の自死やジェノサイドは軽々には語れませんが、可能性と危険性を合わせもった人間がいかに不安定な存在であるかの証でもあります。

悠久の歳月のなかで、人類はその存在の揺らぎを克服すべく安定系を模索してきました。歴史的には信仰など宗教的世界観を形成したり、道徳や倫理意識を基礎に社会的な慣習や法制度などを形成したりしてきたのです。そうした積み上げの上に社会的な安定性を築いてきたわけですが、それ自体が構成物であり不安定性を内在しています。すなわち意志（自由）の力のもとに再編成がおこなわれ、破壊と創造を繰り返しながら、その時々の安定系の道を模索してきたのでした。

めざましい発展ぶりを示してきた近代的人間は、その特徴として、目（指向性）を外ばかりに向けてきた傾向があります。自らを省みる能力については、残念ながら十分な発展をとげていないようです。今日、自然を制御し環境を改変する科学技術力が巨大化し、分業化が進んで産業が発展して広域の市場が形成されるグローバル経済の拡大など、「外向的発展」はめざましいものです。それに比べると、人間自身の個的存在と社会的存在への洞察力や制御力という「内向的発展」に関しては、相対的に貧弱な様相を呈しているようにみえます。前節でみたように、現実世界で地球環境問題、貧困・格差問題、紛争や内戦などの深刻化が進んでいます。その一方で、持続可能な発展への模索が続いているものの、調整されるには程遠い状況であることは、外向的発展と内向的発展の２つの発展方向の歪みや偏りを示しています。

人間は、自然界ではかなり特殊な位置を占めています。これまで果てしない成長、拡大を順調に続けてきたかにみえますが、それはどこかでピークをむかえて調整局面に入らざるをえません。その調整局面として、人類は気候変動枠組み条約や生物多様性条約を 1992 年の地球サミットにおいて成立させました。とくに生物多様性条約は、人間だけが大繁栄をとげて自然を意のままに改変して他の生物種を絶滅させていくことへの歯止めがめざされています。

だが条約ができたにもかかわらず、従来の自然支配と管理によるテクノロジー拡大の勢いはより強まっているのが現状です。遺伝子組み換え技術が普及し、最近ではゲノム編集や合成生物学が隆盛して、生命そのものに対する操作が加速化しています。また地球の気候を操作するジオエンジニアリング（地球工学）の研究なども進んでいます。こうした動きに対する規制枠をはめていく制度形成が、国際環境条約や国連での取り決めなのですが、現状はその実効性は弱いものでしかない状況です。また人間自身を取り巻く状況として、最近話題のドローン利用などロボット技術の発展はめざましく、未来学者の間では、人工知能の能力が 2040 ～ 50 年頃には人間の能力を超えるだろうといわれています。私たちは、何のために世界を改変させていくか、そうした行為をおこなう人間とは何か、あらためて「汝自身を知る」ことの意味を深刻に問いかけられています。

矛盾のさなかにある私たちなのですが、すでに見てきたように、新しい世界の形成に向けて認識を革新させつつあります。認識レベルでは、近代の科学・技術的知性（分析知）にエコロジー的世界観（統合知）を融合させて、広義の「人・自然・宇宙」的世界観を確立しつつあります。変革に向けたビジョンについても、少しずつですが手にし始めています。実践レベルでは、持続可能な開発（発展）をキーワードに多数の取り組みが動きだしています。

以下では、そうした新たな時代をきり拓いていく道すじや展望について、さらにもう一歩ふみ込んで考えてみたいと思います。

### 新たな展望を求めて

すでにふれた1992年の地球サミット（国連環境開発会議）にて成立させた、気候変動枠組み条約と生物多様性条約の２つの条約は、長期的な視野に立てば人類社会に根本的な転換を迫る画期的な意義を内在したものといってよいでしょう。

すなわち、化石燃料などの埋蔵資源を大量消費し温室効果ガス等を大量排出する「使い捨て廃棄社会」が、気候変動枠組み条約によって転換を余儀なくされつつあるのです。そして生物多様性条約は、人類のみが大繁栄して生物種（遺伝子資源）の多様性や生態系のバランスを破壊する行為に対して歯止めをかけて、「循環と共生型社会」の形成を促します。これらは生命循環と多様性に基づいた“生命文明”の再構築（永続的な相互依存と再生産・循環に基づく自然共生社会）をリードすべく生まれた条約といってもいいでしょう。

実際には、条約の中身と実効性については問題含みなのですが、その潜在的な革新的意味をここでは強調しておきたいと思います。とくに生物多様性を軸として展開しつつある多様性を重視する世界観は重要です。生命文明に向かうべき新たな胎動という点で、これまで遅れた古いものとされてきた伝統知や先住民の文化、衰退産業と見られがちな伝統的農業や第一次産業の可能性について、新たな視点を与えてくれます。

今日の経済システムは、貨幣経済が主流となり、すべて経済計算上で処理、運用される時代（経済優先社会）をむかえています。企業が経済活動の中核を担い、その調達源泉を総資本（貨幣価値）ととらえ、収益の増大をめざす投資活動がおこなわれてきました。いわば人間世界が肥大化して人工的な資本が世界をおおい尽くし、せまい意味の経済活動（市場経済）がすべてを支配する世界として、「豊かな社会」の大繁栄が実現されたのでした。その結末が、資源問題や環境危機をもたらしたのです。

しかし、こうした関係性を逆転させるような考え方が、多様性の世界観（生命・生態系重視の考え方）において提起され始めています。自然を、経済利益ないし利潤を生みだす手段としてだけ位置づけるのではなく、根源的な価値の源泉としてとらえなおす見方で、自然の恵み（生態系サービス）を中心におく考え方です。その価値観は、お金だけで測るせまい経済的価値の世界を離れて、人間を支えてくれる自然そのものの奥深さにまで迫ろうとしています。一般に、価値は利用価値（直接的・間接的効用、経済的価値等）と非利用価値（将来利用的価値、存在価値）に区分されますが、自然の恵みを生態系サービスとよび、大きく4つの役割としてみることができます。すなわち、基盤サービス（酸素供給、土壌形成、栄養循環、水循環など）、調整サービス（気候緩和、洪水調節、水質浄化、環境調整など）、供給サービス（食料、燃料、木材、繊維、薬品、水などの供給）、文化的サービス（精神的充足、美的楽しみ、宗教・社会制度の基盤、レクリエーションなど）です。

産業革命を契機として出現した近年の工業的産業モデルの考え方では、自然は利用手段（利用価値）としてだけ扱われ、利用（収奪）し尽くす対象でした。それに対して農業生産は、本来は生態系サービスの上に築かれてきたものだったのですが、近代化の流れのなかで工業的な生産モデルを用いて発展するようになったのです。そこでは、生態系を無視して農薬や化学肥料が大量に使用され、飛躍的な生産拡大を実現しました。しかし、その反面で生き物の世界が消える「沈黙の春」（農薬汚染を告発したR・カーソンの有名な本の題名）を生じさせ、食べ物の安全性にも不安をもたらしました。その近代農業の矛盾を克服しようと、近年、生態系を重視する有機農業や生態系農業が見直されさかんになってきことは、注目すべき動きです。

工業的生産モデルにおいては、多様な価値と関係性を排除して単一価値（貨幣評価）だけの極大化がめざされたのですが、自然の多様性や根源的価値は無視されたのでした。それに対して、意識変革をともないながら現れた多様性を重視する考え方（生態系重視モデル）では、見方が変わります。多様な関係性の上に、隠れている非利用価値をも含む価値の総体的な発現を重視しようとするのです。

それに関しては、かつての農的世界をとらえ返すことで、その認識を新たにすることができます。具体例として、稲作での副産物のわら（藁）利用の多面的な展開図を見るとわかりやすいでしょう。日本での稲作という生産活動は、食料としての米の生産のみならず、米を実らす稲わらを大切に扱います。生活用具として利用するとともに、自然からの恵みの賜（たまもの）ないし生命の交換・交流の営みのシンボルとしてとらえていたのです。

それは、新年のしめ飾りや神社のしめ縄、また相撲（すもう）での土俵や横綱が締めるしめ縄などにも象徴されているように、天地の恵みへの祈願の意味が込められていました。人間界と天界をつなぐ意味合いとして、お盆での先祖の送り迎えの際にわらを焚く地域が多いことなどにも、わらに込められた循環的な世界の投影を見ることができます。また昔話で「はなさか爺さん」のお話がありますが、灰をまくと花が咲いて生命が蘇ることは、まさに象徴的ですね。

わらなどの植物体が様々に活用されて、物的な素材として余すことなく多面的に利用される様子とともに、それ以上に、精神的ないし宗教的な意味合いが加味されていたことは興味深い点です。現代人の、実利にばかり傾く世界と自然の認識に対して、古い時代の遅れた生活を送っていたと考えられがちな昔の人の方が、とても奥深い豊かな世界観、自然観をもっていたのではないでしょうか。実利的な利用としての“物質循環の世界”（リサイクル）とともに、自然の力と精神的な拠り所を重ね合わせる“精神世界の循環”（リジェネレーション：再生）が表裏一体的に形づくられていたことは、人間社会のあり方として示唆に富むものではないでしょうか（図2）。

近代社会の価値観では、上部の横軸に示されている米（食料）の生産過程だけに注目する単線的・単一的な生産概念でとらえがちです。それに対して、伝統的社会の価値観では、単線的な横軸（モノ・カルチャー）だけを見るのではなく、各段階で縦軸の展開において利用価値（副産物）を複数生みだしつつ、循環的・複線的に利用の輪を拡げています。多様な生活用具のみならず精神的・宗教的な意味合いが付与された複合的な効用（マルチ・カルチャー）が展開されているのです。まさしく工業的な“単一的・極大型生産力”に対して、生命（有機）的な“多面的・共生型生産力”の展開として現れている

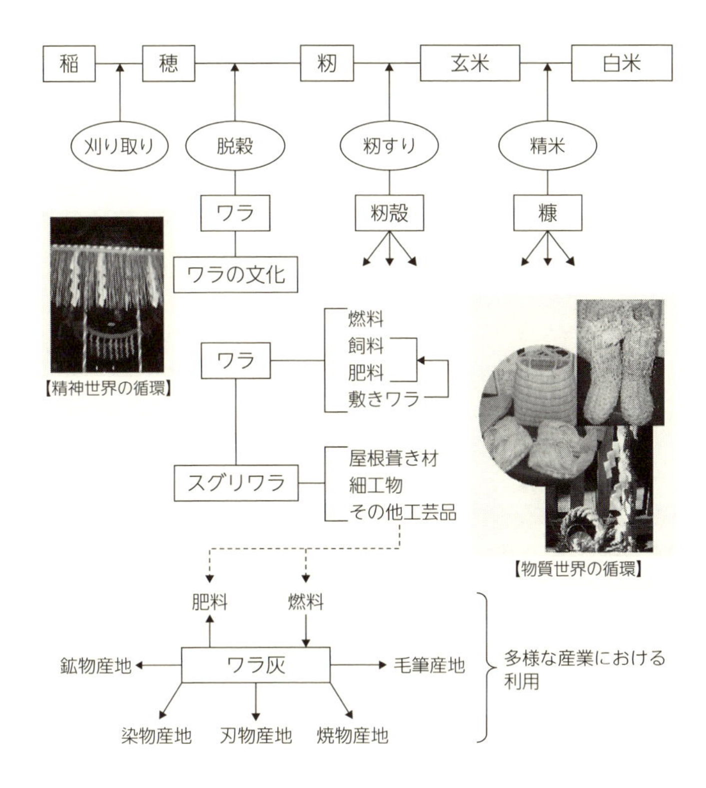


**図2　わら文化のエコロジー的展開**

（出典：古沢編『共存学：文化・社会の多様性』弘文堂，p.277，参考：宮崎清『藁』）

と見ることができます。

有機農業や生態系農業の特徴とは、たんに農薬・化学肥料に頼らない農業といったせまい消極的な意味にとどまらない、より広義の意味をもちます。人間が自然の一員であり物質循環の輪の一角を占めていること、それは食べ物、農業を通して直接的に自覚できます。有機農業とは、自然と生命の循環を取り戻す生命循環農業という側面をもっているのです。単一生産力の極大化を見直し、内にも外にも豊かな関係性を再構築し、総体的・全体的に多面的な効用（価値）を生みだしていく「共生・共創的な展開」へと視点を拡げてみると、その可能性は大きく広がります。

## 生命産業としての第１次産業（農林水産業）の新展開

工業生産モデルから生態系モデルへの転換が求められている状況を、端的に表現するキーワードに持続可能性（サステナビリティ）があります。その実現のために、ハーマン・デイリーという学者が提唱した「持続可能性の３原則」は重要です。これは、①枯渇資源の利用を縮小するとともに再生可能なものへ置き換えていく、②再生可能資源を再生可能な速度内で利用する、③汚染物の放出を無害化（浄化）できる範囲内にとどめる、という３条件です。これらの条件が満たされれば、再生可能なシステムとしての永続性が確保されるという基本原則です。私たちの社会はこの原則に即しているのでしょうか。

これまでの経済発展の道すじは、大きくは自然密着型の第１次産業（自然資本依存型産業）から第２次産業（人工資本・化石資源依存型産業）、そして第３次産業（商業・各種サービス・金融・情報等）へ移行するなかで拡大・発展をとげると考えられてきました。いわゆる「1次産業→２次産業→３次産業」を経済・産業発展パターンとする見方（ペティ・クラークの法則）です。これをピラミッド的に図３において示しました。

こうした産業構造の展開は、地下に蓄えられてきた化石資源の大量消費で成り立った逆三角形的な産業構造を生みだしました。しかしこれからは、自然生態系の循環（生態系ピラミッド）に適合させる内容に構造変革していくビジョンを描くことが重要です。それは最近注目されだした農業の６次産業化（1次、2次、3次を合わせる）とも通じる方向性ですが、たんなる形式的な６次化ではなく生命循環に基づいた展開を重視したものにしていく必要があります。

ふり返れば、1960年代の高度経済成長期へと向かう時代、全国総合開発計画や列島改造論がもてはやされ、近代化を推進する基本政策として農業基本法や林業基本法などが制定されました。それらは、単一的な価値に基づいて生産の極大化をめざす工業的生産モデルを全面開花させる政策展開（狭義の経済発展）でした。食料・農業政策としては、生産第一主義に傾斜したもので、その成功が経済的豊かさをもたらした反面で、環境や資源や自然生態系の危機に直面することで方向転換を迫られています。

1999年に食料・農業・農村基本法、2000年に循環型社会形成推進法、

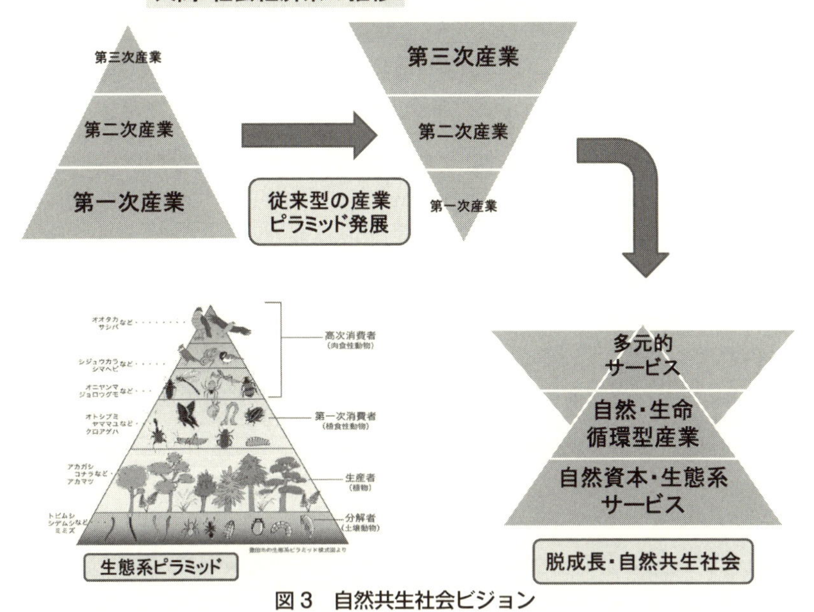


**図３　自然共生社会ビジョン**

（筆者作成、図中の「生態系ピラミッド」は豊田市の生態系ピラミッド模式図から引用）

2006年には有機農業推進法が制定され、生産主義的な経済重視の政策から環境重視へとシフトする流れが急速に高まってきています。とくに農業分野では、農業・農村の多面的機能が強調され、人と自然との多様な関係性に目を向けるとともに、暮らしや生活面にまでふみ込んだ地域政策や社会・文化・福祉的な視点を含みこむようになってきています。それはまさしく自然資本や生態系サービスへの再認識、新たな価値づけと評価の可視化につながる流れとしてとらえられます。

来るべき生命文明、自然・生命産業が勃興する時代においては、第１次産業をあらためて経済の土台として位置づけなおすことで、食・農分野のみならず自然再生エネルギーや自然素材利用などを含んだ広義の有機的な生産が柱となるでしょう。その枠組みの上に、加工・流通・消費から観光や教育や福祉などサービス・情報分野にまで、社会の高度化・高次化が図られていく新展開（脱成長・自然共生社会）が進んでいくのではないでしょうか。

## Ⅲ　未来のビジョンを思い描く

### 世界はどこへ向かうか：グローバルVSローカル、人工VS自然

未来の社会の姿を、あなたはどのように思い描いていますか？

現代という時代は、これまで見てきた通り、大きな転換点にさしかかっています。あらためて現代世界を俯瞰的に見るための興味深い想定として、生物多様性条約の第10回名古屋会議（COP10、2010年）の際に出された「日本の里山・里海評価」レポートで、わかりやすい概念図解（4つのシナリオ、図4）が示されています。ここに参考として紹介しましょう。

座標軸としては、縦軸（上下）にグローバル志向とローカル志向が配置され、横軸（左右）に技術志向（自然支配・改変）と自然志向（自然共生・適応）が配置されています。それぞれの座標軸は、私たちの社会が向かおうとする力の方向性（ベクトル）を示しています。その内容は、図に示されているように4つの象限（エリア）に区分けされます。

左上は、技術の力で自然を支配して限界を克服していくとともに、発展方向は市場の拡大（グローバル化）を優先していく世界で、「グローバル・テクノトピア」としてイメージされます。具体的には、都市国家として躍進しているシンガポールや砂漠のなかの超近代都市を築くドバイ（アラブ首長国連邦）などが思い描けそうですね。その対極（右下）としては、自然志向と調和を重視して地域を優先（ローカル化）する世界で「里山・里海ルネッサンス」としてイメージされています。具体的には、国としてはコスタリカ（中米）やスイス、日本のなかでは能登半島や伊勢志摩地域などを思い描けそうです。

この図ではさらに、グローバル化と自然調和が重なるところ（右上）は「地球環境市民社会」が、ローカル化と技術指向が重なるところ（左下）では「地域自立型技術社会」が、それぞれ明示されています。

このシナリオについての図解だけでなく、具体的な内容の一部を抜粋して紹介しておきましょう。

（グローバル・テクノトピア）

貿易と経済の自由化の進展と同時に、国際的な人口・労働力の移動が

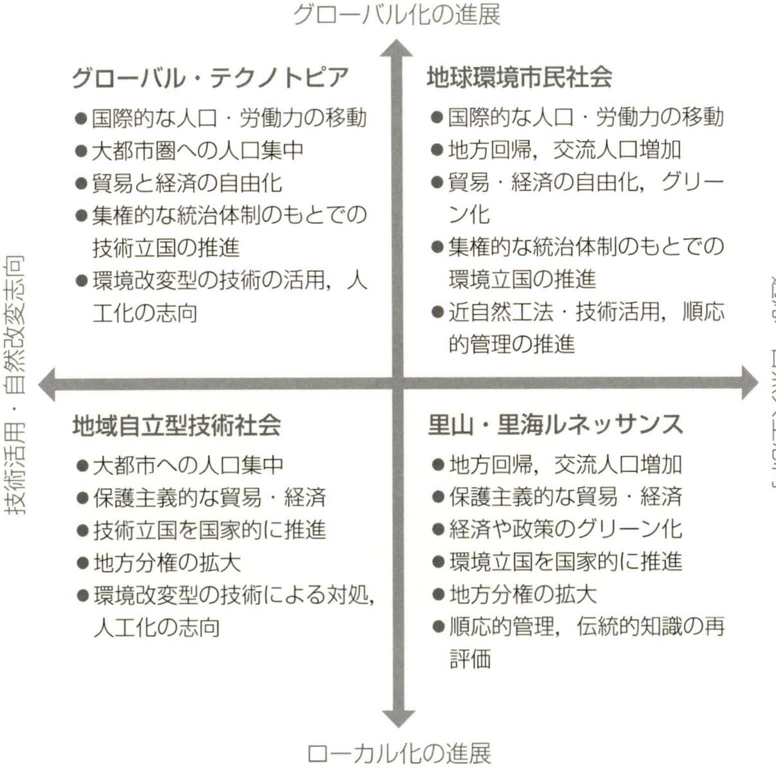

グローバル化の進展

**グローバル・テクノトピア**

- 国際的な人口・労働力の移動
- 大都市圏への人口集中
- 貿易と経済の自由化
- 集権的な統治体制のもとでの技術立国の推進
- 環境改変型の技術の活用，人工化の志向

**地球環境市民社会**

- 国際的な人口・労働力の移動
- 地方回帰，交流人口増加
- 貿易・経済の自由化，グリーン化
- 集権的な統治体制のもとでの環境立国の推進
- 近自然工法・技術活用，順応的管理の推進

技術活用・自然改変志向

適応・自然共生志向

**地域自立型技術社会**

- 大都市への人口集中
- 保護主義的な貿易・経済
- 技術立国を国家的に推進
- 地方分権の拡大
- 環境改変型の技術による対処，人工化の志向

**里山・里海ルネッサンス**

- 地方回帰，交流人口増加
- 保護主義的な貿易・経済
- 経済や政策のグリーン化
- 環境立国を国家的に推進
- 地方分権の拡大
- 順応的管理，伝統的知識の再評価

ローカル化の進展

**図 4 「日本の里山・里海評価」における 4 つのシナリオ**

（http://isp.unu.edu/jp/publications/files/16853108_ JSSA_SDM_ Japanese.pdf）

活発化する。中央集権的政府により技術立国が標榜され、国際協調を促進する政策が展開される。しかし、教育、社会保障、環境への社会・政治的な関心は低下する。食料生産、公共事業、生態系管理において、生態系サービスを効率的に利用するための技術開発が志向される。

（地球環境市民社会）

このシナリオでは、人口や労働力の国際的な移動がさかんになり、貿易の自由化とグリーン経済の発展に焦点があてられる。中央集権的な統治体制のもと、教育、社会保障、環境に対する投資や政治的関心が高まる。農林水産業、公共事業、生態系管理の分野では、食料生産や里山・里海の管理において、低投入型の環境保全型農業、自然再生技術、多様な関係者の参加による順応的管理など、環境に配慮した技術の利用が志向される。

（地域自立型技術社会）

このシナリオでは、全国的な人口減少が進む中、地方から都市への人口移動が進む。貿易と経済では、食料や物資の自給率を高めるため、特にそうした観点から重視すべき産業について、保護貿易が適用される。伝統的知識よりも、科学技術に高い信頼がおかれる社会となる。地方への権限委譲が進むが、地域コミュニティの人間関係は希薄化する。農林水産業や公共事業、生態系管理においては、食料や水などの生態系サービスの効率的利用を促進する技術開発が志向される。

（里山・里海ルネッサンス）

この4つ目のシナリオでは、これまでの大都市化への人口集中が見直され、地方への人口回帰が進むと同時に、地方への権限委譲と全国的な人口減少が進展する。貿易や経済では保護主義の志向が強く、特に食料や物資の自給率を高めるうえで重要な産業についてその傾向が強い一方、グリーン経済の考え方も受け入れられる。また、農林水産業や公共事業、生態系管理においては、低投入型の環境保全型経営、自然再生技術、多様な関係者の参加による順応的管理といった、環境配慮型の食料生産や生態系管理のための技術開発が志向される。

（「里山・里海の生態系と人間の福利」日本の里山・里海評価2010概要版より）

実際には、このレポートでも明記されている通り、各シナリオが個別に展開するというよりは複合的かつ重層的な動きとして進行していくものと考えられます。しかしながら、社会形成の方向性を促すベクトル（突き動かす力）によって、その方向性と内容が大きく異なっていくことは、この図を参考に具体的にイメージすることができます。ぜひ、機会があればこの図を利用して、未来社会はどんな世界になるのか、グループ討論してみると面白いのではないでしょうか。

現在、私たちはいろんな意味で時代の転換期、過渡期に位置しており、不安定な時代状況のなかで非常に難しい舵取りを迫られています。経済問題、政治問題はもとより環境問題だけを取り上げても、国際レベルでも国内レベルでも大小さまざまな綱引きが演じられており、どちらにどう転んでいくのか、多くの不透明さ、不安定さを抱えています。前人未踏の大海原を航海している宇宙船地球号にたとえるならば、将来シナリオを想定して社会の向かうべき方向性（ビジョン）を定めていくことはとても重要だと思われます。

このような図式化でシナリオ分析として、それぞれの方向性を並列的に並べて見てみましたが、より長期的に将来世界を見すえた視点に立って、未来の方向性をより明確化することが必要だと思われます。この点について、世界の枠組み（パラダイム）の転換から、もう一歩ふみ込んで将来の世界の方向性を示しておきたいと思います。ただ並列的にイメージを思い描くだけでは問題解決に行き着かない恐れがあるからです。これまでの近代文明と産業社会がはらんできた根本的矛盾や限界を見定める視点が重要なのです。

### パラダイム転換の視点

全体的動向を見ていくための視点に関して、パラダイム転換の立場からの問題提起について付け加えておきましょう。世界の枠組みを大きく把握するのにパラダイム（世界認識の根底にある枠組み）という概念があります（科学史家のT.クーン提唱）。このパラダイムの考え方を適用して、英国のティム・ラング等は20世紀の食料生産を特徴づけてきた生産主義パラダイムからの転換がおきつつあるととらえ、その転換をライフサイエンス・パラダイムとエコロジー・パラダイムの対抗・対立（フード・ウォーズの時代状況）として描いています。この視点は、現代社会の動向を定める意味でたいへん興味深い見方です（図5）。

ごく簡潔にこの見方をみていきます。

品種改良・機械化・化学化（農薬・化学肥料依存）や食品加工の高度化、大量生産・大量輸送技術の進歩と貿易拡大によるグローバリゼーションの進展がもたらした繁栄（生産主義の成果）の陰で、先進国・途上国それぞれに危機的状況が進行しています。世界人口の1割を超える飢餓人口の一方で、ほぼ同数の過剰な飽食と肥満疾患の増加が深刻化する事態が進んでおり、生産主義を支えるシステム自体が資源制約や環境破壊などによって持続不可能と

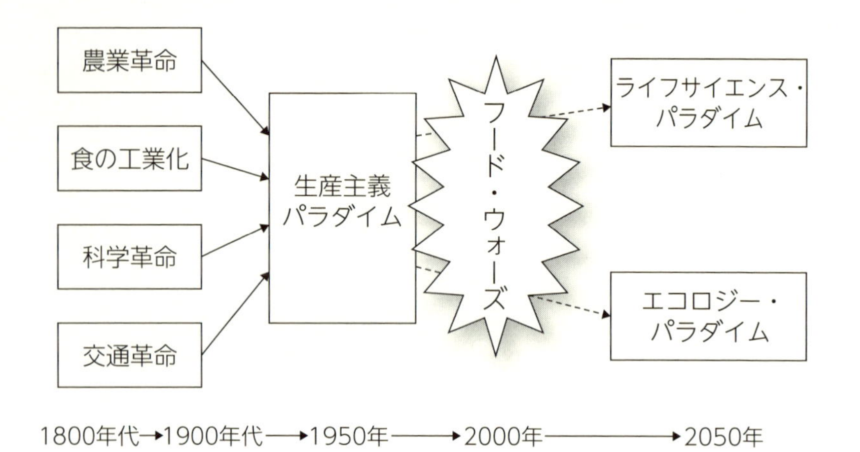


（注）フード・ウォーズの主戦場は以下のとおりである。①食事、健康、病気予防、②環境破壊、③消費者の獲得、④食糧供給のコントロール、⑤フード・ビジネスの種類、⑥対立する思想・見解。

**図５　フード・ウォーズの時代推移**

（出典：『フード・ウォーズ』p.30）

なってきたのが今日の世界です。

その結果、新たな対応として、２つの流れが顕在化しています。すなわち、一つの方向性は産業化をよりいっそう押し進めるなかで最新生命科学の手法を駆使して解決の道すじを見出していく道で、ライフサイエンス・パラダイムとよびます。それに対して、産業化へ偏重することなく個々人の健康と自然環境とのつながりを自覚して、自然と共生するライフスタイルを見直すことで地域社会をより自然重視のもとでより自立的に再編していく道、これをエコロジー・パラダイムとよびます。私たちは、２つの潮流のなかで選択を迫られており、重大な岐路に立っているととらえます。この２つのパラダイムが、人々の心理（精神世界）や市場（マーケット）、消費文化、さらには産業社会の成り立ち方や国際政治の枠組みまで、世界大で綱引き（抗争）をくり広げていると分析するのです。

この問題提起は、主に欧米の動向を土台としているのですが、今日の世界全体の状況を的確に指摘していると思われます。それぞれのパラダイムの具体的な社会的特徴については、表１において簡潔にまとめられているので、

**表1　3つのパラダイムの特徴**

| | 生産主義パラダイム | ライフサイエンス・パラダイム | エコロジー・パラダイム |
|---|---|---|---|
| 要因 | アウトプットの増大、集約的・短期的獲得 | 食料供給の科学的統合、厳しい管理 | 環境・多様性重視：省エネ、省資源、インプット・リスクの削減 |
| セクター | 商品市場、高投入農業<br>大市場への大量加工 | ライフサイエンスへの資本集約、供給チェーンでの小売業の優勢、規模の経済と集約農業依存 | 全体的統合、土地・水・生物多様性の総合的管理と長期的な収量安定・最大化 |
| 産業 | 画一的生産、質より量 | 農業・加工部門のバイオ技術の産業化、化学・生物学的利用 | 有機食品への移行、生産規模や質に関する配慮、発酵などバイオ技術の選択利用 |
| 科学 | 化学、薬学 | 遺伝学、生物学、工学、栄養学、実験室から農場・工場まで、自然を装いつつ産業重視 | 生物学、生態学、学際分野、化学からアグロエコロジー的手法へ転換 |
| 政策 | 主に農業省、補助金依存 | トップダウン、専門家、産業・政治・市民を商業・財務省が背後で調整 | 省庁の連携、制度の協調と分権化とチームワーク |
| 消費者 | 安さ、外見、画一、女性への便利さ、安全の装い | 機能食品など優良品生産、食品の性格・特徴による多様な選択 | 消費者から市民へ、土地から消費までの連鎖に関心、透明性重視 |
| 市場 | 国内市場、消費者選択、ブランド化へ | グローバル化、巨大企業、ライフサイエンスが主要ビジネスを主導 | 地場・地域市場、生命地域主義、専門家に依存しない農業、規模は徐々に大きく |
| 環境 | 安い投入・輸送エネルギー、無限の資源、モノカルチャー、ゴミや汚染の外部化 | 生物的なインプットの集約的利用、環境的な健康の利益に異議 | 有限な資源、モノカルチャーと化石燃料からの脱却、環境・自然保全の産業・社会政策 |
| 政治 | 歴史的に政治依存、衰退傾向、補助金論争に反映 | 急速に展開中、富者と貧者の対立 | 政治支援は弱いが各国に底流、散発的運動の展開 |
| 知識 | 農業経済・エコノミスト | トップダウン、専門家主導、ハイテク・実験室を基盤<br>新規なものを重視（未確認含） | 物的投入より知識集約的、供給チェーン全体、知の力重視 |
| 健康 | 関心は僅か、<br>十分な食料供給が重要 | 個人ベースで技術的に健康が実現可能、有用形質作物の追求 | 未確証だが健康的状態を想定、食の多様化の推進 |

（出典：『フード・ウォーズ』p.43）

ここに示しておきます。これは、食料生産・農業の分野におけるパラダイムについての考察ですが、世界動向はほぼ同様の事態で展開しており、普遍的視点を示唆していると思います。こうしたパラダイム抗争の視点は、将来を見定める上で、大いに参考になるのではないでしょうか。

### 社会経済の新しい枠組み（公・共・私）の形成へ

最後に、大きな枠組みとして、社会経済セクターの３類型を土台として社会経済システムを再構築する視点を提示しておきましょう。

経済史家のK・ポランニーが示した経済関係の基本的３類型（互酬、再分配、交換）を土台にして、市場交換に基づく「私」セクター、再分配機能に基づく「公」セクター、互酬機能に基づく「共」セクターという、３つのセクターにおいて将来社会が展望できると思います。実際の社会では、３類型の諸要素は重層化して内在しており、あくまで理念系としての提示です（K.ポランニー 2009）。３つのシステムの相互関係は、図６に示した通りです。なお、ここでは、機能面に注目した言葉としてはシステムを、社会領域に注目した言葉としてはセクターを使用しています。

とくに市場メカニズム（自由・競争）を基にした「私」セクターや、計画メカニズム（統制・管理）を基にした「公」セクターのみが目だつ現代社会に対して、協同的メカニズム（自治・参加）を基にした「共」セクターの展開こそが、今後の地域社会の形成において大きな役割を担うと期待されます。

成長一辺倒に傾かない持続可能で安定的な社会が実現するためには、利潤動機に基づく市場経済や政治権力的な統制経済だけでは十分に展開せず、市民参加型の自治的な協同社会の形成によってこそ可能となるのです。それは、とくに中間領域である地域レベルの環境維持、共有財産（コモンズ）、コミュニティ形成、福祉、地域・街づくりなどの運営において大きな力を発揮します。さらに世界レベルでも環境に関わる国家間の調整（国際条約）、大気・海洋・生物多様性、平和構築などグローバルコモンズ的共有管理において、市民的参加や各種パートナーシップ形成が重要な役割をはたすと考えられます。

行政の上からの画一的な事業や企業の営利活動のみで財やサービスが提供される時代から、公と私の中間域に位置する活動領域が徐々に広がる時代へと変化しています。すなわち、「社会的経済」（協同組合、NPO等）、「社会的企

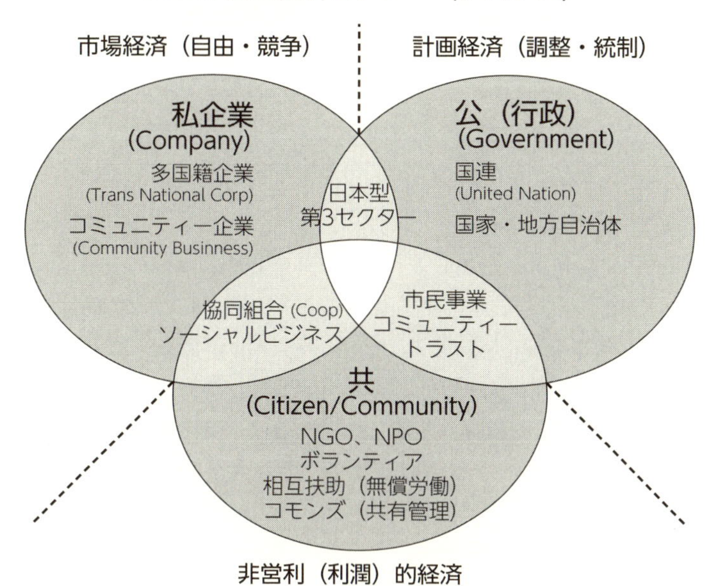


**図6　3つのシステムの相互関係**

（筆者作成）

業」（ソーシャル・ビジネス等）などの事業展開や、成熟社会の進展のなかで各種ボランタリーな市民活動が活性化し始めているのです。有機農業運動における産消提携などは、生産と消費の共生的関係性の構築として日本独自の展開としては興味深い動きです（古沢 1988、1995）。

「私」と「公」の中間領域に位置する「共」セクターは、場合によってはせまい集団的な共益追求に落ち込みやすい側面をもちます。そこに、開かれた市民社会の形成の質が問われることになり、ガバナンス問題など相補的バランス形成が求められます。さらに重層的な展開としても、持続可能な発展と地球市民的なグローバルな視点から、「市場の失敗」や「政府の失敗」を超える広義の公・共益性を担う主体としての「共」の多元的な存在意義は大きいのです。3つのセクターのダイナミックな展開は、経済・政治領域のみならず文化領域をも含みこんだ共生社会へと導いていく社会基盤の上に、将来の姿を展望できるのではないでしょうか。

「お金がすべて」と金融業界に人々が群がった時代は、世界金融危機（2008年）を契機に大きく変わり始めました。消費のスタイルでも、「見栄と贅沢」を求める利己的な消費から、フェアトレードに見るような「より良い社会、世界、環境」を意識するソーシャルな消費やエシカル（倫理的）な消費が広がりだしています。

ものを贅沢に所有する暮らし方から、分かち合いや共有する関係性を重視する暮らしが見直されています。助け合いのバザーや、ガレージセール、フリーマーケットが繁盛したり、車や家（部屋）や菜園などを共有するシェア（共に分かち合う）エコノミーの考え方など、さまざまな実践が生まれ始めているのです。

企業も、社会貢献や社会的責任（CSR）を重視し始めています。仕事や職業の選択でも、お金のため高収入優先だけでなく、働きがい、他の人のため、社会に役立つ仕事へと多様化してきました。社会貢献につながるソーシャル・ビジネス、協同労働（ワーカーズコープ・コレクティブ）、NPO（非営利団体）、ボランティア活動への関心も高まってきています。

福祉の世界にも３つの立場、「公助」（行政）、「共助」（助け合い）、「自助」（自己責任）として、同様の考え方がありますが、将来の社会経済のあり方を３つのセクター「公」「共」「私」から考えることが大切になっています。持続可能な社会を実現するには、利潤動機に基づく市場経済（私）や政治権力的な統制（公）だけでは十分ではなく、市民参加の自治的な協同的関係（共）が重要な役割をはたします。それは、地域のレベルから世界レベルに至るまで、まちづくり（都市計画・地域計画）、環境問題、そして平和問題などへの対応策など、大きな効果を発揮するものと期待されます。これからの多くの課題解決には、行政任せや市場経済による金銭的な対応のみならず、市民一人ひとりの参加と自発的・協同的・相互扶助的な活動が広がることが期待されます。「共」的な関係性のさらなる発展が、より良い世界、共生社会の形成へとつながっていくのです。

**参考文献**

國學院大學研究開発推進センター編・古沢広祐責任編集〔2012, 2014, 2015, 2017〕『共存学』（全4冊），弘文堂.
ティム・ラング、マイケル・ヒースマン〔2009〕『フード・ウォーズ　食と健康に危機を乗り越える道』古沢広祐・佐久間智子訳，コモンズ.
日本の里山・里海評価〔2010〕『里山・里海の生態系と人間の福利：日本の社会生態学的生産ランドスケープ』概要版，国際連合大学.
古沢広祐〔1988〕『共生社会の論理　いのちと暮らしの社会経済学』学陽書房.
古沢広祐〔1995〕『地球文明ビジョン　環境が語る脱成長社会』日本放送出版協会.
古沢広祐〔2014〕「持続可能な開発・発展目標（SDGs）の動向と展望〜ポスト2015開発枠組みと地球市民社会の未来〜」『国際開発研究』第23巻第2号，国際開発学会.
宮崎清〔1985〕『藁』（全2冊）法政大学出版局.

## 「持続可能な発展・開発」をめぐる日本と世界の歩み

|  |  |
|---|---|
| 1960年代 | ★戦後復興の後、「奇跡の成長」と呼ばれた日本の経済発展が進む。<br>★急速な発展の一方で、深刻な公害問題や自然破壊が全国的に広がる。 |
| 1971年 | ★環境庁の設置 |
| 1972年 | 国連人間環境会議：人間環境宣言の採択、国連環境計画（UNEP）設立<br>ローマクラブ・レポート『成長の限界』が発表されて人類の危機が意識される。 |
| 1987年 | 国連ブルントラント委員会「Our Common Future」（私たちの共通の未来）レポート発表、「持続可能な発展」（Sustainable Development）の概念が表明される。 |
| 1992年 | 地球サミット（国連環境開発会議、開催地リオデジャネイロ）：リオ宣言、気候変動条約・生物多様性条約、アジェンダ21（21世紀行動計画）、森林原則声明の採択 |
| 1993年 | 持続可能な開発委員会（CSD）設置<br>★環境基本法の制定 |
| 1997年 | 気候変動条約第3回会議、京都議定書の採択（2005年発効） |
| 2000年 | 国連ミレニアム・サミット、ミレニアム宣言の採択<br>★循環型社会形成推進基本法の制定 |
| 2001年 | 貧困撲滅をめざす「ミレニアム開発目標」（MDGs）の策定（2015年達成年）<br>★環境庁を改組して環境省を設置 |
| 2002年 | 「持続可能な開発に関する世界首脳会議（ヨハネスブルグ・サミット）（リオ+10）、ヨハネスブルグ宣言・持続可能な開発のための実施計画（JPOI）の採択。<br>同会議で「持続可能な開発のための教育（ESD）の10年」を日本が提唱、同年の国連総会決議で2005～2014年を「国連ESDの10年（DESD）」とすることが決まる。 |
| 2010年 | 生物多様性条約第10回会議、愛知ターゲット、名古屋議定書の採択（2014年発効） |
| 2012年 | 国連持続可能な開発会議（リオ+20）、成果文書「The Future We Want」（私達が望む未来）の採択。同会議にて、「ミレニアム開発目標」（MDGs）後の取り組みとして「持続可能な開発目標」（SDGs）が提起された。 |
| 2015年 | 国連総会（サミット）で「持続可能な開発目標」（SDGs）を含む「持続可能な開発のための2030年アジェンダ」を採択。人類の共通目標として、環境と開発が統一的に取り組まれることになった。気候変動条約第21回会議でパリ協定が採択 |

★は日本の内容

Column

# 宇宙史・地球史の中に私たちの時代を位置づけて考える

私たちは広大な宇宙の中のどこにいるのか？　私たちは何者か？　私たちはどこから来て、どこへ行くのか？　これは私たち人類の存在に対する究極の問いです。こうした問いに対し、宇宙や地球、生命の歴史は、考えるヒントを与えてくれます。

### ●コズミックカレンダー

138億年の宇宙の歴史を仮に1年の長さに表し、宇宙の誕生を1月1日午前0時、現在を12月31日午後12時と見た時に、それぞれの事件が何月何日何時に対応するのかを示したものをコズミックカレンダーと言います。

### ●宇宙はビックバンで始まった（コズミックカレンダー1月1日午前0時）

宇宙は、138億年前のビッグバンで始まりました。宇宙の始まりから38万年後までの間には宇宙はインフレーションと呼ばれる指数関数的な膨張を経験したのです。そのあとに、水素とヘリウムからなる膨大な物質と、放射エネルギーが残されました。

### ●銀河の登場（コズミックカレンダー1月13日）

やがて水素とヘリウムの濃い部分に銀河が形成され、無数の恒星が誕生しました。恒星は、水素やヘリウムから、炭素、酸素、珪素、鉄などの自然界を構成する元素を合成するようになり、自らエネルギーを放出する天体となりました。

### ●太陽系の形成と地球の誕生（コズミックカレンダー8月31日）

46億年前、銀河の片隅をただよっていたガスや塵が集まって、巨大なガスの塊が形成されました。圧縮によって内部の圧力と温度が高まり、中心部では核融合反応が始まって、太陽は恒星の一員となりました。生まれたばかりの太陽をとりまいて、原始太陽系星雲と呼ばれるドーナツ状の星雲が分布していました。星雲の中で生じた塵は赤道面に向かって沈殿していき、それが多数の塊に分裂して直径10㎞ぐらいの大きさの微惑星が多数形成されました。微惑星はそれぞれ公

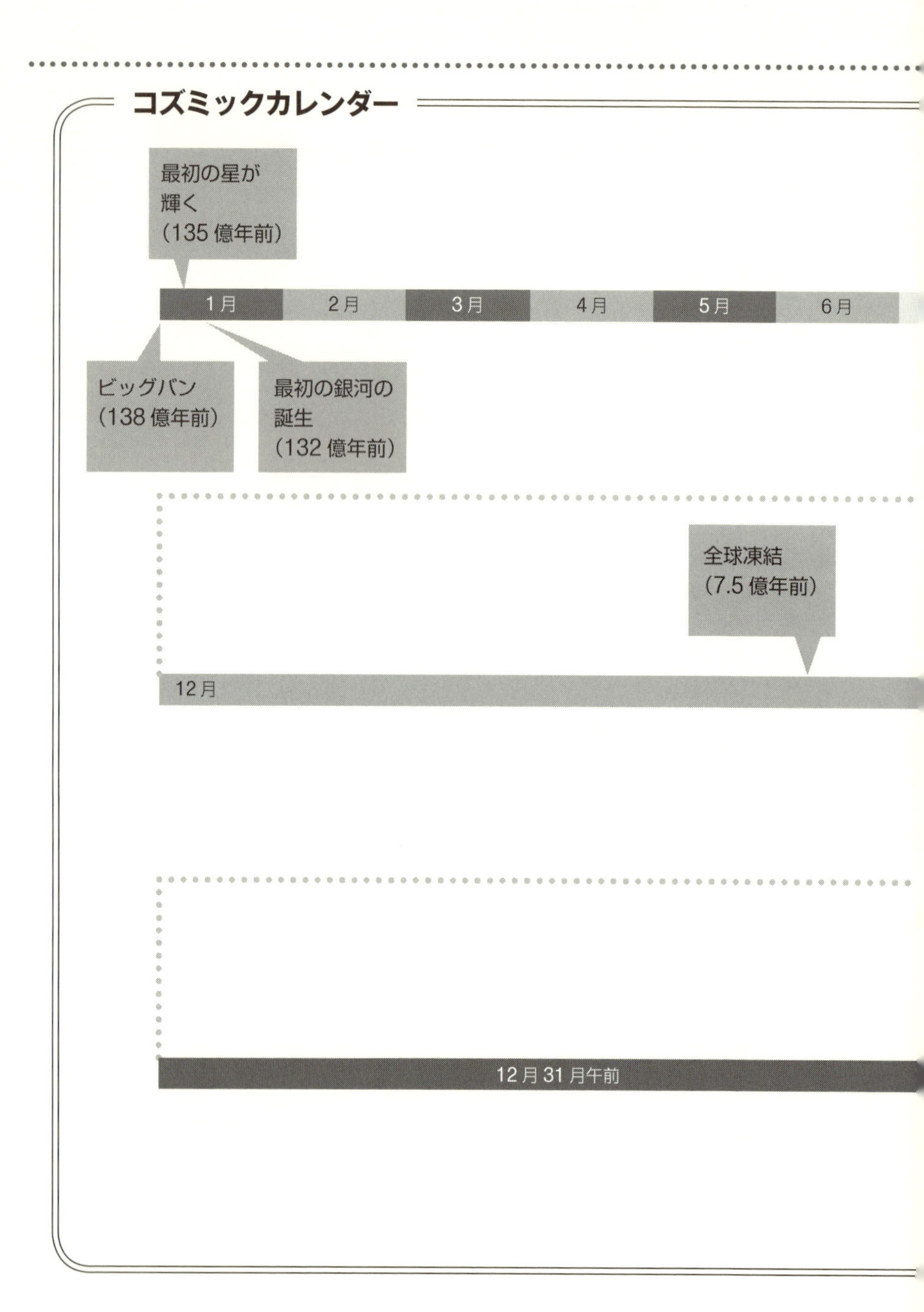
コズミックカレンダー
最初の星が
輝く
（135 億年前）
1月
2月
3月
4月
5月
6月
ビッグバン
（138 億年前）
最初の銀河の
誕生
（132 億年前）
全球凍結
（7.5 億年前）
12月
12月31月午前

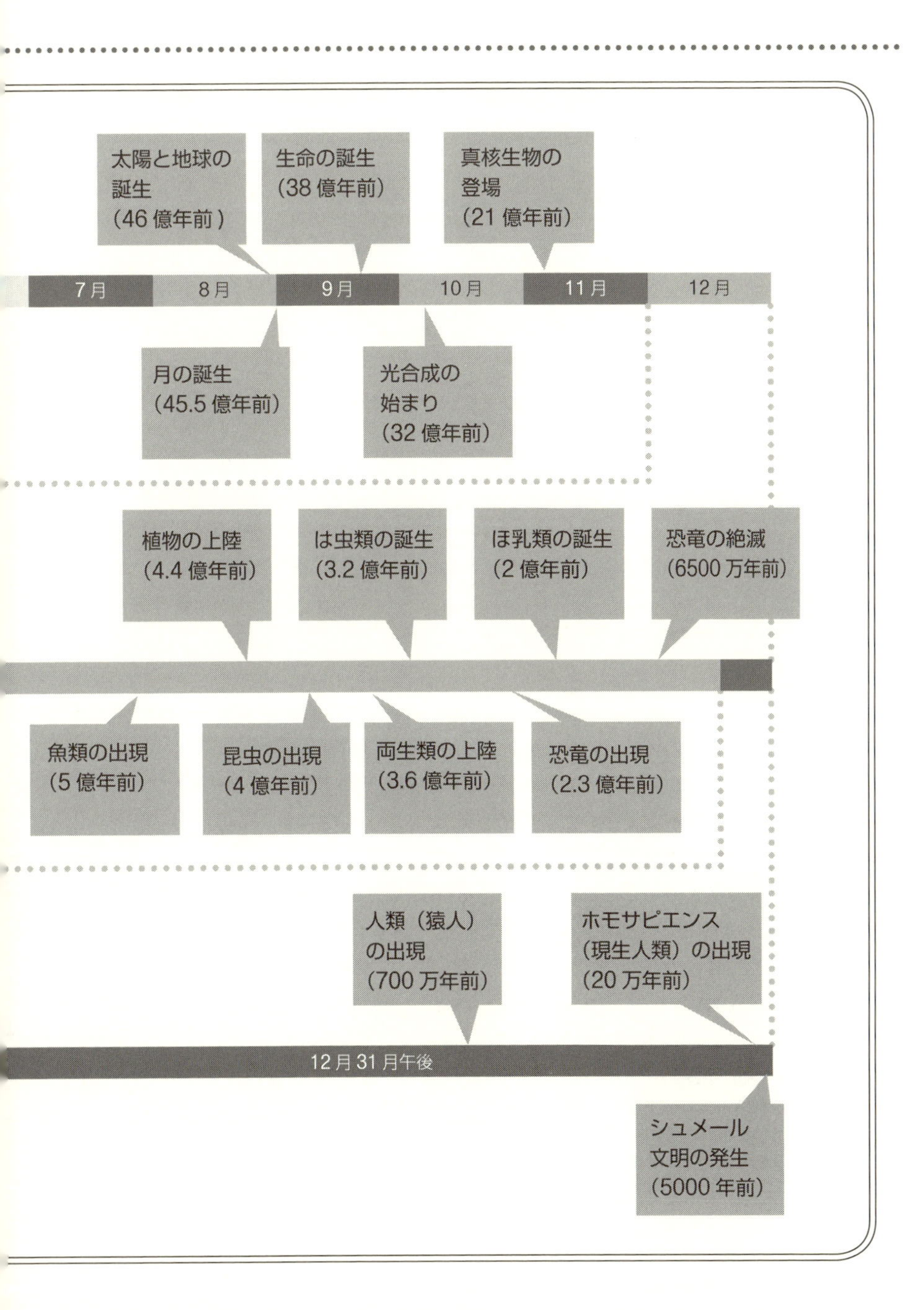
太陽と地球の誕生（46 億年前）
生命の誕生（38 億年前）
真核生物の登場（21 億年前）
7月
8月
9月
10月
11月
12月
月の誕生（45.5 億年前）
光合成の始まり（32 億年前）
植物の上陸（4.4 億年前）
は虫類の誕生（3.2 億年前）
ほ乳類の誕生（2 億年前）
恐竜の絶滅（6500 万年前）
魚類の出現（5 億年前）
昆虫の出現（4 億年前）
両生類の上陸（3.6 億年前）
恐竜の出現（2.3 億年前）
人類（猿人）の出現（700 万年前）
ホモサピエンス（現生人類）の出現（20 万年前）
12 月 31 月午後
シュメール文明の発生（5000 年前）

転運動していましたが、頻繁に衝突して破壊を繰り返し、時には合体してサイズが大きくなったものが8つの惑星となりました。そのうちの1つが地球です。

### ●生命の誕生（コズミックカレンダー9月21日）

地球上で生命が存在したという確固たる証拠が、西オーストラリアのノースポール地域の約35億年前の地層で発見されました。当時、生命は海底の熱水噴出孔の近くで生息していたらしいのです。

### ●光合成の始まり（コズミックカレンダー10月7日）

生命は生きている状態を維持するために外界からエネルギーや物質を取り入れ、老廃物を排泄する必要があります。初期生命は地中から染み出してくる水素や硫化水素を酸化してエネルギーを獲得していましたが、27億年前ごろになると、環境中に豊富に存在する水と二酸化炭素を材料として、太陽エネルギーを用いて、有機物を合成するしくみを獲得するようになりました。酸素発生をともなう光合成の始まりです。そのような生き方を始めたのがシアノバクテリアと呼ばれる原核生物でした。この生物は他の生物の細胞の中に入り込み共生することによって植物を生み出し、植物細胞中の葉緑体の元となったと考えられています。

### ●酸素汚染と真核生物の登場（コズミックカレンダー11月6日）

酸素は生命にとっては有毒です。私たちの体内では酸素は血液中のヘモグロビンと結合して安全な状態で輸送され、細胞内のミトコンドリアという器官で酸素呼吸に使われています。酸素が増加したころ、酸素が存在する環境では生息できない微生物は絶滅へと追いやられました。私たちの体を作る細胞は、遺伝情報を担う遺伝子・DNAを核膜の中に包んで真核細胞へと進化し、酸素による破壊を防いだのでした。21億年前の地層から発見されているグリパニアという化石は、初期の真核生物の化石であると解釈されています。

### ●全球凍結と多細胞動物の出現（コズミックカレンダー12月12日）

今から7億年前ごろの先カンブリア時代の終わりには、世界各地に氷河作用で運ばれた地層が分布しています。しかも温暖な環境で堆積した地層とセットで観察されます。このことから何回か地球表面が全面的に凍りつく全球凍結事件（スノーボール・アース）があったと考えられています。不思議なことに、こうした全球凍結事件の直後に、大型の多細胞動物化石が世界各地で産出するようになります。それらは共通の特徴を備えていることから、エディアカラ動物群化石と呼ばれています。

### ●生物大量絶滅事件

5億4000万年前から現在までの時代には、多様な動物化石が豊富に産出するようになります。しかし、三葉虫、フズリナ、アンモナイト、恐竜など、かつて繁栄した生物たちも絶滅しています。古生物学者は、化石の種類と産出する時期をもとに、各時代における生物多様性を推定しました。興味深いことに、生物多様性が著しく減少する時期が何回も繰り返していることがわかりました。古生物学者たちは、そうした時期に多様な生物が一斉に絶滅したと考え、生物大量絶滅事件と呼んでいます。

### ●K/Pg境界――恐竜の絶滅事件（コズミックカレンダー12月30日）

中生代白亜紀と新生代古第三紀の境界（K/Pg境界）は、恐竜などの生物が一斉に絶滅する大量絶滅事件です。この絶滅事件では、イタリア山中の石灰岩層に薄い粘土層が堆積しており、そこにイリジウムという白金族元素が濃集していることから、巨大な小惑星が地球に激突して、それによる環境破壊で生物大量絶滅がおこったと考えられています。恐竜がいなくなった新生代には、哺乳類が多様な進化を遂げました。

### ●人類の出現（コズミックカレンダー12月31日午後7時31分26秒）

化石記録によると、地球上に人類が出現したのは700万年前のことです。人類の祖先は類人猿から派生し、さまざまな種に分かれていき、最近になって私たちを含むホモ・サピエンスが出現しました。こうした進化が起こった時代に、地球の気候は徐々に寒冷化し、気候変動も激しさを増していきました。

激しい環境変動の中で、人類は知能を発達させ、農耕、文明、科学技術を発達させてきました。人口は時代とともに増加の一途をたどってきました。産業革命以降の人口増加は指数関数的で、いまや70億人を突破しました。世界の人口は地球が養える人数の限界に近づいています。人間活動の影響によって多くの野生生物の絶滅が進んでおり、現在は大量絶滅の時代といえます。現在の地球が直面する数々の環境問題を私たちがどう乗り越えるのかによって、地球史の次の時代

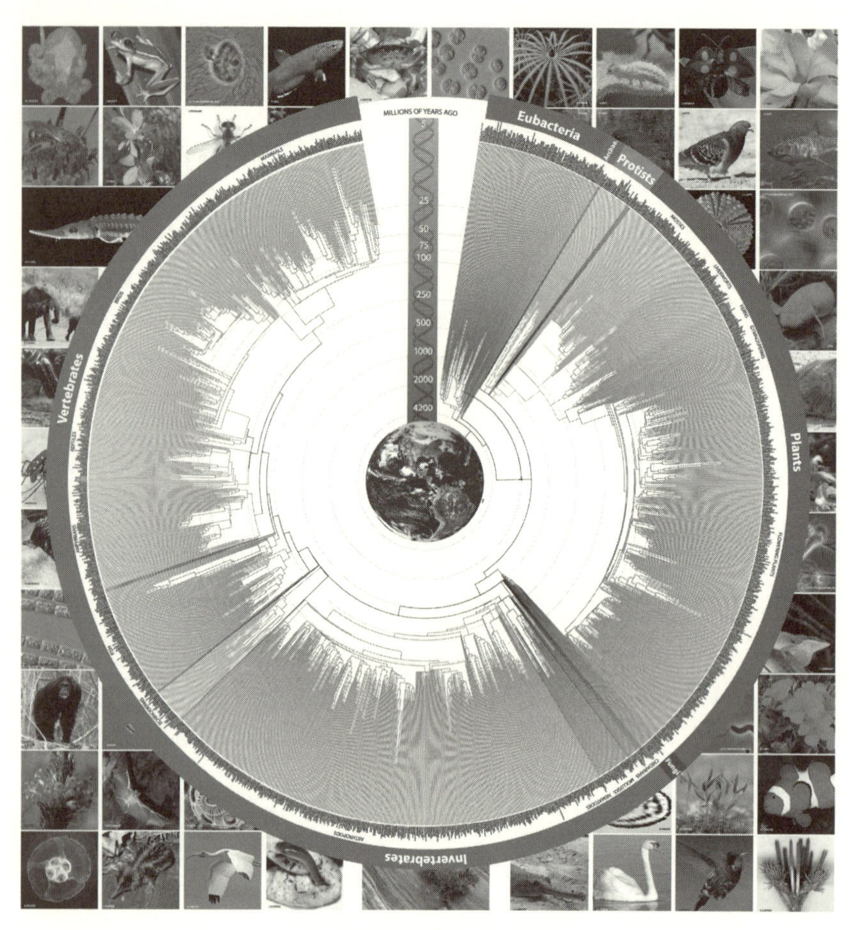


**「生命の樹」（Tree of Life）**

地球上に絶滅と種分化という進化のプロセスによって多様な生物が登場したようすを、一つの生命の種から幾本もの枝分かれが無数に生じていく姿（系統樹）として描いたものが「生命の樹」です。それは幾本もの無数の光の筋として伸び、拡がっていく神秘的な動きとして、見事に表現されています。その図柄は、中心から周辺へと多彩な模様が描き出された図で示されており、まさに曼荼羅（まんだら）の絵のごとくです。（http://www.timetree.org/book）

＝「未来代」のようすが決まってきます。私たちは、はからずもその当事者としてこの地球に生まれ暮らしています。

このように過去を振り返ると、ビッグバンによる宇宙の始まり、恒星の誕生と進化、地球環境の変動と生物大量絶滅など、多くの偶然と激しい環境変化を潜り抜けて、現在の地球環境が奇跡的に成立していることがわかります。私たちは、こうした奇跡の惑星ともいえる地球に住んでいるのです。これからも地球環境と生物は変化し、進化を続けていくのでしょう。その一つの時代として現代という時代があるわけです。この時代をよりよく生きるにはどうすればよいか。地球に住むすべての人々、多様な生物が豊かに生きていくためにはどうすればよいか。その模索がESDの学びです。それは、20世紀の物質文明を超えて、新たな地球人としての生き方を探究する取り組みともいえるでしょう。

（川上紳一・古沢広祐）

# 第1部

# 文明の転換期に<br>地球と社会を捉える大きな目を養う

### 第 1 部のねらい

文明の転換期とも言える現在において、嵐の中で方向を見失わないためには、地球と社会を捉える確かな目を持つ必要があります。自然と人間の関係を捉える「千年持続」、社会・経済を捉える「脱成長」、その中で働き暮らす「月３万円ビジネス」の思想をじっくりと味わってください。

## 第1章

# 千年持続可能な社会へ

## ―パラダイムシフトの時代を生きる―

ポール・ゴーギャン『われわれはどこから来たのか、われわれは何者か、われわれはどこへ行くのか』（D'ou venons-nous? Que Sommes-nous? Ou allons-nous?）1897年，キャンパス油絵，139 × 374.5cm, ボストン美術館

産業革命により農業社会から近代工業社会へ激変していく混迷の転換期を生きたゴーギャンの最後の大作。彼はこの作品を描いた時の気持ちをこう記している。「私は、死を前にしての全精力を傾け、ひどい悪条件に苦しみながら、情熱をしぼってこれを描いた。そのうえ、訂正の必要がないくらいヴィジョンがはっきりしていたので、早描きのあとは消え、絵に生命が漲（みなぎ）ったのだ。これには、モデルだの、技術だの、規則だのと言ったものの匂いはない。このようなものから、私は、いつも自分を解き放ってきた。ただし、時には不安を覚えながらね」。（『タヒチからの手紙』岡本工二訳、p.171-172）

## この章のねらい

本章では、環境問題が社会問題として立ち現れた歴史的経緯を示しながら、持続可能な開発という課題が世界的に認識されてきたことについて説明します。その上で、こうした問題を解決するためのアプローチとして千年持続可能な社会モデルを紹介します。人間の活動によって環境が大きく変化したことは産業革命に始まり、公害という形で知られるようになりました。一方、地下資源、エネルギー資源の枯渇といった問題も生じています。こうした問題を解決するためのアプローチとして、千年持続可能な社会モデルを紹介します。この実現のためには、自立した地域社会、循環型のエネルギー社会の実現にむけて取り組んでいくことが必要です。私たち一人ひとりにとっては、地球の有限性を自覚し、地球1個分の生き方を探究するための学びとして、自然の中で探究的、体験的に学び、持続可能な社会の実現に向けて意識改革をしていくことが必要です。こうした学びがESDなのです。

1. 環境問題の系譜と持続可能な開発という課題
2. 千年持続可能な社会へ
3. ESD：地球1個分の生き方を探求する学びのコスモロジー


### 高野雅夫（たかの・まさお）

名古屋大学大学院環境学研究科教授。木質バイオマスエネルギーやマイクロ水力発電などの技術開発とそれらの普及を通した里山再生のための社会的施策について研究を行う。現在は愛知県豊田市の農山村部を主なフィールドに、若い世代の田舎移住支援のため、木を伐りだすところからはじめて皆で住宅を建設するプロジェクト「千年持続学校」の企画運営など、実践的な取り組みを行っている。2013年には国連の専門家会議で日本の里山がもつ持続可能な社会づくりにとっての意義について報告した。

### 川上紳一（かわかみ・しんいち）

1956年長野県生まれ。名古屋大学大学院理学研究科地球科学専攻単位取得退学（理学博士）。岐阜大学教育学部教授等を経て現在、岐阜大学名誉教授、岐阜聖徳学園大学教育学部教授。著書に『縞々学――リズムから地球史に迫る』（東京大学出版会）、『全地球凍結』（集英社新書）など多数。

# 1. 環境問題の系譜と持続可能な開発という課題

## (1) 環境問題＝「環境汚染・環境破壊」問題

現代の社会を考える上で、環境問題をどう捉えるかが重要になっています。この問題の理解なくして現代社会を理解することはできません。そこでここでは、環境問題が人々に認識されてきた歴史的な経緯を見ることからはじめてみましょう。

環境問題というのは、まず「環境汚染問題」から始まりました。日本では20世紀初頭の産業革命から戦後の高度経済成長にかけて、局地的な水質汚染、大気汚染によって多くの人が病気に苦しみ死者がでるような健康被害が発生しました。公害です。1970年代に四大公害裁判[1]を画期として、局地的な健康被害をもたらす公害は徐々に克服されていきましたが、一方で、自動車の排気ガスによる大気汚染やダイオキシンをはじめとする各種化学物質による土壌汚染は現在にいたるまで克服されていません。さらに食品添加物や農薬による食品の安全性の問題や環境ホルモンによる汚染については、近年ますます深刻化しており、さらに2011年からは福島第一原子力発電所の事故によって放出された放射能による汚染も大きな問題となっています。

次に環境問題に付け加わったのは、「ゴミ問題」です。「大量消費社会＝大量廃棄社会」が吐き出すゴミをどこでどう処分するのか。廃棄物処分場は典型的な「NIMBY（Not In My Backyard：必要性はわかるが身近に来られては困る）問題」として人々に捉えられ、その立地は困難を極めます。産業廃棄物の不法投棄や処分場からの汚染物質放出・漏洩による環境汚染が発生しています。これらの問題にとりくむ中からリサイクルの制度化と循環型社会の理念がうまれ、現在ではかなりの程度リサイクルが実現しています[2]。一方、原子力発電所から出てくる高レベル放射性廃棄物をどこにどのように処分するかは全

---

1　熊本水俣病、新潟水俣病、四日市大気汚染、富山イタイイタイ病の公害訴訟。被害者の人権意識の高まり、原因究明のための科学者の協力、世論の支持を背景に、因果関係の科学的立証が難しくても疫学的方法を支持して、企業責任と損害賠償を認める画期となる。ただし、国の責任は不問のままである。

2　日本では2009年に循環型社会形成推進基本法が制定されるとともに、容器包装、家電、自動車、食品、建設、小型家電等のリサイクル体制が整備された。

く目途がたっておらず、今後の日本社会の大きな波乱要因となっています。

さらに1970年代からは、地域開発によって生態系が破壊されるという「環境破壊問題」が環境問題に加わります。「開発か自然保護か」という対立軸が環境問題の一つの柱となりました。ダムの建設、干潟の埋め立て、森林造成による住宅・工場用地などの開発で、多くの貴重な生態系が失われました。こうした事態に対し市民による自然保護運動が活発化し、名古屋市の藤前干潟や愛知県瀬戸市の海上の森が開発から守られた[3]ことを皮切りに、2000年代になると本格的な成果をあげるようになります。こうした取り組みの中から「環境アセスメント[4]」が制度化されましたが、これを実質のあるものにするよう努力しなくてはいけません。

### (2) 環境問題＝地下資源文明の「持続可能性」問題

しかしながら、世界全体を見渡したとき、また世界の中の日本を考えるとき、環境問題の認識は生態系の汚染・破壊の問題にとどまりません。自然界の物質循環と切断された形で拡大してきた現代文明の「持続可能性」の問題です。この持続可能性の問題を最初に本格的に提起したのが、1972年に出版された『成長の限界』[5]でした。「地球生命圏の循環の中で再生できない地下資源を採取し、それを最終的に廃棄物＝汚染物質として地上に蓄積するシステムはいずれ立ち行かなくなる。さらにそのスピードが幾何級数的に増大する成長型社会のシステムは、このまま行けば破局的な結末を迎える」と地下資源文明の持続可能性に警告を鳴らしたのです。70年代は2回の石油危機があり、地下資源の限界を強く意識した時代でした。

大論争を巻き起こした『成長の限界』の問題提起を受け継ぎ、これに応え

---

3　高野雅夫〔2000〕「海上の森は守られた、しかし——愛知万博その後」『科学』70巻, pp.911-914.

4　環境アセスメントとは、大規模開発に伴う環境への影響を事前に予測・評価し公表するもので、日本では環境影響評価法として1996年に制度化された。島津康男『市民のための環境アセスメント』NHKブックス、1997年など参照。

5　ドネラ・H・メドウズ他〔1972〕『成長の限界——ローマクラブ「人類の危機」レポート』ダイヤモンド社.

る形で『ソフトエネルギーパス』[6]『ファクター10』[7]『ファクター4』[8]『自然資本の経済』[9]という一種の技術楽観主義の系譜が生まれます。技術革新により石油消費を再生可能エネルギーで置き換えるなどの取り組みをすれば、今の物質的豊かさを保ったまま持続可能性の問題をクリアできるという考え方です。

一方、地下資源に深く依存した大量生産・大量消費のライフスタイルを享受してきたのは先進国のみで、『成長の限界』は、深刻な環境問題に直面する途上国の現実を表現したものではありませんでした。途上国では人口の増加に伴い、必要な食糧や燃料を確保するために森林を開墾しすぎたり、家畜を増やしすぎたりして、かえって深刻な生態系破壊が進行する地域が出てきました。森林の減少や砂漠化が進行すると人々はさらに貧困化し、場合によっては土地を巡って内戦や戦争が発生し、さらに環境破壊が進むという悲惨なスパイラルが進行しています[10]。しかし、増え続ける人口を前に何らかの形で「開発」を行わざるを得ません。「自然保護」や「環境保全」を優先すれば、引き換えにされるのは住民の貧困であるという深刻なジレンマが存在するのです。

### (3) 2つの公正を目指す「持続可能な開発」

こうした現実の中から、「持続可能な開発（Sustainable Development）」という理念が生まれ、1992年にリオデジャネイロで開催された「環境と開発に関する国連会議（地球サミット）」で世界共通の目標として宣言されました。開発はするけれども、「持続可能な、将来的に行き詰まらない形で行う」ということです。この理念は、「世代内の公平性」と「世代間の公平性」という二つの軸で理解されています。一つは、南北問題としてたちあらわれてい

---

6　エイモリー・ロビンス〔1979〕『ソフト・エネルギー・パス――永続的平和への道』時事通信社.

7　F・シュミット・ブレーク〔1997〕『ファクター10――エコ効率革命を実現する』シュプリンガー・フェアラーク東京.

8　エルンスト・ウルリッヒ・フォン・ワイツゼッカー他〔1998〕『ファクター4――豊かさを2倍に、資源消費を半分に』省エネルギーセンター.

9　ポール・ホーケン他〔2001〕『自然資本の経済――「成長の限界」を突破する新産業革命』日本経済新聞社.

10　石弘之〔1988〕『地球環境報告』岩波書店.

る「資源を先進国が独占的に利用し、廃棄物や環境問題は途上国がより多くうけとるという不公平を是正しよう」ということ。もう一つは、「現在の世代が資源を食い尽くして、廃棄物と環境問題を次の世代に残すという不公平をおこさないようにしよう」ということです。

10年後の「持続可能な開発に関する世界首脳会議（リオ+10）」、20年後の「国連持続可能な開発会議（リオ+20）」では、世界中の持続可能な開発に関する取り組みの成果と課題がさまざまな指標から話し合われました。ここで明らかになったのは、たくさんの人々の努力にもかかわらず事態は悪化しており、世界はますます持続不可能な方向に向かっているという事実でした。いくらエコカーを開発しても、「緑の経済成長（グリーングロース）」の名の下に大量に生産し大量に売って経済成長を目指す限り、総量としての環境負荷は増え続け、環境汚染も環境破壊も資源枯渇も解決しません。

発展途上国では依然として「持続不可能な開発」が主流で、最貧国はますます貧しくなっています。中国やインドを典型とする経済発展に向けて離陸した新興国の国々は、かつて先進国が味わった公害の苦しみの跡をなぞりながら、地下資源に依存する成長型社会を目指して突っ走っています。そしてアメリカはWTO（World Trade Organization：世界貿易機構）などを通じて、グローバリゼーションという名の「アメリカ市場の地球規模の拡大」を世界に強要しています。かつて世界最大の産油国であったアメリカは世界最大の原油輸入国である石油づけの社会であり、土地と水資源を疲弊させながら過剰に生産される農産物を世界のすみずみに売り込むことで、「持続不可能性」まで輸出しようとしています。

## 3. 千年持続可能な社会へ

### (1) 成長型社会の持続不可能性

図1は大量生産・大量消費社会を成り立たせている物質の流れを表した模式図です。地球の「箱」と人間社会の「箱」があり、その間を物質が行き来しています。地球の中に地下資源があります。石油の油田、天然ガスのガス田、石炭や他の鉱物資源の鉱床などです。人間はそこから資源を採掘して工場で商品を生産します。それを私たちは購入して消費します。そうすると廃

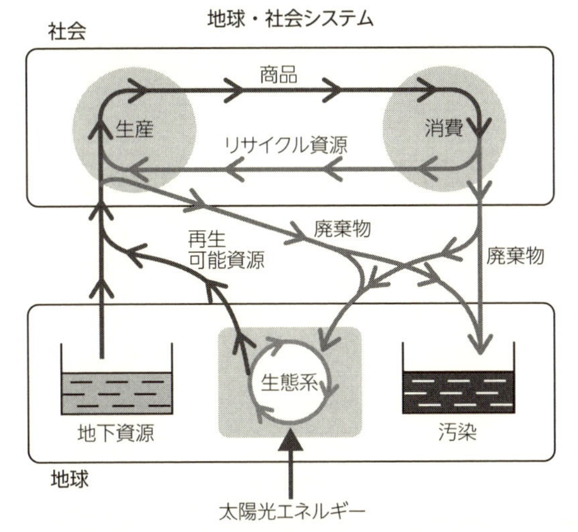


**図１　持続不可能な現在の地球と社会にまたがる物質循環システム**

（筆者作成）

棄物が発生します。それをまた地球の中に廃棄します。私たちの日常生活で出るゴミはいろいろ処理された上で最終処分場という埋立地に埋められます。下水に流れた汚水に含まれる汚濁物質は最終的には海に流れ出ます。私たちの身近には石油を原料とするプラスチック製品があふれていますが、これらは自然界では分解できないため、最終的には海に流れ込み生き物たちが誤って食べることによって海洋の生態系に深刻な影響をもたらしています。工場の煙突や車の排気管から出た二酸化炭素は大気に放出されます。化石燃料と総称される石炭、石油、天然ガスの利用の結果として大気中の二酸化炭素濃度が上昇を続けており、そのために地球温暖化が進行しています。温暖化によって地域によっては深刻な被害が予想されています。

私たちはまた、生態系から資源をいただいています。食べ物、木材、木綿・絹などです。適切に採取するならば再生するので再生可能資源と呼ばれることもあります。これらを利用したあとに発生する廃棄物は適切なやり方をすればまた生態系に戻せます。食べ物を消費したあとに出る廃棄物であるし尿は、かつては農家が回収して肥料として農地に投入していました。紙を使い終わったあとに燃やすと二酸化炭素が排出されますが、これは森林を健全に保っていれば樹木が成長する際に吸収してくれます。しかし、この物質の流れは生態系が太陽のエネルギーを受けて行っているもののごく一部を人間が利用するということなので、おのずとその量に限界があります。限界以上に利用すれば、農地が荒廃したり、森林が消滅したりしていずれ資源を利用することができなくなります。つまり、現代の大量生産・大量消費社会は、地下資源があってのものなのです。

ここで大量生産・大量消費ということの意味をもう少し深く考えてみましょう。このような生産様式は18世紀後半のイギリスでおこった産業革命からです。このときはじめて石炭を燃やして蒸気機関で大きな動力を得ることができるようになり、さまざまな機械が考案され、さまざまなモノの大量生産ができるようになりました。大量生産できると、商品一つあたりのコストは劇的に下がるので、価格が下がります。それで誰もが買えるようになり、販売量が飛躍的に増えます。それがさらに大量の商品の生産につながるという正のフィードバックがかかり、生産と流通の拡大が起こりました。このようにして右肩上がりで（数学の言葉で言うと幾何級数的とか指数関数的にと言います）商品の生産量が増大することを経済成長と言います。先進国では19世紀半ばから20世紀の経済成長によって豊かな社会が実現しました。日本では20世紀の初めころに産業革命がおこり、昭和の戦争で一時頓挫しましたが、戦後はそれを巻き返すほどの勢いで経済は成長しました。高度経済成長期です。その結果、日本は先進国の仲間入りを果たし、GDPは長くアメリカに次ぐ第2位の位置をしめるほどでした。

世界70億人の日々の需要を満たすには、さまざまな物資を大量に生産する必要がありますが、大量生産・大量消費社会では、多くの商品がその基本的なニーズ以上に生産されます。流行や機能の高度化によって、まだ使えるものでも陳腐化させ消費者に時代遅れと感じさせるようにして、新しいものを購入するようにしむけています[11]。そのために企業は膨大な経費を使って宣伝・広告を行います。これは経済成長を行うために必要な仕組みです。つまり、大量生産・大量消費というあり方は、経済成長の結果でもあり原因でもあります。そしてそのためには地下資源の利用が不可欠です。地下資源利

---

11　見田宗介〔1996〕『現代社会の理論――情報化・消費化社会の現在と未来』岩波書店.

用、大量生産・大量消費、経済成長は3点セットであり、これらが基本となっている社会を成長型社会と呼びます。

地下資源から始まり廃棄物として終わるという一方的な物質の流れによって維持されている社会のあり方は、未来永劫にわたり続けられるでしょうか？　地下資源は枯渇性資源とも言われます。地下の地層から掘り出してしまうと、補充されません。これらの鉱床は長くは数億年という途方もない年月をかけて、大地の営みとしてできあがったものです。せいぜい数百年という近代社会の時間スケールでは作られません。人間が使っただけ資源量は減っていきます。したがって、いつかは枯渇する。そうなればこのシステムは成り立ちません。

また、廃棄物をためておく地球の容量が一杯になったら、やはりこのシステムは立ち行かなくなります。最終処分場が満杯になり、もう他に作ることができなければゴミの処理は行き詰まってしまいます。また水質汚濁や地球温暖化が深刻な問題になり、それらの原因となる廃棄物を排出することができなくなれば、やはり行き詰まってしまいます。

もう一つ、現在の日本で大変深刻な環境汚染問題は、放射能汚染です。2011年3月11日に発生した東日本大地震とそれによる津波で福島第一原子力発電所が損傷し、その結果、原子炉内にあった核分裂生成物質（いわゆる死の灰）の一部が漏れ出し、広くばらまかれてしまいました。福島県内では放射能汚染のために故郷を追われて避難生活をしている人が約10万人います（2015年10月現在）。放射能汚染は、福島県だけでなく東北地方から関東地方、中部地方の一部まで広がっています。これも、地下資源である天然ウランを利用する際に必然的に発生する高レベル放射性廃棄物による汚染問題です。

資源の枯渇と廃棄物の限界によって、図1のシステムが立ち行かなくことが、物質の流れからみた現代社会の持続不可能性です。

具体的に身近な食の問題で詳しく説明しましょう。この本を手にしている皆さんは、おそらく食べることについてほとんど不自由なく暮らしていることでしょう。皆さんにとって当たり前な日常ですが、実はそれほど当たり前のことではありません。まず、今の世界でも日本での標準的な暮らしができる人は、先進国のミドルクラスより上に限られます。世界の人口の10％くらいでしょう。途上国では日々の食事に事欠く家族もたくさんいます。また日本の歴史をみてもこれほど豊かな暮らしを多数の人々が送ることができるというのは、戦後の高度経済成長期以降のことです。例えば、皆さんの毎日の食事の献立を考えてみましょう。ハンバーグ、豚カツ、鶏の唐揚げなど、お肉のメニューがよく入っていませんか？　江戸時代のお殿様でも肉料理は特別な日のごちそうで、まして庶民はほとんど口にできませんでした。

では、日常生活の中でこれほど多くのお肉が食べられるようになったのは、なぜでしょうか。家畜の牛について考えてみると、もともと牛は牧草地の草を食べて成長していました。でも皆さんが毎日飲んでいる牛乳や食べている牛肉を提供してくれる牛は、草だけを食べて成長するのではありません。むしろ草は補助的にやるくらいで、主要なエサはトウモロコシをはじめとする輸入穀物飼料です。畑で大量に穀物が栽培できるようになってはじめて、大量の家畜を生産することができるようになりました。

では、大量の穀物を栽培できるようになったのはなぜでしょう。この100年ほどで世界の耕地面積は約1.7倍に増えました。一方、穀物の生産量は6.5倍となりました。つまり単位面積あたりの収量が飛躍的に向上したのです[12]。その要因は「多収量品種の開発」という品種改良のおかげと言われることがありますが、そのような品種も肥料がなくては育ちません。ことの本質は、化学肥料が登場して、それを大量に農地に散布できるようになったということです。

植物にとって必要な栄養は、チッソ、リン、カリウムの三つの物質です。空気中にチッソ分子はたくさんありますが、これを植物は利用することができません。水に溶けるアンモニウムイオンや硝酸イオンなどの形にしなくてはいけません。20世紀初頭に空気中のチッソ分子からアンモニアを化学的に合成する方法が開発され、化学肥料が生産されるようになりました。この際に大量の化石燃料（石炭、石油、天然ガス）が消費されます。私たちは化石燃料、化学肥料、穀物、家畜という物質の旅路を経て、日々「化石燃料を食べている」と言ってもよいのです。リン、カリウムについても地層の鉱床を掘り出して化学肥料を生産しています。これらの地下資源があってはじめて、

12　資源協会編〔2003〕『千年持続社会——共生・循環型文明社会の創造』日本地域社会研究所.

私たちは今の食生活が維持できるわけです。

ということは、このまま地下資源を消費していくと、いつか資源はなくなるので、そのときには当然ながら、今のような大量の穀物の栽培はできません。家畜のエサが不足するどころか、人間が食べる分についても深刻な食糧不足がやってくるかもしれません。今のような物質的に豊かな社会は維持できなくなるでしょう。経済成長というのは、地下資源が地層中に大量に残っていて、掘りたければいくらでも掘れるという状況でのみ成り立つ現象です。資源量の限界が見えてきたところで、経済成長は難しくなるのです。

一方、地下資源を利用すると、廃棄物の問題が発生します。地下から掘り出した物質は、はじめは社会に原料として投入されます。そしていつかは廃棄物となって社会から出てくるのです。そこに環境問題が発生します。今の日本で最も深刻な環境問題の一つは、湖や内湾などの「富栄養化問題」です。これは水中のチッソやリンの濃度が高すぎて、植物プランクトンが異常発生し、赤潮や貧酸素水塊という現象を引き起こし、本来生き物がたくさんいる豊かな水辺が「死の海」と化してしまうことです。栄養分が少なくて困るというのなら分かる気もしますが、多すぎて困るというのはどういうことでしょう。過剰なチッソやリンは一体どこから来たのでしょうか？

実は下水から来ています。私たちが食べ物を食べた後に発生するし尿を処理するのが下水処理場ですが、チッソやリンの半分ほどしか除去できません。あとは排水中に溶けたまま、湖や海に出ていくため富栄養化が起こります。家畜のし尿からも同様です。さらに農地に撒いた化学肥料の成分がそのまま雨水に流されて川に出てくる分もあります。つまり地下資源を利用して生産された化学肥料の成分は、まわりまわって廃棄物として環境に放出され、汚染物質となって環境問題を引き起こすというわけです。

地下資源の枯渇と廃棄物による汚染。これらによって、今のような大量消費社会の暮らしは、未来永劫には維持できません。私たちの社会は持続不可能なのです。そのことを示す指標としてエコロジカルフットプリントというものがあります。フットプリントというのは「足跡」ということで、私たちが暮らしていくために必要な地球上の面積を計算して合計します。それを地球上で人間が利用可能な土地や海洋の面積で割った数値です。図２はその変

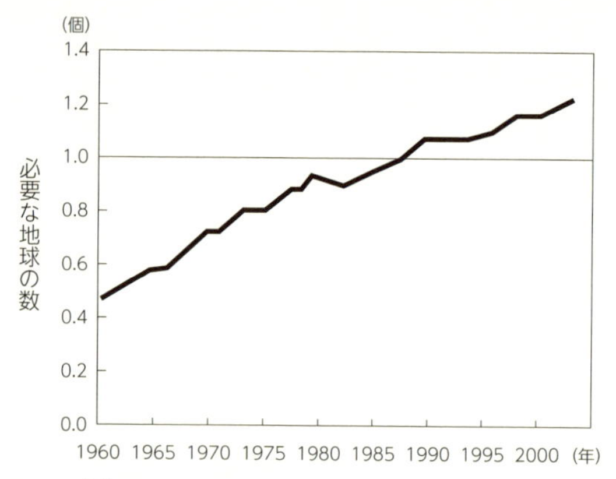


**図 2　人類のエコロジカルフットプリント 1961 ～ 2001**

（『サステナビリティの科学的基礎に関する調査報告書』より）

化を示しています[13]。これを見ると1980年代には1を超えています。つまり、私たちの暮らしは地球1個分では足らないということです。それでも地球は1個しかないのですから、こういう状況をずっと続けていくことは不可能です。エコロジカルフットプリントは将来必ず下降し1以下にならなくてはいけないわけです。

### (2) 千年持続社会を構想する

それが大規模な飢饉や戦争のような形で悲劇を伴いながら否応なく達成されるのか、それとも人々の賢い選択によって可能となるのか、ということが今、問われているわけです。図3はそのことを模式的に示しています。産業革命前は基本的に生態系からいただく再生可能資源を利用して社会が成り立っていました。資源を供給できるポテンシャルの範囲内で消費が行われていたわけです。それが産業革命以降の成長する社会の中で、大きくバランスが崩れました。地球1個分ではすまない暮らしです。将来はこのまま放置しておけば、地下資源の枯渇、生態系の荒廃によって、人間が利用できる資源は減少していきます。そうすれば消費量は減少せざるを得ず、いつかはバラ

---

13　サステナビリティの科学的基礎に関する調査プロジェクト〔2005〕『サステナビリティの科学的基礎に関する調査報告書』. http://www.sos2006.jp/

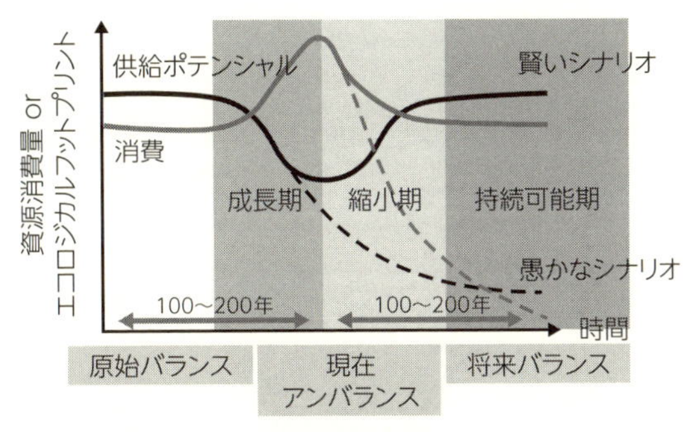


**図３　成長型社会から持続可能な世界にいたる歴史の概念図**

（筆者作成）

ンスが回復しますが、これは「愚かなシナリオ」というべきです。最終的に達成される「持続可能な社会」は、とても貧しいものとなります。一方、「賢いシナリオ」は消費量を意識的に減少させ、生態系を回復させて資源供給のポテンシャルを増大させて、高いレベルでの消費を維持しながら、地球１個分の暮らしを実現するというものです。

では、そのように達成される「持続可能な社会」とはどのようなものでしょうか？　図１との対比でいうならば、図４のようなあり方しかありえません。すなわち地下資源を利用しないということです。そうすれば資源枯渇の心配をする必要はなくなります。これは自明ですが、やや自明でないのは廃棄物による汚染問題です。私たちの暮らしが生態系から得られる資源によって営まれ、生態系が処理できる量をまた生態系の循環に戻すことができれば、このシステムは太陽光エネルギーがある限り維持でき、何も問題はありません[14]。

一方、生態系で処理もできず、生態系を汚染・破壊するような有害廃棄物（化学物質や放射性廃棄物）は出してはならないものです。例えば、化学肥料が普及する前は、農家は町に住む人たちのし尿を集めて発酵させた上で、また田畑に肥料として散布していました。川や海に栄養物質が出ていくことはな

---

14　2015年12月に気候変動枠組み条約の締約国会議COP21が開催され、パリ協定が締結された。この中で協定は「今世紀後半に人為的な温室効果ガスの排出と吸収源による除去の均衡を達成するために、最新の科学に従って早期の削減を行うことを目的とする」とされた。これはエネルギー利用に関する持続可能な条件を満たすことを指しており、画期的な内容と言える。

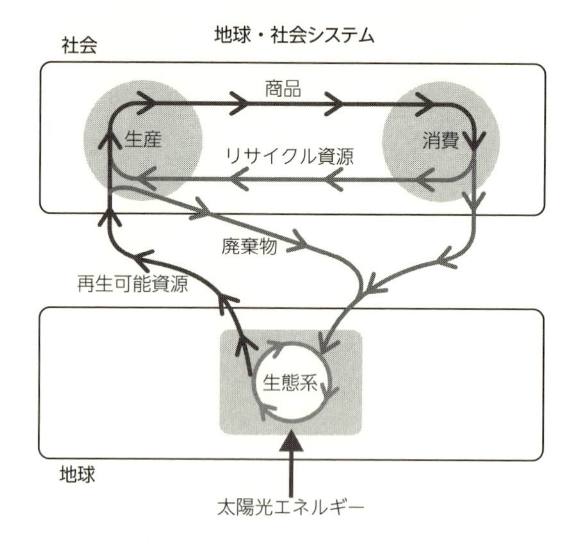


**図 4　千年持続可能な地球と社会の物質循環システム**

（筆者作成）

く、富栄養化問題はありませんでした。化石燃料でなく、木を燃やして熱や電気を生産すれば、大気中に二酸化炭素が蓄積することもありません。

物質の利用の仕方として、図 4 のような社会を「持続可能な社会」と言います。ただ、「持続可能な社会」という言葉の中身は論じる人によってさまざまで、時に逆の意味にも使われることがあります。そこで私たちは、図 4 の世界を「千年持続社会」と呼んでいます。どんな地下資源も枯渇しているだろう「千年後でもやっていられるような社会と暮らしのあり方」を意味します。「人間社会が生態系の一部として調和した社会のあり方」とも言えるでしょう。

千年持続社会では、際限なき経済成長を続けることは目指しません。物質の流れの速さは太陽光のエネルギー量で決まる限界があるからです。木を燃料として使うと言っても、使いすぎれば禿山となり利用できなくなります。年間に成長する木の量の範囲内で利用しなくてはいけません。千年持続社会では、自然の限界の中で人間も暮らすということになります。

### (3) 千年持続社会へのパラダイムシフト

日本では100年にわたって経済成長が続きました。特に戦後の高度経済成長の時代には、私たちの暮らしのあり方やものの考え方感じ方が大きく変化しました。つまり、共通の体験によって人々の心の中に自然発生的にうまれた共通の考え方や感じ方、すなわち一つのパラダイムが成立しました。千年持続社会を展望するには、それとは別のパラダイムに転換していく必要があります。ここからは、個人の考え方やライフスタイルにまで踏み込んで、千年持続社会への道筋を考えていきます。

千年持続社会のあり方について紹介すると、「では江戸時代に戻れというのか」とか、極端な場合「原始時代に戻れというのか」という質問をよく受けます。「経済成長で獲得した豊かさを誰も手放したくない。生活水準を下げるようなことを言っても誰も相手にしないので実現しない」というわけです。こういう質問は60代以上のシニア世代に多いのですが、そういう極端な比較の話ではなく、ご自身が経験された高度経済成長以前の社会、今から50～60年前の暮らしに戻るのか、戻りたいのか、戻れるのか、というのが本当の問いではないでしょうか。

当時、日本人の過半数は農村に住み、百姓をしていました。確かにその労働は厳しいものでした。化学肥料のない時代、田畑の肥料は堆肥です。草を刈って一家に一頭いた牛や馬に食べさせます。牛馬は農作業や荷物を運ぶのに使っていました。牛馬のし尿を草や落ち葉といっしょに積んで発酵させたものが堆肥で、これを1反（10アール）あたり1トンも入れたと言います[15]。草刈り機や耕耘機といった作業を助けてくれる石油で動く機械はなく、これらをすべて手作業で行うわけですから、その労働の厳しさがうかがえます。私が話を聞いた愛知県豊根村のおじいさんは、戦後すぐお婿さんとして百姓を始めましたが、夏の間は来る日も来る日も草刈りに追われ、1年に鎌が2本擦り切れてなくなるというほどだったそうです。辛くていつ逃げ出そうかと思っていたという話でした。

高度成長が始まると、都市に工場がたくさんできて、そこに働き口ができました。昭和一ケタ生まれの世代だった当時の親世代は、自分の子どもには

---

15　養父志乃夫〔2009〕『里地里山文化論〈下〉循環型社会の暮らしと生態系』農山漁村文化協会.

自分たちが味わったような辛い思いをさせたくないと、子どもたちを賃金労働者として都市に送り出したのでした。さらに高校、大学を出して、大企業のサラリーマンにすることが親の務めと考え、子どもたちを都市に送り出し続けたのです。

成長型社会のパラダイムの一つが学歴社会です。経済成長を牽引する大企業は、多くのホワイトカラーと技術者を必要としました。大学はそのための人材供給の場となり、そのために「よい学校に進学すれば都市で大企業に就職できて人生は安泰」という方程式がうまれました。企業に就職すれば、終身雇用・年功序列という制度により、定年まで年々地位が上がり、収入が増える人生が約束されました。しかしこれは成長する社会でのみ可能な仕組みです。なぜなら、この制度によれば、ある年に採用した社員を20年後には全員課長などの管理職にしなければなりません。そのときには部下が必要です。つまり、20年の間に企業は大きく成長していなくてはいけません。年々人口が増加し、商品の売り上げも増加する成長する社会の中ではこれが可能でした。そのようにして大企業の工場では大規模な設備によって商品の大量生産が始まり、都市に集まった人々の暮らしは見違えるように豊かになりました。

一方で農村も大きく変わりました。高度成長期に化学肥料が導入され、粒状の肥料を田んぼに撒けばそれでおしまい。山の草を刈る必要も堆肥に積む必要もありません。農薬のおかげで病害虫の被害を受けることなく安定した収量が期待できるようになりました。米づくりにおいては田んぼの単位面積当たりの収穫量はおよそ1.3倍になったのです。これは百姓にとって奇跡と言ってもよい変化でした。機械が導入されたこともあって米を作るのに必要な労働時間は1/6になり、週末に野良仕事をすれば米が作れるようになりました。農家は土建業者など地元にできた雇用先に勤めに行くようになり、農作物を売って得られるよりも多くの収入を賃金として得るようになります。こうして兼業農家になった百姓は都市の勤労者と同等の収入を得るようになっていったのでした。

こうして高度経済成長時代をがむしゃらに働いてきたシニア世代にとって、千年持続社会のあり方は自分たちがやってきたことを否定されてしまうように感じられるのかもしれません。

しかし、少子高齢化が進み、2005年に日本の人口はピークに達し、その後減少に転じています。もう国内市場での企業の売り上げが増加する見込みはあまりありません。また採用できる若い人の数が激減しています。つまり、企業はもう終身雇用・年功序列という制度を維持できず、今では正規雇用は全体の4割程度で、6割の人は半分失業者のような不安定な状態で働いています。成長の時代の方程式、すなわち、「よい学校に進学すれば都市で大企業に就職できて人生は安泰」というシナリオは、もう成り立たなくなっているのです。では、新しい時代のライフスタイルとはどのようなものでしょうか。

その回答の一つは、実際に農山村に移住してくる若い世代の暮らしに見ることができます。2010年前後から、都市から農山村に移住してくる30歳台を中心にした子育て世代が目に見えて増加しました。東日本大震災と津波、原発事故はその動きを加速させました。1950年代から続いていた農山村から都市への若者の移住の流れに、「田園回帰」「逆都市化」というような逆転現象がおき始めているのです。「過疎地」という用語がうまれた島根県では、飯南町、美郷町、海士町など、今では転出よりも転入の方が多くなるところも出ています[16]。

田舎に移住してきた若い世代に移住をするに至った思いや経緯を聞いてみると、都市で生きることの難しさが見えてきます。日本の大企業は海外に工場をたて、従業員数も売り上げも海外の方が多い多国籍企業となりました。日本で採用する従業員の数は減少し、今では大企業の求人は、大卒の求職者の半分程度しかありません。また厳しい就職活動を切り抜けても、そこにはさらに厳しい職場環境が待っています。長時間労働は当たり前で、夕食はコンビニの弁当、休日もへとへとで何もできない、という暮らしをしている大企業の若い従業員が多いのです。その中で体調や心の調子を崩して休職する人も多くいます。今では大卒で企業に就職した人の3割が3年以内に退職しています[17]。

都市で暮らしていると、食べ物をはじめ、すべてはお金で買って生活する

---

16　藤山浩〔2015〕『田園回帰1%戦略: 地元に人と仕事を取り戻す』農山漁村文化協会.

17　城繁幸〔2008〕『3年で辞めた若者はどこへ行ったのか――アウトサイダーの時代』筑摩書房.

ということになります。まずお金を稼ぎ、そのお金で暮らすということですが、お金を稼ぐということ自体が大変なことになってきたわけです。「お金がないと生きていけない」ということについての不安は、今の日本の若い世代に共通した根深いものとなっています。

また都市の暮らしでは、食べ物でも何でも、どこで誰が作っているのか分かりません。商品の安全性が確保されていない商品、環境を破壊しながらつくられている商品もたくさんあります。どの商品がそうなのか消費者にはまず分かりません。そして、長時間労働の過酷な職場環境で体調を壊したりすると、これまでは当たり前であった都市生活に対して疑問を持つ人が出てきます。

それに対して農山村での暮らしは、今でも自分の家で食べる米と野菜は自分の家の近くの農地で作ります。山に入って自分で木を伐れば風呂を焚いたりストーブの燃料に使う薪がタダで手に入ります。水は井戸水や沢水があります。水と食とエネルギーを自給する暮らしが今でも普通にあります。農山村に移住してくる若い世代は、このように食（米と野菜）とエネルギー（薪）を自給する「農的暮らし」に挑戦したくてやってきます[18]。こうしたライフスタイルは「現代的な里山暮らし」とも言えるでしょう。かつての里山の暮らしと違うのは、さまざまな小さな技術を導入して楽しく暮らせる工夫をしているということです。

例えば、草刈りはエンジンのついた刈払機（草刈機）を使います。木を伐る道具はチェンソーです。薪を割るのはヨキ（斧）を使うばかりでなく、動力や手動のジャッキのついた薪割り機でやります。かつては田んぼの肥料にする堆肥をつくるのが大変な重労働でしたが、彼らの典型的な米作りは自然農や自然栽培というやり方で、田んぼに化学肥料はもちろん堆肥のような有機肥料も入れません。もちろん収量は肥料を用いる場合と比べて見劣りしますが、大量生産して販売するのが目的ではなく、自分で食べるコメを自分が納得できるやり方で必要なだけ生産すればよいとすれば、むしろ合理的なやり方です。

---

18　例えば位田めぐみ〔2014〕『里山シンプル生活――お金がなくても、夫と息子2人、ワンコ2匹と生きる』大和書房など参照。

このように最低限の食とエネルギーと水が自給できれば、死ぬことはありません。そのベースの上に、必要なだけのお金を稼ぐ仕事をすればよいのです。農的暮らしをする若い世代の移住者の典型的な年収は200万円くらいです[19]。これは都市での暮らしでは「貧困層」に入ってしまう年収ですが、田舎では4人家族が普通に暮らしていけます。彼らの中には「できるだけお金を稼ぎたくない」と言う人もいます。単にお金を稼ぐためだけの仕事に時間を費やすのはもったいない、それならお金をかけずに暮らしに必要なものを手作りすることに時間を使いたいと思っているのです。

もちろん、自分の得意技を生かした仕事、やりたい仕事が見つかった人は熱心に仕事にうちこんでいます。木工などの職人業、林業、有機農業や自然農などの農業、自然エネルギー事業、ゲストハウスの経営、デザイン、写真家、ライター、アーティスト、IT技術者、地域づくりコーディネートなどなどです。今、日本の農山村にはこのような分野で一流のスキルを持った人たちが移住してきて、仲間をつくり活発な地域づくりの活動をしています。豊かな自然と人との結びつきの中で、自分の目指すものを追求できるとすれば、人生はより質の高いものになります。それを求めて、彼らは都市から農山村に移住してくるわけです。世代内の不公平をおかすことなく、生態系を活用しきちんと維持することを通して将来世代にもその恵みを引き継ごうという暮らしです。日本の農山村では今、豊かで持続可能なライフスタイルのヒントが見出せると言えるでしょう。

## 4. ESD：地球1個分の生き方を探求する学びのコスモロジー

今日では、ジェット機に乗れば10時間程度で地球の反対側まで旅行できます。科学技術の発達によって、私たちの生活は豊かで便利になりました。こうした体験は地球という惑星が有限な大きさであることを実感させますが、地球の水、地下資源、エネルギー資源、生物資源が有限であることはなかなか実感できず、地球1個ではすまない暮らしをしていてもそれに気づくこと

19　牧野篤〔2014〕『農的な生活がおもしろい――年収200万円で豊かに暮らす！』さくら舎.

が難しくなっています。地球1個分の生き方を探求するには、自分たちの生活を見つめ直し、その中で地球の有限性を実感し、ライフスタイルを地球1個分に相応しいように変えることが必要ではないでしょうか。

しかしながら、私たちはそうそう簡単に考え方や感じ方を変えることはできません。それは、今まで生きてきた環境やさまざまな出来事のすべてで形づくられたものだからです。でも絶対に変わらないものでもありません。知識だけでなく、人とのつながりの中での豊かな体験によって、私たちの意識は時に劇的に変わることがあります。そのときに注意しておく必要があるのは、それは誰かが準備した「答え」を受け入れるということではないということです。持続可能な社会とはどのようなものか、まだこの世界のどこにも答えはありません。それを作っていくプロセスに参加し、仲間とともに答えを少しずつ見つけていくということが、とりもなおさず自分が変わるということなのです。逆にそのようなプロセスに参加できるためには、自分が柔軟に変わることのできる準備ができていなくてはいけません。

そのための教育活動がESDです。教育といっても、誰かが教師として一方的に教えるということではありません。大人も子どもも誰もが生徒として、ともに学びあう活動です。その中で以下のような目標が設定されるとよいでしょう。

1. 【日常の非日常性の理解】現在の日常生活が、とんでもなく複雑で非日常的な地球全体にひろがる自然と社会の仕組みからなりたっていることに気づくこと。
2. 【持続不可能性の理解】その仕組みは持続不可能であることに体験的に気づくこと。
3. 【生態系の理解】人間も生態系の一員であることを体感すること。
4. 【創造性の発揮】どうすれば持続可能な仕組みをつくることができるか、自らの力で考えて試みることができ、それは創造的でおもしろいことであると気づくこと。
5. 【意思決定能力】持続性の開発の道筋は多様であることを前提に、意見を統一するのではなく、対話しながら創造的に合意できる範囲を見極めて、集団の意思決定を行う力を身につけること

6.【自己表現能力】自分の考えや集団の意思決定のプロセスと結果を説得的に美しく表現する力を身につけること。

こうした活動によって生まれる学びをコスモロジーとして根づかせるにはどうしたらよいでしょうか。コスモロジーという言葉は、宇宙論という意味ですが、この言葉には人間を含んだ宇宙、あるいは自然という意味があります。

そのための一番のポイントは、上にある「人間も生態系の一員であることを体感すること」ではないでしょうか。例えば、木や草や動物の声を聴けるという人は古今東西を問わず、枚挙にいとまがありません。農家のあるおじいさんは、自分が育てている野菜が「水がほしい、肥料がほしい」などと甘えたことを言って困る、と言っていました。「ガワイロ（カッパ）の声を聞いた」というのは、ダムで水没した岐阜県徳山村の元村民平方浩介氏[20]です。氏は川の淵で釣りをしていて、どんどん魚がかかるので調子に乗って釣っていたら、目の前の水がザバーと立ち上がって「おおい、まあ、ええかげんにせいやあ」と大声で叱られたと言います。旧徳山村には同じような経験をした人が他にもいるそうです。宮澤賢治の童話『なめとこ山の熊』では、猟師が山で熊の親子の会話を立ち聞きしたり、撃とうとする熊と対話したりするようすが描かれています[21]。これは美しい童話ですが、賢治の作り話というより岩手の山中に現実のモデルがあったにちがいありません。

これらをどう理解したらよいでしょうか。二つの解釈がありえます。第一は近代合理主義的な解釈であり、動物や植物が何かを発信したのを受け止めたのではなく、その人が勝手に聞いたと感じた、ということです。もう一つは実際に動植物が何かを発信し、それをその人が受け止めた、という解釈です。受け止めるときに、その人が分かる言語にその人の心の中で翻訳はされていますが、あくまでなにものかが発信され、そして確かに受け取られたという解釈です。

実はどちらの解釈でも理解できます。この二つは世界観が異なっており、

---

20　平方浩介〔2006〕『日本一のムダ――トクヤマダムものがたり』燦葉出版.

21　宮澤賢治〔2007〕『なめとこ山の熊』三起商行.

どちらが「正しいか」は議論しても決着しません。要は選択の問題です。我々は近代合理主義的な世界観をどっぷり伝授されて育ったので、第二の解釈は受け入れがたく思えます。しかし歴史をさかのぼれば、社会の大多数の人が第一の解釈で日々を暮らすようになったのはほんのここ数十年のことです。徳山村がまだ存続していれば、村人たちは第二の解釈を普通にしていたでしょう。日本列島に人間が住むようになって何万年という歴史があると思われますが、その99%以上の時代では人々は第二の世界観で生きていたはずです。歴史の全体を眺めれば、むしろ第一の解釈をとる人間の方が少数派で異端なのです。

「私たちトクヤマの者たちは皆、そのものたち（トクヤマの生き物たち）の生きている姿に目を楽しませてもらったり、鳴き声になぐさめてもらったり、体を食べさせてもらって、こころや体を育ててきたのです。それこそもう、空気と同じように、あるいは、友だちやきょうだいと同じようにそのものたちと心も体もぴったり合わせるようにして、いっしょにくらしてきたのでした」（平方浩介、前掲書p.19）。そしてトクヤマの人々と同じように、私たちは木や草や野生の動物たちと、「心も体もぴったり合わせるようにする暮らし」を失ってしまいました。その原因でもあり結果でもあることとして、私たちは道路建設や宅地造成や河川改修や港湾建設をするために、平気で山を切り崩し、川床を破壊し干潟を埋め立ててきました。そこでいのちが失われていることに痛みを感じられなくなってしまったのです。そのような心のあり方が、経済成長をよしとし、大量生産・大量消費に基づく持続不可能な社会を作り出した時代精神となったのではないでしょうか。

持続可能な暮らしがどのようなものかを考えると、木や草や動物たちと「心も体もぴったり合わせるようにする暮らし」であることは確かでしょう。私たちが住む世界を、他の生物たちと共有する地球1個分の空間と捉え、その成り立ちや歴史を学び、その有限性を理解し、その中で自分たちの存在を見つめたいものです。つまり、自分の生活やライフスタイルを、巨大な地球という惑星の中に位置づけて捉えるということです。地球全体の問題とあなたの人生の問題とはひとつながりのものと考えて、両者を行き来しながら考える。それがコスモロジーとしてのESDの営みとなります。

## キーワード解説

①**サピエンス（sapience）** 知恵、賢明さ。ラテン語sapientiaの語源は「sapaブドウの搾り汁」で、それを味わって、その年の葡萄酒の出来栄えを判定したことから、「味や匂いを嗅ぎ分ける」となり、さらに「物事の判断能力」という意味になった。ホモ・サピエンスは、そうした判断能力を備えた「賢い人間」と言う意味で、現生人類の属する種「ヒト（human）」の学名。人類の危機を乗り越える現代人の知恵が期待される。

②**パラダイム（paradigm）** 現実とは何かについて社会が共有する認識の枠組み。ある時代の人々のものの見方・考え方・行動の仕方を規定する「基本的な前提となる世界認識の枠組み」のこと。法、規則、慣習、信念、生活様式の基盤となるような一連の考え方・概念で、アメリカの科学史家トーマス・クーンが『科学革命の構造』（1962）で提唱。天動説から地動説へ中世の世界観が抜本的に転換したように、認識の枠組みが根底から変わることを「パラダイムシフト」という。

③**成長（growth）** ある量が一定の年数で倍増する（もう同じ年数がたつと4倍になる）ような増大の仕方を指す。20世紀には人口やGDPが幾何級数的に増大した。一年あたりの増大率を成長率という。経済成長率とはGDPが幾何級数的に増大するときの成長率を指す。

④**成長の限界（limit to growth）** 人口やGDPの成長は、有限な地球の限界によって早晩不可能になるという考え方。世界的に環境問題が関心事となった1970年代初頭に、国際的なシンクタンクであるローマ・クラブの報告書として出版された『成長の限界』によって提唱された概念。

⑤**自然資本（natural capital）** 人間が自然界から得る物資やサービスなどは、自然から年々生み出される利子部分である自然所得（natural income）を超えてはならない。このような自然所得を生み出す自然のストックを自然資本と言う。従来の生産活動では自然資本は金銭的には評価されずタダで使いたい放題であり、そのために生態系の破壊がおこり、その結果として生態系から得られる資源が減少する事態を引き起こしている。今日では自然資本をくいつぶさずに、自然所得の範囲内で生産活動を行うことの重要性が指摘されている。

⑥**エコロジカルフットプリント（ecological footprint）** 人類が必要とする資源の採取および廃棄物の処理に必要な地球上の面積の合計。それを地球上で人類が利用可能な部分の面積で割った指数で表すこともある。カナダ・ブリ

ティッシュコロンビア大学のウィリアム・リース、マティス・ワケナゲルによって1990年に提唱された概念。この指数が1を超えるということは、人類の求める暮らしが地球の環境収容力を超えるということで持続不可能であることを示す。

⑦**地下資源（mineral resources）** 石油などの化石燃料やリンやカリウムなどの肥料原料、鉄などの金属資源など、地殻中で有用元素が濃縮した鉱床から採取される資源。鉱床の形成には数百万年から数億年という長い地質学的時間が必要なので、枯渇性資源と呼ばれることもある。

⑧**再生可能資源（renewable resources）** 地下資源に対して、生態系から得られる資源のことを指す。木材のように一度樹木を伐採しても、森林を健全にたもっておけばまたある年数で再生するところから名づけられた。ただし年々の生長量以上に人間が採取すれば生態系自体が破壊され再生されないことに注意しなければならない。

⑨**再生可能エネルギー（renewable energy）** 自然エネルギーとも言う。化石燃料と天然ウランを燃料にするエネルギーに対して、太陽光発電、風力発電、中小水力発電、バイオマスエネルギーなど太陽光や再生可能資源を燃料とするエネルギーのことを指す。持続可能な社会を実現するには、それをささえるエネルギーは再生可能エネルギーでなくてはならない。日本では2012年から再生可能エネルギーによる発電電力の固定価格買取制度がスタートし、特に太陽光発電は急速に普及している。

⑩**気候変動（climate change）** 産業革命以来、人類が化石燃料を燃焼させたり、森林を農地に変えて樹木を燃やしたりすることで大気中に二酸化炭素を放出することによって、温室効果を持つ大気の二酸化炭素濃度が上昇し、地球の気候が温暖化することを人為的な気候変動という。1992年のリオデジャネイロ・サミットにおいて気候変動枠組み条約が締結され、それ以来、この条約の締約国会議（COP）において、具体的な二酸化炭素の排出削減策が取り決められてきた。

## 読んでみよう

**資源協会編〔2003〕『千年持続社会――共生・循環型文明の創造』日本地域社会研究所**

「千年持続」という考え方を、幅広い分野の専門家どうしの対話を通じて初めて提起したもの。

**宮本常一〔1984〕『忘れられた日本人』岩波文庫**

明治から昭和にかけて生きた人々のリアルな姿を、全国を歩いて聞き取ったもの。経済成長をする前の日本では、今とは全く違うライフスタイルや価値観で人々が生きていたことが、心を打つライフストーリーの中で語られる。

**渡辺京二〔2005〕『逝きし世の面影』平凡社**

江戸時代の終わりから明治にかけて、日本にやってきた外国人を目を通してみた庶民の暮らしぶりがいきいきと語られる。貧しいながらも人生を心ゆくまで楽しんだ人々の姿が胸を打つ。

**養父志乃夫〔2009〕『里地里山文化論（上、下）』農山漁村文化協会**

かつての里山の暮らしの実態を、古老への聞き取りを通して明らかにしたもの。四季の農作業、山仕事、祭など、日々の生活のようすが手に取るように分かる。

**牧野篤〔2014〕『農的な生活がおもしろい――年収200万円で豊かに暮らす』さくら舎**

21世紀に入ってから、都市から田舎に移住する若い世代が増えてきた。彼らは何を求めて田舎に来るのか。田舎移住の具体的な事例を紹介しながら社会全体における意味を考える。

**高野雅夫〔2011〕『人は100Wで生きられる』大和書房**

エネルギーの使い方を選択することは人生を選択すること。小さな水力発電や木質バイオマスなど、再生可能エネルギーを利用して豊かに楽しく生きるライフスタイルのススメ。

## やってみよう

**【伊勢湾口三重県答志島での海岸清掃活動】**

筆者（川上）たちは、毎年10月に伊勢湾に浮かぶ三重県の答志島に海岸清掃活動にでかけます。ここでは、岐阜県、愛知県、三重県の河川から流出した大量のゴミが海岸漂着物として集まってくるのです。多くの市民が集まってこの海岸でゴミを拾います。この活動を通じて実感することは、自分たちが日常生活で消費しているものがゴミとなり、生活の場から離れた海岸へ漂着して環境問題になっていることです。ゴミをエサと間違えたウミガメやサカナなど、海洋生物にも大きな影響を与えています。海岸清掃は自分の生活を振り返るきっかけとなり、さらには自分たちの生活が遠く離れた場所の環境と関わっていることが分かります。化石燃料の消費で出る温室効果ガスも、大気中に溜まって、地球全体の環境を変化させています。海岸漂着ゴミは、目に見えるゴミであるがゆえに、自分たちの生活と地球環境のつながりを実感させてくれるものです。

**【木の声を聴く】**

筆者（高野）は「木の声を聴く」ワークをやっています。森の中で各自居心地のよい場所をみつけて、15分間じっと木の声が聞こえないかどうか耳を澄ます、という単純なものです。このワークでは、まず筆者が分け入った森の成り立ちについて科学的・歴史的な解説をして、植生遷移について説明し、常に森の姿は変わり続けていること、人間の関与の軽重によって森のつくりが変わることを参加者に理解してもらいます。次に、大木が枯れて倒れることによって、森に光が入り、次の世代の樹木が育つこと、死んだ木が虫や微生物に分解されて土に戻り、次の世代の樹木の栄養となっていくことを説明します。死によって生がもたらされる森の生態系の仕組みです。その上で、気になる場所、気持ちがよい場所を探して、じっと耳を澄ましてもらいます。15分という時間は途方もなく長く感じられたり、あっという間だったりします。

その時間が終わると、筆者が大声でみんなを集め、丸くなってシェアリングをします。最初は「声が聴こえた」と言う人は皆無でしたが、最近では、10人いれば5、6人は「声が聴こえた」といいます。特に若いお母さんたちの感度は高く、「だいじょうぶだよ」「みんなつながっているよ」「ここで見守っているよ」という声が聴こえるようです。その当否はともかく、木の声に耳をすますことが、パラダイムシフトへのトレーニングとなるわけです。

## 引用・参考文献


ポール・ゴーギャン（岡谷工二訳）〔1962〕『タヒチからの手紙』昭森社.

ドネラ・H・メドウズ他〔1972〕『成長の限界——ローマクラブ「人類の危機」レポート』ダイヤモンド社.

エイモリー・ロビンス〔1979〕『ソフト・エネルギー・パス——永続的平和への道』時事通信社.

F・シュミット・ブレーク〔1997〕『ファクター10 ——エコ効率革命を実現する』シュプリンガー・フェアラーク東京.

エルンスト・ウルリッヒ・フォン・ワイツゼッカー他〔1998〕『ファクター4 ——豊かさを2倍に、資源消費を半分に』省エネルギーセンター.

ポール・ホーケン他〔2001〕『自然資本の経済——「成長の限界」を突破する新産業革命』日本経済新聞社.

石　弘之〔1988〕『地球環境報告』岩波書店.

見田宗介〔1996〕『現代社会の理論――情報化・消費化社会の現在と未来』岩波書店.
資源協会編〔2003〕『千年持続社会――共生・循環型文明社会の創造』日本地域社会研究所.
サステナビリティの科学的基礎に関する調査プロジェクト〔2005〕『サステナビリティの科学的基礎に関する調査報告書』. http://www.sos2006.jp/
養父志乃夫〔2009〕『里地里山文化論〈下〉循環型社会の暮らしと生態系』農山漁村文化協会.
藤山　浩〔2015〕『田園回帰1%戦略：地元に人と仕事を取り戻す』農山漁村文化協会.
城　繁幸〔2008〕『3年で辞めた若者はどこへ行ったのか――アウトサイダーの時代』筑摩書房.
位田めぐみ〔2014〕『里山シンプル生活――お金がなくても、夫と息子2人、ワンコ2匹と生きる』大和書房.
牧野　篤〔2014〕『農的な生活がおもしろい――年収200万円で豊かに暮らす！』さくら舎.
平方浩介〔2006〕『日本一のムダ――トクヤマダムものがたり』燦葉出版.
宮澤賢治〔2007〕『なめとこ山の熊』三起商行.

Column

# 自然公共の大益──田中正造の遺志

「真の文明は、山を荒らさず、川を荒らさず、村を破らず、人を殺さざるべし」

明治産業革命が江戸文明を大転換していく幕末の激動期を生きた田中正造。日本の公害問題の原点となる「足尾銅山鉱毒事件」を告発し、被害民の救済に半生を捧げて一人奔走した人物だ。彼が遺したこの言葉は、100年の時を超えて、私たちが歩むべき道筋を今も照らし続けている。

## 闘う経世済民の政治家、田中正造の軌跡

1841年下野国安蘇郡小中村（しもつけこくあそぐんこなかむら）（栃木県佐野市）の名主（なぬし）の家に生まれた正造は、17歳で名主を継いで以来、一貫して民衆と共に闘う道を生きた。20代は村民に対する領主の不当な年貢取り立てや専横支配に抗い、投獄覚悟で民衆自治運動を先導。36歳で政治家を志し、自由民権運動に参画。栃木県会議員、県会議長を経て、1890年（49歳）、第1回衆議院総選挙に当選。以後10年間、世を治め、民を救う「経世済民」の政治家として、足尾銅山問題の根本解決と民衆救済を訴え、ひとり国会で闘い続けた。

## 足尾銅山開発の光と影

足尾銅山は栃木県と群馬県の県境・皇海山（すかいさん）を水源とする渡良瀬川（わたらせがわ）の上流に位置し、江戸時代から銅の産出地として知られる。明治に入り、殖産興業・富国強兵に邁進する国策の一翼を担う形で、古河財閥・古河鉱業が再開発に乗り出し、1881年に有望な鉱脈を発見。以後、近代鉱山技術と資本主義経営で増産した銅を海外に輸出して、日清・日露の戦費を稼ぐ「日本一の鉱都」として栄えていく。

しかしその影で、銅山から流れ出す鉱毒廃液や煙突からの鉱毒ガスが渡良瀬川一帯の生命環境を破壊し、子どもを含む銅山労働者や流域住民の健康を蝕んでいた。1885年には森林立ち枯れや鮎の大量死が発生。県会議長の正造が救済に立ち上がるも、1890年渡良瀬川が大洪水になり、4県にわたる流域の農畜産物・魚類に壊滅的な被害を与えた。

もともと水量豊かな渡良瀬川は数年に1度は洪水を起こし、洪水の常襲地帯だった下流域の谷中村（やなかむら）では、風土を熟知した農民らが洪水とも共存していた。な

ぜこの時「前代未聞の大災害」になったのか、初めは原因が分からずにいたが、上流の足尾銅山が周囲の森林を過剰伐採して銅の精錬用燃料として燃やし、その鉱毒ガスが酸性雨となって足尾一帯の山を禿山にしたことが原因と判明する。裸地化する前の山林には保水力があり、洪水は小規模で治まり、むしろ水源地の腐葉土を下流の田畑に運んで肥沃な土をもたらす「恵みの氾濫」だった。しかし、禿山化して治水力を失い、大雨で川が一気に溢れて、銅山に野積みされた大量の鉱毒物質を土砂もろとも流し、流域一帯を不毛にする「激甚災害」を招いたのである。

### 壊されるいのちと暮らし：地域の現場に学ぶ「谷中学」へ

国会議員となった正造は、足尾鉱毒被害は天災と人災の「合成加害」だとして政府の対応をただし、議会の度に質問を繰り返すも、何の対処もなされぬまま、1896年再び大洪水が地域を襲う。被害は利根川、江戸川流域まで拡大し、正造は銅山の操業停止を議会に求める。これを受け、政府は鉱毒予防工事の命令を出すが、その実態は増産のための粉鉱採取器の設置で、鉱毒の垂れ流しは続いた。東京大学の農芸化学者が独自調査を行い、渡良瀬川流域の農業被害は足尾鉱毒が原因と証明するが、政府と古河鉱業はこれを否定。正造は、「肉眼に見えず、また顕微鏡にも見えず、分析するほか到底凡人の見るあたわざるために、無知の被害民もかつてこの事ありとも知らず、政府の役人どももまたこの無経験問題のかなしさ…」と無策が続く現実を嘆いた。

こうして政府の庇護の下で銅山が稼働を続ける中、被害民は「足尾銅山鉱業停止願書」を農商務大臣に提出し、大挙して東京で「請願デモ」を繰り返すが、政府は警察力でこれを弾圧し、逮捕者も出る事件が発生する。正造は「被害民を毒殺し、請願者を撲殺する」政府の非道を追及した。そして1901年（60歳）、遂に正造は政府を見限り、議会を捨てる決意を固める。「民を殺すは国家を殺すなり、法を蔑ろにするは国家を蔑ろにするなり、皆自ら国を毀(こぼ)つなり」と最後の演説をして議員を辞職し、天皇への直訴に及ぶ。当時、直訴は死罪だった。命がけで世論の喚起をねらったが、警官隊に阻まれて未遂に終わり、正造は「狂人」扱いで即日釈放。政府は世論を刺激しないよう、不問に付したのである。実際、正造の直訴失敗で足尾鉱毒問題に一時沸いた世論も、時の経過とともに忘れ去られていった。

一方で政府は、鉱毒が東京に流れ込むのを防ぐため、渡良瀬川と利根川の境界にある谷中村を水没させて鉱毒を溜める「遊水池」計画を強行していく。鉱毒を出す加害企業に責任を取らせるどころか、被害者である谷中村の人々の故郷を潰し、北海道の原野へ強制移住させる計画に憤った正造は、1904年（63歳）、谷中村に単身移り住み、立ち退きを拒否する残留民と共に最後まで抵抗を続けた。しかし1907年、政府の強制執行で住民の家屋が破壊され、谷中村は水没させられて廃村となる。

それでも正造は最後まで諦めなかった。谷中村での生活を通して、自然と共に逞しく生きる農民の経験知の確かさに気づかされた正造は、谷中村で農民から学ぶことを「谷中学（やなかがく）」と呼び、鉱毒問題を地域の皆で検証し、状況を自ら切り開いていく「地域学」に育てていく。そして、「斃（たお）れて止むまで、老いて朽ちるまで進歩主義にて候」と現場を歩き、流域の農漁民に聞き書きして回りながら、氾濫が加速する渡良瀬川の治水法や地域の生態系の回復策を探究し続けた。そうして、コンクリートで川を閉じ込める「力づくの近代治水法の限界」を見通し、「上流から下流の流域圏全体の河川管理と自然と共生する伝統的治山治水論」を提唱するようになったのである。

### 天地と共に生きる「いのち再生」の道

1913年9月4日、正造は73歳で還らぬ人となる。若き日の誓い「一身以て公共に尽くす」の言葉通り、「社会の最も力なき弱き人々」のために闘い続けた。晩年は、近代化の果実と代償を視た者として、その先に「天地自然と共に生きる道」、そのための「非戦・平和への道」を希求して、最後まで在野で闘い続けた。死の直前、見舞に来た大勢の仲間たちにも、こう語っている。「この正造はな……天地と共に生きるものである。天地が滅ぶれば正造もまた滅びざるをえない。今度この正造が斃（たお）れたのは、安蘇（あそ）、足利（あしかが）の山川が滅びたからだ。……日本も至るところ同様だが……正造の病気を直したいという心があるならば、まずもってこの破れた安蘇、足利の山川を回復することに努めるがよい」――「文明の災禍」として破壊され、切り捨てられていくいのち。この流れに抗い、いのちを再生する道を引き継いでほしい。そう伝えたかったのだろう。

2011年3月11日、足尾地域の堆積場が決壊し、鉱毒汚染物質が渡良瀬川に流出した。足尾事件はまだ終わっていない。そして水俣、福島と、文明の災禍は続く。経済拡大をいのちに優先する文明のありようが変わらない限り、この闘いには終わりがないのだ。

「戦うに道あり。腕力殺戮をもってせると、天理によって広く教えて勝つものとの二の大別あり。予はこの天理によりて戦うものにて、斃(たお)れてもやまざるは我が道なり」——そして、この闘いはさらなる破壊を招く暴力では決して勝つことはできない。言葉の力で人々に天地自然の理(ことわり)を広く伝え、天地と共に生きる平和の担い手を生み出す道筋に、正造は希望を託したのである。

「自然公共の大益」——正造が斃れる直前に、日記に遺した言葉だ。この正造の遺志を「我が道」として、後に続く者がいる限り、何度倒れても、いのちを再生する人々の闘いは止まない。

## 参考文献


小松裕〔2011〕『真の文明は人を殺さず』小学館.

小出裕章〔2007〕「足尾鉱毒」『物質開発倫理学③』京都工芸繊維大学.

野中昌法〔2014〕『農と言える日本人：福島発・農業の復興へ』コモンズ.



## 三本木國喜（さんぼんぎ・くによし）

1934年福島県生まれ。戦争末期に空襲で家を焼かれ、田舎に疎開。父が戦死、空箱の遺骨を受け取った。17歳の時肺結核発病。薬も食物もない時代で、重症の病棟に移され、8年間の闘病からようやく回復して、大検で高卒の資格をとり、東大に入学。60年安保の後“考える葦の会”を結成しようとして矢内原忠雄先生などの賛同を得たが、不成功に終わった。2001年（67歳）名古屋市長選挙に出馬して次点。それを会社に睨まれて退職。それから否応なく社会的活動に引き出され、今日に及んだ。

小説集11冊をはじめ短歌論・時事評論など20点余りを自費出版、最近は新しい経済学を目指して「貧しさの経済学」を執筆中。行き詰まった利益社会をアウフヘーベンすることを目指している。

# 学生環境サークル「ESDクオリア」

「ESDクオリア」は、持続可能な地域づくり、自然環境の保全、地球温暖化や生物多様性などをテーマに活動する岐阜大学の学生サークルだ。2009年に学生4人で始めた小さなサークルが2017年には30名を超えるまでに成長した。ESDクオリアの8年間の軌跡を紹介しよう。

## ESDクオリアの誕生：学生が熱い大人たちに共振する

2007年、愛知・岐阜・三重3県をまたぐ「伊勢・三河湾流域圏の自立した持続可能な地域づくりと次世代育成」をミッションに、「中部ESD拠点・岐阜ブランチ」がスタートした。メンバーは、筆者らの声かけでつながった面々で、既にそれぞれの場所で動きだしていたNPO・行政・教育現場の有志たちが、月に1回、岐阜大学に集まって話し合いを始めた。

一緒に何ができるか。ESDを地域の中でどう展開していくか。それまでバラバラに行っていた活動を系統化し、世代を超えたネットワークを広げていきたい。そんな意気込みで集結した大人たちが忙しい仕事の合間を縫って毎月ミーティングを重ねる中、興味がありそうな教育学部の学生4人に声をかけ、参加を促した。「君たちの未来の話だ。君たちが加わらなくてどうする！」と発破をかける大人たちの熱い議論に巻き込まれた彼らは、やがて共振し始める。

特に、ミーティングに欠かさず参加していたNPO「森と水辺の技術研究会」のリーダー2人が企画・運営する「長良川流域子ども交流会」(小中学生100人規模の夏休み自然体験学習）や「学生環境会議」(高校・大学生による環境会議)・「アースレンジャー子ども会議」(小中学生による総合的な学習の時間の成果発表)の行事は、教員を目指す学生にとって格好のフィールドワークの機会だ。学生がボランティアスタッフとして参加しつつ、地域の体験学習・環境教育に関わるようになっていった。ただ、行事は毎年実施され、そのつど学生スタッフが必要だ。それなら学生たちで主体的・継続的にESD活動を組織運営できる体制にしようと、当時2年生だった竹中諒さんが代表になり、学生サークルを立ち上げた。顧問は川上、サークル名は、ラテン語で質感の意味を持つ「クオリア」に因んで「ESDクオリア」に決まった。

岐阜市達目洞での田植えの様子。背後にある陸橋がヒメコウホネの生育環境を保全する市民活動によって実現したもの。

### ESDクオリアの継続：授業と連携して参加・協働システムをつくる

サークル設立後は、メンバーの確保には毎年苦労した。そこで新入生を「ESDクオリア」につなげていけるよう、2010年から全学共通教育1年次前期科目に「ESD入門」を開講、受講者10名限定で参加体験を通してESDを学ぶ機会をつくろうと、中部ESD拠点・岐阜ブランチのメンバーらが実施する「達目洞（だちぼくぼら）自然保全の会」の活動への参加を授業の一部に取り入れた。達目洞は希少植物ヒメコウホネが自生する生物多様性の宝庫だ。達目洞自然保全の会はその宝を守るために立ち上がった市民団体で、ここを縦断する岐阜環状線道路建設の際には、岐阜市自然環境課・工事事業者・市民活動グループの三者が協議できる場をつくり、環境に配慮した工事方法を具体的に提案して陸橋建設を実現、ヒメコウホネの生育環境を守った実績を持つ。他にも外来種駆除や湿地を利用した稲作体験を行い、6月の田植えや泥んこ遊びには県内の幼稚園児、小中学生とその保護者ら100名近い参加者がある。

これら体験行事の実施をESDクオリアのメンバーがサポートしており、「ESD入門」の受講生は授業の一環として行事に参加しながら、ESDクオリアの活動についても理解できる。授業の終了後にESDクオリアに加わる学生が現れることを期待したが、その数は少なく、10月の稲刈りや収穫祭の活動の継続性に限界があった。そこで2012年からは1年次後期に「ESD入門」の学びをさらに継続できる「ESD実践研究」を開講し、「中部ESD拠点－岐阜ブランチ」のメンバーが実施する年間活動に連携する形で大学の授業とESDクオリアが協働する年間活動計画を構築していった。すると前期・後期を通じてESDの授業を履修した学生たちは2年次以降も活動を続けたいと意欲をみせるようになり、ESDクオリアに仲間入りするようになった。

### ESDクオリアの共進化：世代を超えた対話プロセスで成長する

ESDクオリアに設計図があったわけではない。その場その場で試行錯誤しつつ、できることから具体的に実行していく中で徐々に今日の形ができてきた。ポイントは、境界を超えた対話の場づくりにあったといえるだろう。目指したいビジョンを共有する多様な大人たちと出会い、一緒にできることを増やしていくプロセスの中で学生たちは成長してきた（表1）。

**表1 「ESDクオリア」の共進化プロセス**

- 「中部ESD拠点・岐阜ブランチ」設立→岐阜県内のESD活動家が集う定期的なミーティングの場づくり
- 学生をミーティングの場に巻き込み、目指すべきビジョンの共有→連携して事業を企画・運営できる協働体制づくり
- 持続可能な地域づくりに学生が主体的・継続的に参加できる場づくり→学生サークル「ESDクオリア」設立
- 学生とNPO法人、地方自治体の関係者との日常的な情報交換・意見交換の場づくり
- 大学1年次共通教育におけるESD科目の開講→知識を行動につなぐアクティブ・ラーニングの場づくり

最近は新メンバーの勧誘も愉しんでどんどん行うようになり、ESDの授業を履修せずにメンバーになる学生が半数を占めるまでになった。活動内容も広がり、中部ESD拠点の年間活動計画（表2）に加え、学生対象の地域課題解決提案事業にも参加し、メンバーで話し合いながら計画書を作成、外部資金を確保して自分たちの活動成果を発表する自主的活動も日常化している。ESDクオリアのこれからが楽しみだ。

**表2 2017年度「ESDクオリア」年間活動計画**

|  |  |
|---|---|
| 4月 | 新入生歓迎・サークル勧誘活動 |
| 6月 | 達目洞自然保全活動（田植え・泥んこ遊び） |
| 8月 | 長良川流域子ども交流会（合宿） |
| 10月 | 答志島奈佐の浜プロジェクト（海漂着ゴミ清掃活動） |
| 10月 | 達目洞自然保全活動（稲刈り・収穫祭） |
| 11月 | 学生環境会議・アースレンジャー子ども会議 |

**川上紳一（かわかみ・しんいち）**

1956年長野県生まれ。名古屋大学大学院理学研究科地球科学専攻単位取得退学（理学博士）。岐阜大学教育学部教授等を経て現在、岐阜大学名誉教授、岐阜聖徳学園大学教育学部教授。著書に『縞々学——リズムから地球史に迫る』（東京大学出版会）、『全地球凍結』（集英社新書）など多数。

**勝田長貴（かつた・ながよし）**

岐阜大学教育学部准教授、博士（理学）。神奈川県生まれ。大学院の博士後期課程を満期修了し、COE研究員を経て、現職。専門は地球環境システム学、湖沼の調査や堆積物の分析を通じて過去の地球環境変動の研究を行っている。

**塚本明日香（つかもと・あすか）**

岐阜大学地域協学センター特任助教。京都生まれ香川育ち。2006年京都大学総合人間学部卒業、2015年京都大学大学院人間・環境学研究科単位取得認定退学。博士（人間・環境学）。2015年より現職。専門は東洋史。副専攻が地球科学だったこと、大学博物館でのボランティアスタッフ経験があったこと等が縁となって、岐阜大学公認サークルESDクオリアの活動に関わり、2017年より「ESD入門」「ESD実践研究」の講義を担当。

# 第2章
# 豊かさを変える
## ―カタツムリの知恵と脱成長―

「ぼく　おとなに　なったら、せかいいち　おおきな　うちが　ほしいな」というちびカタツムリに、りこうなお父さんは、ある昔話を聞かせた。話を聞き終えたちびカタツムリはどうしたのだろうか。レオ・レオニがこの作品を発表した1960年代末、先進国の多くの国はより高い経済成長を目指して競争に明け暮れていた。その陰には公害や地球環境破壊、生き辛さの増加が忍び寄っていた。

写真：レオ・レオニ『せかい　いち　おおきな　うち』（The Biggest House in the World）の表紙。

### この章のねらい

「豊かさ」とは何だろうか。産業革命以降、人類は物質的に豊かな社会を実現するために経済の規模の拡大を追求してきました。しかし、物が豊かな社会にはなりましたが、地域コミュニティの社会関係の喪失による生き辛さや、地球環境破壊による生存の危機に直面しています。持続可能な世界をつくるためには、経済成長を盲目的に追求する消費社会の価値規範を問い直し、人間の身の丈に合った生活空間をつくっていく必要があります。未来の社会が目指すべき「豊かさ」とは、どのようなものでしょうか。カタツムリの知恵にその答えを求めてみます。

1. せかい　いち　おおきな　うち
2. 経済成長中毒の悲劇
3. カタツムリの知恵に学ぶ
   ――ローカリゼーションと脱成長という選択肢
4. みんなで語ろう

**中野佳裕（なかの・よしひろ）**

1977年山口県生まれ。PhD（英国サセックス大学）。専門は社会哲学、開発学、平和学。国際基督教大学社会科学研究所非常勤助手、同大学教養学部非常勤講師、上智大学グローバルコンサーン研究所客員研究員、明治学院大学国際平和研究所研究員を兼任。共編著に『21世紀の豊かさ――経済を変え、真の民主主義を創るために』（中野佳裕編・訳、ジャン＝ルイ・ラヴィル、ホセ・ルイス・コラッジオ編、2016年、コモンズ）、共著に『脱成長の道』（マルク・アンベール、勝俣誠編、2011年、コモンズ）、訳書に『経済成長なき社会発展は可能か？』（セルジュ・ラトゥーシュ著、2010年、作品社）、『〈脱成長〉は、世界を変えられるか？』（セルジュ・ラトゥーシュ著、2013年、作品社）など多数。

詳細はウェブ研究室まで：http://postcapitalism.jp/index/

## 1. せかい　いち　おおきな　うち

イタリアの作家レオ・レオニの作品に『せかい　いち　おおきな　うち』という絵本があります。あるときキャベツ畑のなかに生息するカタツムリの親子の間で次のような会話が起こります。ちびカタツムリがお父さんに「ぼく　おとなに　なったら、せかいいち　おおきな　うちが　ほしいな」。キャベツのなかで最も賢かったお父さんは、次のような話を聞かせました。

「昔、お前と同じようなちびカタツムリが、『ぼく　おとなに　なったら　せかいいち　おおきな　うちが　ほしいな』といいました。お父さんは『うどの　たいぼく。じゃまにならないように　うちは　かるく　しとくんだよ』と忠告しました。いいつけを守らなかったちびカタツムリは、キャベツの葉っぱにかくれて殻を大きくしようとからだをねじったりのばしたりしました。やがて、ちびカタツムリの殻は、メロンのように大きくなりました。仲間のカタツムリたちからは、『たしかに　きみの　うちは　せかいいちだよ』といわれるようになりました。ちびカタツムリは、殻をもっと大きくし、様々な貝殻の飾りを付け加え、きれいな模様を付け加えました。ちょうちょたちは『おとぎのお城みたい』と褒め、カエルたちは『バースデーケーキみたいなうちだ』とおどろきました。しかしある日、キャベツの葉っぱをすべて食べつくしたあとに、ちびカタツムリはこまってしまいました。自分のからだに乗っている殻があまりにも重すぎて、身動きが取れなくなったのです。仲間のカタツムリはべつのキャベツへと引っ越しました。彼だけが取り残されました。ちびカタツムリは食べ物にありつけず、やせほそって消えてしまいました。残された大きな殻は少しずつ壊れていき、最後には何も残りませんでした。」

話が終わると、ちびカタツムリの目は涙でいっぱいでした。そして自分が世界一大きな家を持ちたいと思ったことを反省し、「ちいさく　しとこう」と思ったのです。月日は流れ、大人になったちびカタツムリは、子どものときにお父さんから聞いたこの話を決して忘れなかったといいます。そして誰かに「どうして　きみのうちは　そんなに　ちいさいの？」と尋ねられると、必ず「せかい　いち　おおきな　うち」の話を語ったのです。

1960年代末に作られたこの物語は、今改めて読み直すと、経済成長中毒に陥った人類の悲劇を予言するかのような教育的な内容を含んでいます。頻繁に繰り返す経済・金融危機、格差拡大による相互扶助の社会関係の衰退、資源・エネルギーの浪費による地球環境破壊の悪化など、現代世界は消費社会のグローバル化にともなう重層的な生存の危機に直面しています。なかでも、これらの危機は経済的に豊かな国である先進工業国で顕著に現れてきています。わたしたちはこの現実化した悪夢からどのようにして抜け出すことができるのでしょうか。この章では、カタツムリの知恵に学ぶいくつかのオルタナティブな地域づくりの理論を参考に、**豊かさ**や発展の新しい形を模索してみたいと思います。

## 2. 経済成長中毒の悲劇

第二次世界大戦後、国際社会は世界の経済的繁栄を目指して開発政策を行っていきました。一国の経済規模を示す指標として**国内総生産**（GDP）という計算方法が発明され、社会の発展水準はもっぱらGDPの規模によって測定されるようになりました。社会の進歩はGDPの増加率、つまり経済成長率によって示されるようになったのです。世界銀行に代表される国際開発機関の報告書では、GDPの規模によって国の発展水準のランク付けが行われるようになり、「低発展国」に分類された国は、少しでも「経済的に発展した国」に近づこうと開発政策と経済競争に没頭しました。

このような経済中心の戦後の世界地図のなかで、米国は経済的に最も豊かな国でした。ヨーロッパや日本が戦争の惨禍からの復興に時間を費やしている間に、米国は一足早く消費社会に突入しました。先端科学技術を産業に応用して新しい工業製品を大量に生産し、消費し、使い捨てるその生活様式は、強い経済力に支えられた自由な社会のイメージとともに「米国的生活」として世界に認知され、多くの人々の憧れるところとなりました。世界の国々は、多かれ少なかれ、米国的な消費社会に到達すべく、経済開発にまい進していったのです。

第二次世界大戦後の国際社会は、まさしく、「せかい　いち　おおきなうち」を持ちたいと思ったちびカタツムリのように、より大きな経済的繁栄を目指して消費社会の道を進んでいきました。「もっと生産し、もっと消費し、もっと経済を大きくしよう」と経済成長にまい進していったのです。米国的な消費社会は、物質的に豊かであることが良い生活だという価値観の上に成り立っています。そのような価値観に立脚する社会では、TVの宣伝広告などの様々なマーケティング戦略によって「豊かな生活」のイメージが作り出されます。各人はこれらのイメージに少しでも近づこうと消費欲を駆り立てられるのですが、消費するためにはお金を稼ぐ必要がある。そしてもっと消費するために、もっと働かなければならなくなる。このようにして、経済的な価値と原理は消費社会に暮らす人間の生活の大部分を支配するようになり、人間はあたかも近代経済学の中心仮説である「合理的経済人（ホモ・エコノミクス）」として日々の行動や選択を迫られるようになるのです。

しかし、経済をもっと大きく成長させようという理想はいつまでも続きません。消費社会がグローバル化するにしたがって、人類社会は物質的に豊かになる反面、社会の再生産を維持することができないような様々な問題に直面してきているのです。

### (1) 社会的次元——関係性の貧困の深刻化

ひとつ目の問題は、社会的次元で起こっています。欧米・日本などの経済的に豊かな社会では、第二次世界大戦後の経済発展の過程で、「**関係性の貧困（relational poverty）**」という問題に直面しています[1]。人類の歴史を見ると、人間の生活は、ボランティア活動、助け合い、おすそ分け、コミュニティのなかでのお金の融通（例、頼母子講）など、地域コミュニティの様々な相互扶助の社会関係によって支えられてきました。社会学・人類学分野でしばしば議論されるように、これら相互扶助の社会関係は人間にとっての第一次の社会性であり、個人の契約関係に基づく市場経済活動は、その上に成立する第二次の社会性にすぎません。しかし、戦後の高度経済成長期に先進工業国で

---

1　Stefano Bartolini〔2013〕*Manifesto per la felicità: come passare dalla società del ben-avere a quella della ben-essere*. Roma: Universale Economica Feltrinelli

は急激な都市化と核家族化とともに生活の個人化が進み、さらに経済競争にともなう格差の拡大によって、コミュニティを支えてきた様々な社会関係が崩壊しています。今や各人の生活は消費のシステムに依存するようになり、余暇の娯楽も生活に必要な基本的サービスもお金で購入しなければならなくなりました。また、低所得者層や貧困層は従来であれば地域コミュニティの様々な相互扶助の社会関係に支えられていたのが、今ではそのような支援も受けられずに生活に困窮することになっています。

このような関係性の貧困が最も深刻なのが世界で１人当たりGDPの最も高い米国です。米国における地域コミュニティの社会関係の崩壊を「**社会関係資本（social capital）**」の分析を通じて明らかにしたのは米国の政治学者ロバート・パトナムです。彼は『孤独なボウリング』のなかで、米国社会において地域コミュニティの社会的つながりが最も強かった1950年代と1960年代は、同国で富や所得の分配の平等が実現していた時代であると説明しています[2]。しかしその後、米国では不平等が拡大し、社会関係資本も崩壊していきました。その結果生じたのは、様々な社会的不安の台頭です。パトナムの議論を援用しながら、英国の経済学者リチャード・ウィルキンソンと公衆衛生学者ケイト・ピケットは、米国では社会関係資本の衰退と不平等の拡大にともない、大学生の将来に対する不安、健康状態の悪化、他人に対する信頼の低下、犯罪率の増加が起こっていると詳細な統計データに基づき分析しています[3]。経済競争の激化による不平等の拡大は、社会の再生産に不可欠の基本的な社会関係の衰退と生活の質の低下を引き起こしているのです。

イタリアの経済学者ステファーノ・バルトリーニは、このような関係性の貧困は、多かれ少なかれ、先進国と呼ばれる欧米諸国や日本に顕著に現れてきていると説明します。その上で彼は、GDPを中心に社会の発展水準や豊かさを測る経済学の主流の考え方を問題視すると同時に、「米国はヨーロッパ社会が目指すべきモデルではない」と、戦後の国際社会の価値体系を根本

---

2　ロバート・D・パットナム（柴内康文訳）〔2006〕『孤独なボウリング　米国コミュニティの崩壊と再生』柏書房.

3　リチャード・ウィルキンソン、ケイト・ピケット著（酒井泰介訳）〔2010〕『平等社会：経済成長に代わる、次の目標』東洋経済新報社.

から覆す診断を下しています[4]。

### (2) 生態学的次元——地球環境破壊の悪化

もうひとつの社会の再生産の危機は生態学的次元で起こっています。1960年代頃から先進工業国は経済発展の「生態学的な臨界面」に直面するようになりました。有害な化学物質を産業廃棄物とともに自然界に大量に排出する工業システムは、地域の自然環境を汚染し、水俣病や四日市喘息に代表される深刻な公害事件を引き起こしました。また、現在の産業モデルは化石燃料などの再生不可能な資源の大量消費に依存していますが、1970年代に入ると地球資源の枯渇が危惧されるようになってきました。さらに、大量の化石燃料を利用する過程で排出される大量の二酸化炭素が大気中に蓄積されることによって、急激な気候変動とそれにともなう地球生態系の破壊が引き起こされています。今日、地球上の生物多様性の喪失は、地球の生命の歴史上類例を見ない速度で進行しているのです。

このような時代状況のなかで、近年、一部の地質学者や生物学者のなかでは「人新世（アントロポセン）」という新しい時代区分が導入されるようにもなっています。人新世（アントロポセン）とは完新世（ホロセーン）に続く地質学上の新しい時代区分であり、人間の活動が生物圏のシステムを大きく変更するまでに影響を及ぼすに至った時代を指します。この新しい時代区分の正確な期間については未だに学者の間で意見が分かれており、18世紀半ばのワットの蒸気機関の発明から現代までと定義する学者もいれば、石炭を産業活動に本格的に使用し始めた1860年代以降から現代までと定義する学者や、石油依存と二酸化炭素排出量が世界規模で急増した1950年代以降から現代までと定義する学者もいます。このような微妙な差異は存在するにせよ、この新しい時代区分を提唱する科学者の全てが産業革命以後の人間の経済活動が地球生態系の均衡を大きく変容させているという認識で一致しています。

産業文明の地球規模での生態学的負荷に関する総合的な科学的研究を行ったのはデニス・メドウズ、ドネラ・メドウズ等ローマ・クラブの研究者たちでした。彼らは1972年に『成長の限界』という調査報告書を発表し、大量

---

4 Bartolini, op.cit.

の再生不可能なエネルギー資源を利用する産業文明は持続不可能であり、21世紀には資源枯渇による文明崩壊の危機に直面すると警鐘を鳴らしました[5]。その後に刊行された改訂版においても、メドウズ等は一貫して、工業的経済に依拠する産業文明の「行き過ぎた発展」が地球の生物学的限界を飛び越えてしまう危険を指摘しました[6]。そして、先進工業国が大量生産・大量消費の生活様式から抜け出して、より安定的な均衡点に向かって文明の転換を図るシナリオを提案しました。

彼らの研究は当時センセーショナルに受け止められたものの、メインストリームの経済学者から悲観主義的な文明論として批判を受け、1980年代から1990年代にかけて経済発展をめぐる議論のなかでは周辺化されていました。しかし、2000年代に入ると地質学や地球科学の最新の研究の多くが『成長の限界』の分析の正しさと現実主義を認めることになります[7]。

2012年の夏に、フランスの経済誌のインタビューを受けたデニス・メドウズは次のように答えています[8]。「『成長の限界』を出版した1972年当時、わたしたちは文明崩壊のシナリオと安定的均衡のシナリオを提案したのですが、振り返ると人類は文明崩壊のシナリオを辿っており、安定的均衡に至るのは困難な状況になっています」。彼はまた、その原因は技術的問題にあるのかと問われ、はっきりと「否」と答えています。「先進工業国は量的な経済成長から諸個人の質的成長へと移行する必要性を理解する必要があります。〔…〕技術的問題は解決しています。むしろ、先進工業国の文化的・社会的障壁が変革を妨げているのです」。有限の地球の上で経済を無限に成長させていこうという消費社会の価値観そのものが、人類の生存の危機を生み出しているのです。

---

5　ドネラ・H・メドウズ、デニス・メドウズほか著〔1972〕『成長の限界　ローマ・クラブ「人類の危機」レポート』ダイヤモンド社.

6　ドネラ・H・メドウズ／デニス・メドウズほか著（茅陽一監訳）〔1992〕『限界を超えて』ダイヤモンド社. 同著（枝広淳子訳）〔2004〕『成長の限界――人類の選択』ダイヤモンド社.

7　『成長の限界』の妥当性をめぐる論争の歴史については、Richard Heinberg〔2011〕*The End of Growth: Adapting to Our New Economic Reality*. Canada, New Society Publishers. に詳しく述べられている。

8　Meadows, Denis〔2012〕« Les obstacles sociaux et culturels freinent le changement ». *Alternatives Economiques*, juillet-août, no. 315, pp. 88-90

自分の殻を世界一大きくしていこうとした絵本のなかのちびカタツムリのように、20世紀後半の人類は、歴史上類を見ないほどに経済の規模を拡大成長させていきました。もっと生産し、もっと働き、もっと消費し、もっとお金を稼いで、誰よりももっと豊かになろう——経済的繁栄を目指す消費社会は、諸個人を経済競争に駆り立てて、自然資源を浪費し、自由時間を犠牲にし、GDPという「殻」を大きくし、消費社会が作り出す様々な商品と宣伝広告でその殻を派手に彩っていきました。しかしそのような経済成長中毒の社会は、関係性の貧困を生み出し、地球環境破壊を生み出しました。経済的に豊かな国に生きる人間は、社会的次元から見ても、生態学的次元から見ても、その生活基盤を持続的に再生産する基本的能力を失いつつあるのです。

肥大化した殻の重みに耐えられずに自滅したちびカタツムリのように、人類も自らの経済システムが引き起こした社会的危機と生態学的危機によって自滅の道を辿ろうとしている。ただしひとつだけ大きく異なる点があります。それは、ちびカタツムリの悲劇が架空の物語であったのに対して、人類の悲劇は避けられない厳しい現実として眼前に迫っているということです。この現実から目をそらすことなく、社会的にも生態学的にも道理に適った生活のあり方を模索することが、21世紀の人類、とくに先進工業国に生きる人間の責任ではないでしょうか。

## 3. カタツムリの知恵に学ぶ——ローカリゼーションと脱成長という選択肢

「地球はすべての人々の必要を満たすのに十分なものを提供しますが、すべての貪欲を満たすほどのものは提供しません」。20世紀の偉大な思想家マハトマ・ガンディーはこのような言葉を遺しています。彼の生きた時代、消費社会は米国においてもその真実の姿を現していなかったし、地球規模の環境破壊の兆候も未だ現れていませんでした。しかし、英国の帝国主義に反対する非暴力の闘争を指導していたガンディーは、人間の物欲を無節制に解放する産業文明の危険な末路を見通していました。彼は、非西洋諸国の伝統文化と生業を破壊し、労働の現場から人間性を奪い、地球資源を浪費する資本主義市場経済を非難しました。この非暴力の平和主義者にとって、豊かな社会とは、より多くの富や商品に満たされる社会のことではなく、社会に暮らす民衆一人ひとりの自由と自治が実現する条件を成熟させることにほかなりませんでした。それゆえに彼は、英国の植民地主義に虐げられた民衆一人ひとりの潜在能力を引き出す学び（ナイ・ターリム）を提唱し、その手段として伝統的な手紡ぎの糸車（**チャルカー**）の普及を通じた貧困層の経済的自立の運動を推進しました[9]。そして、盲目的な近代化・工業化の道と距離を置き、インドに存在する70万の村落共同体の自立と自治を可能にする「**身の丈の経済**」を提唱したのです[10]。彼は、身の丈にあった生活を勧めるカタツムリの知恵を体現していた思想家でした。

E・F・シューマッハー[11]、ニコラス・ジョージェスク＝レーゲン[12]、イヴァン・イリイチ[13]、コルネリウス・カストリアディス[14]、アンドレ・ゴルツ[15]、ヴァンダナ・シヴァ[16]——ガンディーと同様に、消費社会のグローバル化の

9　ガンディーの教育論とチャルカーを使った経済的自立の運動の関係については、マジード・ラーネマとジョン・ロベールの共著『貧しき者たちの潜勢力』（未邦訳）（Majid Rahnema et Jean Robert〔2008〕*La puissance des pauvres*, Paris : Acte Sud.）に詳しく説明されている。

10　ガンディーの身の丈の経済論については、石井一也〔2014〕『身の丈の経済論　ガンディー思想の系譜』法政大学出版局を参照されたい。

11　E・F・シューマッハー（1911-1977）：ドイツ生まれのイギリスの経済学者。ガンディーの思想や仏教の影響を受け、人間性を失わない技術を使用する身の丈の経済論を提案した。主著に『スモール・イズ・ビューティフル』がある。

12　ニコラス・ジョージェスク＝レーゲン（1906-1994）：ルーマニア生まれの経済学者。生物物理学や熱力学の観点から、際限のない経済成長の追求が不可能であることを証明した。主著に『エントロピー法則と経済過程』がある。

13　イヴァン・イリイチ（1926-2002）：オーストリア生まれの思想家。産業社会の様々な制度（学校制度、病院制度、交通制度、市場経済）の肥大化が、人間の自律性の喪失を招いていることを歴史的な観点から明らかにした。主著に『コンヴィヴィアリティのための道具』『エネルギーと公正』がある。

14　コルネリウス・カストリアディス（1922-1977）：ギリシャ生まれ、フランスで活躍した思想家。消費社会の発展にともなう人間の生活倫理の衰退や環境破壊を批判的に検討し、自己制御の倫理を実践する民主主義の再生を探究した。主著に『意味を失った時代』がある。

15　アンドレ・ゴルツ（1923-2007）：オーストリア生まれ、フランスで活躍した思想家。エコロジー社会を創るため、ローカリゼーションや脱資本主義的な働き方を理論化した。主著に『エコロジーと政治』『資本主義・社会主義・エコロジー』がある。

16　ヴァンダナ・シヴァ（1952-）：インドの環境活動家・フェミニスト・科学哲学者。インドの農村地域の環境保護活動や伝統種子を守る運動を進めながら、開発とグローバリゼーションの様々な

危険な結末に警鐘を鳴らし続けた思想家は20世紀に多く存在します。これらの思想家は皆、人間の能力の有限性を認め、今や人間のコントロールの範囲を超えて肥大化した科学技術と経済システムの暴走がもたらす文明崩壊のシナリオを回避するため、**自己制御の倫理**の再生を提唱しました。

カタツムリの知恵にも通じるこれら産業文明批判の思想的土壌と共振するように、世界各地の市民社会からも経済成長主義と消費社会を問い直す様々な議論と実践が展開されています。例えば、エコロジー運動、エコ・フェミニズム運動、オルタナティブ・テクノロジー運動、コミュニティ・デヴェロップメント運動、社会的協同組合運動、倫理的消費運動、有機農業運動、パーマ・カルチャー、アグロエコロジー、スローフード、トランジション・タウン運動などです。これら多様な市民運動は、消費社会の根本にある際限のない経済成長や効率性を追求する価値観を問い直し、大量生産・大量消費・大量廃棄の生活様式を見直し、自然界の生命循環と調和した生活、経済的利潤追求よりも分かち合いや協力を重視する社会づくりを目指して活動しています。これらの市民運動は、世界を単一の市場経済原理で均質化しようとするグローバリゼーションの思想と距離を置き、地域における文化の多様性や生物の多様性を尊重します。そして、多様な人々が協力し合って地域の生存基盤を維持できるような、身の丈に合った技術と経済をそれぞれの地域のなかで育んでいく「**ローカリゼーション**」を提唱しています。

ローカリゼーションは、消費社会に内在する人間の生存に対する暴力を克服する道でもあります。高度経済成長期の日本に起こった様々な公害事件に対する反省から、「**地域主義**」と呼ばれる独自の理論を提案した経済学者の玉野井芳郎は、地域に根ざした身の丈に合った生活を送ることの意義を次のように述べています。「ところでわたしは、かねてから社会といい国家といい、これには人間にふさわしい規模の生活空間、等身大の生活空間があるのではないか。それが地域という言葉でいいかえられるのではないか、というふうに考えています。〔…〕その地域においてはじめて生命が維持更新されるのではないか。したがって地域の平和には、命を守る平和というようなも

---

問題について執筆・講演活動を行っている。主著に『アースデモクラシー』がある。

のが平和の中身をなすのではないか、と考えるのです[17]」。人間が生きていくためにはそれにふさわしい規模の生活空間が必要であり、それを玉野井は「地域」と呼びます。そのような地域はどのような場所かというと、それは経済活動だけを行う場ではない。それは人間の具体的で多様な生が営まれる場である。地域は生まれてきた生命を迎え入れ、様々な個性と能力を持った生命が共に生き、そうして一生を終えた生命を送り出す空間でもある。だからこそ玉野井は、地域を生命が維持更新される場所と捉え、そのような地域が平和であるためには、その根本に命を守る平和という価値が存在しなければならないと主張したのです。

玉野井の思想にもカタツムリの知恵が脈々と受け継がれています。生命の維持更新が可能となるには、身の丈に合った生活空間を構築する必要があります。玉野井の地域主義には、経済成長の道をひたむきに走ってきた戦後日本が生み出した、公害事件という生命破壊現象に対する深い反省が見出されます。

玉野井の問題提起から数十年が経過した現在、消費社会のグローバル化はその勢いを止めることなく地球全体を覆い尽くそうとしています。あらゆる生命が商品化の圧力に晒されている現在、世界各地で展開しているローカリゼーションの実践は、カタツムリの知恵に学び、生命の維持更新を可能にする等身大の生活空間の再生に向けて取り組んでいます。例えば1986年にイタリア北西部ピエモンテ州の小さな村ブラで始まったスローフード運動がそうです。食料生産の工業化とファストフードによって均質化する食文化に対抗し、イタリアの地域社会の多様な食文化とそれを支える風土、自然生態系、伝統的農畜産業と料理の知恵を守る運動です。食という人間の身体とアイデンティティの形成にとって最も基本的な営みの文化的意味を問い直し、食べるという行為を支える地域の重層的な関係性を再評価・再構築していく取り組みです。スローフード運動は1989年以降に国際的なネットワークに発展していますが、この運動のシンボルとなっているのがカタツムリです。効率性やスピードを重視する現代消費社会の価値規範を問い直し、カタツムリのように生活のテンポを緩めて地域の食文化を支える様々なつながりを見直そ

17　玉野井芳郎〔1985〕『科学文明の負荷』論創社，p.105

うとする身振りがそこにはうかがえます。

南ヨーロッパでは、スローフード運動以外にも様々な市民運動が消費社会から脱出する地域づくりを進めています。例えば、フランス、イタリア、スペインなどでは、協同組合、非営利組織（NPO）、市民のアソシエーションが多く存在します。これら市民社会の様々な組織は、ホームレスの支援、失業者の就労トレーニング、移民の識字教育、連帯ファイナンス、自然エネルギーの推進、循環型経済への取り組みなど、消費社会が構造的に引き起こした社会的排除や環境破壊を是正するための様々な活動を行っています。これら様々なオルタナティブな経済活動は連帯経済と呼ばれており、そのネットワークは現在、世界各地に広がっています。連帯経済は、企業の利潤追求を中心に動く経済ではなく、民主主義・社会的公正さ・持続可能性などの社会的価値の実現を可能にする経済システムをそれぞれの地域で構築することを目指しています。

英国発のトランジション・タウンという新しい取り組みもあります。2006年に英国のパーマ・カルチャーの実践家であるロブ・ホプキンスによって始められたこの運動は、近い将来やってくる石油枯渇を見据え、化石燃料に依存しない地域づくりを目指しています[18]。それぞれの地域で関心のある住民たちとグループをつくり、消費社会の限界やオルタナティブな生活についてタウン・ミーティングを行い、脱化石燃料社会へ向けた様々な活動を行っています。例えば、英国のデヴォン州トットネスやサセックス州ルイスでは住民たちによって太陽光パネルの設置が行われました。ウエストヨークシャー州スレイスウェイトでは、地元住民の共同出資で創られた社会的企業のベーカリーとカフェが設立されました。また、南ロンドンのブリクストンでは携帯電話を使って決済可能な独自の電子地域通貨が導入され、地元の商店街にお金を循環させる経済の仕組みがつくられています。現在、トランジション・タウンはヨーロッパ、北米、オセアニア、ラテンアメリカ、日本など世界各地に広がっており、2014年11月の時点で1,196の実践が確認されていま

---

18　トランジション・タウンの基本的考え方については、ロブ・ホプキンス（城川桂子訳）〔2013〕『トランジションハンドブック――地域レジリエンスで脱石油社会へ』第三書館を参照されたい。

す[19]。

フランスの思想家セルジュ・ラトゥーシュは、このようなローカリゼーションの様々な取り組みのなかから創出される未来社会を「脱成長社会（la société de décroissance)」と呼んでいます。**脱成長**は、経済成長を盲目的に信仰する現代消費社会の価値規範そのものを問い直し、「経済成長優先社会のなかで否定された生活を肯定していく道」を模索することを意味します[20]。既に述べたように、消費社会は「もっと生産し、もっと消費し、経済の規模をもっと大きくする」ことを追求してきましたが、その過程で人間社会の持続的な再生産に不可欠な関係性、なかでも地域における人間同士の連帯と人間と自然との共生の二つの重要な関係性を破壊してきました。消費社会が壊したこれら二つの関係性を修復あるいは再創造することは、現在世界各地で実践されているローカリゼーションの重要な課題です。

ラトゥーシュが提案する「脱成長の八つの再生プログラム」では、ローカリゼーションが取り組むべき関係性の再生作業を次の八つの段階で説明しています[21]。(1) これまでとは異なる物差しで地域の潜在能力を見つめ直す（「再評価」)、(2) 新しい概念で地域の未来を構想する（「概念の再構築」)、(3) 新たに構想された社会の価値に基づいて社会構造や社会関係を転換する（「社会構造の再転換」)、(4) 公正な社会をつくるために再分配を行う（「再分配」)、(5) 経済活動を地域に根ざし、地域のガバナンス能力を高めていく（「再ローカリゼーション」)、(6) エコロジカル・フットプリントや不平等など、自然環境や社会関係に対する負荷を削減する（「削減」)、(7) 地域の人材や資源を再利用する（「再利用」)、(8) 次世代に持続可能な生存基盤を残していく（「リサイクル」)、の八つの実践です。

---

19　この数字はトランジションタウン公式サイト（www.transitionnetwork.org）の公表データに基づく。(最終閲覧日 2016 年 2 月 1 日)

20　セルジュ・ラトゥーシュ（中野佳裕訳）〔2013〕『〈脱成長〉は、世界を変えられるか？』作品社，p.223.

21　セルジュ・ラトゥーシュ（中野佳裕訳）〔2010〕『経済成長なき社会発展は可能か？』作品社の第 2 部第 2 章を参照。

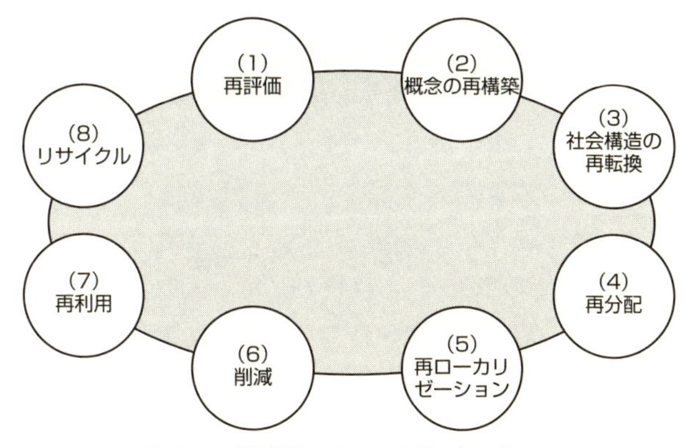


**図 2-1　脱成長の八つの再生プログラム**

（ラトゥーシュ，2010，第 2 部第 2 章に基づき筆者作成）

脱成長社会へ向かうプロセスとは、これら八つの実践が有機的に結合することで、地域の社会関係や自然とのつながりを再生していく様々な実践の総体を指します。なかでも重要なのが最初の再評価の実践です。ラトゥーシュは、「物事がこれまでとは異なる形になるためには、そして真に独創的で斬新な解決を構想するためには、物事をこれまでとは違った方法で見つめることから始めなければならない」と述べています[22]。地域における分かち合いの人間関係を再生するにも、自然とのつながりを再生するにも、それら多様な関係性を経済的な効率性とは別の観点から積極的に評価していく必要があります。そのために、人間の生活の多面性と深みを実際の生活のなかから再発見し、それらを新しい言葉で表現していく活動が最も大切なのです。

スローフード、連帯経済、トランジション・タウン運動など、脱成長の理念と共振するローカリゼーションの実践は多く存在します。これらの実践に共通するのは、それが単なる経済活動ではなく、生活の意味を再発見し、生活の形をデザインし直す表現活動でもあるということです。脱成長社会は、これら地域に根ざした実践のなかから紡ぎ出される新しい言葉や新しい価値をつなぎ合わせることで少しずつ形になっていくでしょう。それは、カタツムリの歩みのようにゆっくりとしたものであるかもしれません。しかし、他

22　前掲書，p.123.

の人間や自然と共に生きることの大切さを理解し、そのような生活を喜びのあるものにデザインしていくには、生活の速度を緩め、感覚を解放し、隣人との対話や自然との触れ合いのなかから生活のルーツを再創造していくことが、遠回りに見えても確実な道なのではないでしょうか。

消費社会は人間を合理的経済人に還元し、わたしたちの感覚世界を一面的なものに変えてしまいました。現代消費社会で社会関係に様々な綻びが生じているのも、地球環境破壊の悪化に歯止めがかからないのも、人間の生活を支える様々な関係性に対する感性がわたしたちの身体から失われてしまっているからではないでしょうか。現在世界中で始まっている等身大の生活空間を再構築する活動は、わたしたちの感覚世界の変革を通じた人間と世界の調和を可能にするアート（技法）の構想を目指しています。わたしたちは打算的な経済人ではなく、世界とのつながりを再生する表現的な人間に生まれ変わらなければなりません。世界の様々なローカリゼーションの実践と脱成長という新しい社会発展目標は、政治・経済・科学・技術の体制変革よりも深遠で大切な、感性の体制の変革を示唆しているのです。

## 4. みんなで語ろう

危機が刻一刻と迫っています。わたしたちが背負っている殻はとてつもなく大きく、それが完全に壊れてしまったときの惨禍は、想像を絶するものです。このような時代に持続可能な世界をつくるために、わたしたちはカタツムリの知恵について、もっと多くの人と語っていかねばなりません。わたしたちは、学校で、家で、カフェで、友人たちや家族と一緒に、昔キャベツ畑のなかであったカタツムリの親子の物語について語り合い、その物語を残したある一人の作家の想いが何だったのか、考えていかねばならないでしょう。そしてカタツムリの知恵を実践していった多くの偉人やわたしたちの同時代人を再発見し、彼らについて知り、学んでいく必要があります。そして企業家や政治家に語りかけ、カタツムリの知恵を実践する社会をみんなでつくっていきましょう。豊かさの転換は、カタツムリの知恵がわたしたちの想像力を刺激する限り、可能なのです。

## キーワード解説

①**豊かさ**（wealth）　豊かさを経済的・物質的な観点から捉える思想は産業革命期のヨーロッパで誕生した。近代経済学の父アダム・スミスは、『国富論』（1776年）において、物質的な豊かさを実現するための有効な手段として、自由市場経済を中心とする経済発展の理論を考案した。その後19世紀の英国の経済学者ロバート・マルサスは、『経済学原理』において豊かさに関する議論をさらに展開し、経済学が扱うべき豊かさを人間の物質的側面に関わるものだけに限定し、人間生活の精神的・美的側面を考察の対象から排除した。以後、経済学では、豊かさに関して、物質的側面、とくに市場経済で取引される財・サービスに限定して考えることが主流となっている。

②**国内総生産**（GDP：gross domestic product）　一国が一定期間に自国の領土内で生産する財・サービスの付加価値の総量。海外在住の日本人や日系企業の経済活動も含めた指標は「国民総生産」（GNP：gross national product）と呼ばれる。

③**社会関係資本**（social capital）　人々の信頼関係、対人関係、ボランティア活動など、コミュニティを支える非経済的な社会関係の総称。20世紀初頭から米国の社会学で議論されるようになり、1990年代末にロバート・パトナムによって総合的な研究が行われるようになった。

④**関係性の貧困**（relational poverty）　イタリアの経済学者ステファーノ・バルトリーニが『幸福のためのマニフェスト』（2013年、未邦訳）のなかで導入している概念。社会関係資本に代表される社会的つながりが欠如している状態を指す。第二次世界大戦後、先進国の１人当たりGDPは増加し続けているが、コミュニティの社会的つながりは低下し続けている。米国の社会心理学者の研究によると、関係性の貧困に陥っている人ほど、精神的な満足を得るために消費主義に依存する傾向がある。

⑤**チャルカー運動**（The charka movement）　ガンディーによって始められた、インドの伝統的な糸車を使って綿布を生産する経済自立運動。植民地時代のインドの貧困層に広く普及した。機械による大量生産方式に比べると生産性は著しく劣るが、労働集約的であるため、多くの民衆が生産活動に参加し、生活の手段を得ることができるという利点がある。

⑥**身の丈の経済**（The human scale economy）　大量生産・大量消費の生活ではなく、人間の規模に見合った生活に適合する経済のこと。ガンディーの思想や仏教倫理に影響を受けたE・F・シューマッハーの著作『スモール・イズ・ビューティフル』において理論化された。人間性を失わない労働、人間の生

命や自然の再生能力を破壊しない技術を使って地域循環型の経済をつくることを目指す。身の丈の経済論は、シューマッハーの影響を受けた経済学者ポール・エキンズなどに引き継がれ、現在、ローカリゼーション運動の主要理論となっている。

⑦**自己制御の倫理**（ethics of self-limitation） 自分の欲望を抑え、節度のある行為をもって生活すること。古代ギリシャの哲学者アリストテレス、古代中国の思想家の老子、中世カトリック神父のアッシジの聖フランチェスコなど、近代資本主義が台頭するまでは世界の様々な文化圏において受け入れられていた倫理。20世紀に入り、消費社会の抑制不能な拡大に対峙する倫理として新たに注目されている。自己制御の倫理を実践するには、他の人間や自然とのつながりなど、関係性を重視する世界観を発達させていくことが重要である。

⑧**ローカリゼーション**（localization） 人間の身の丈に合った生活空間をそれぞれの地域でつくっていくこと。経済的次元においては、地産地消や自然エネルギーの導入を通して地域循環型経済をつくることを意味する。政治的次元においては、地域住民や自治体による地域社会のガバナンス能力を高めることを意味する。文化的次元においては、地域の歴史・風土・生活の知恵を再評価し、個性のある地域文化を開花させていくことを意味する。

⑨**地域主義**（regionalism） 経済学者・玉野井芳郎によって1970年代後半に提案された概念。中央集権的な開発政策によって公害事件などの環境破壊と人権侵害が起こったことへの反省から、地域の自立と自治の実現を目指す思想。画一的な近代化・都市化政策とは距離を置き、地域の生態系・文化・風土の固有性を尊重する多系的な発展を構想する。

⑩**脱成長**（décroissance） 21世紀の初頭からフランス、イタリア、スペインなどの南ヨーロッパを中心に広がっている新しい思想運動。フランスの思想家セルジュ・ラトゥーシュなどによって提唱された。消費社会のグローバル化が引き起こす生活の質の悪化（例えば、地球環境破壊、科学技術事故、貧困・排除・生き辛さの拡大）を是正する様々な理論や実践を提案している。最も重視するのは価値観の転換であり、「経済成長という宗教」から脱却し、経済成長主義によって否定されたオルタナティブな生活の再評価を行うことである。また、具体的な実践として、エコロジカル・フットプリントなどの環境負荷の削減、不平等や排除などの社会的不公正の是正、経済活動や政治の意思決定プロセスのローカリゼーションを提案している。

## 読んでみよう

**①レオ・レオニ（谷川俊太郎訳）〔1969〕『せかい いち　おおきな うち　りこうになったかたつむりのはなし』好学社**

レオ・レオニは、オランダ生まれ、米国とイタリアで活躍した絵本作家。『スイミー』『じぶんだけのいろ』など、人間の生き方や社会のあり方を暗に問いかける作品を多く残している。本章の冒頭で紹介したように、『せかいいち　おおきなうち』は自分の殻を際限なく大きくしたいと望むカタツムリの悲劇を描いた物語であり、際限のない経済成長を追求する産業社会の寓意（アレゴリー）として読むことができる。

**②E・F・シューマッハー（小島慶三、酒井懋訳）〔1986〕『スモール・イズ・ビューティフル』講談社学術文庫（原書は1973年に出版）**

本書でシューマッハーは、仏教やガンディーの影響を受けた新しい経済学を構想している。当時は経済成長主義が非常に強かった時代だが、そのなかで彼は経済には人間にとってふさわしい「規模」があると主張。際限のない経済成長を求めるのではなく、人間性を失わない働き方や生活ができるような「身の丈の経済」を理論化した。身の丈の経済の実現には、高度な先端技術を前近代的な原始的な技術の中間的な水準である「適正技術（appropriate technology）」を使って生産活動を行うことが重要であると主張した。適正技術については、第3章のキーワード解説を参照されたい。

**③ポール・エキンズ編（石見尚ほか訳）〔1987〕『生命系の経済学』御茶ノ水書房**

シューマッハーの影響を受けた経済学者が集まって、地域循環型経済の理論と実践について議論した本。地域通貨など、現在ローカリゼーションの取り組みにおいて実践されている様々なアイデアが提案されている。

**④辻信一〔2004〕『スロー・イズ・ビューティフル』平凡社ライブラリ**

消費社会から脱出する方法として、生活のテンポを緩め、自然とのつながり、食文化などの生活の質を見直していくことを提案している。イタリアのスローフード運動についても説明がある。

**⑤セルジュ・ラトゥーシュ（中野佳裕訳）〔2010〕『経済成長なき社会発展は可能か？』作品社**

ヨーロッパで議論されている脱成長論の基本書。第1部では、際限のない経済成長をいつまでも追い求めることができない理由を、20世紀における経済開発政策の様々な問題点を指摘しながら説明している。第2部では、持続可能な世界をつくるための新たな社会目標として脱成長社会の構築を提案している。本章で紹介した「脱成長の八つの再生プログラム」も詳しく説明されている。

## みてみよう

●DVD

①ヘレナ・ノーバーグ＝ホッジ監督〔2010〕『幸せの経済学』（製作：International Society for Ecology and Culture）

経済のグローバリゼーションの構造的問題を歴史的に整理し、その対案としてローカリゼーションの具体的実践を紹介。

②トランジション・ネットワーク製作・監修〔2012〕『In Transition 2.0 イン・トランジション 2.0　日本語字幕版』

世界各地のトランジション・タウン運動の実践をテーマ別に紹介している。日本語字幕版の詳細は、NPO法人トランジション・ジャパンのウェブサイトで確認できる。

③NPO法人・アジア太平洋資料センター製作・監修〔2014〕『もっと！フェアトレード――世界につながる私たちの暮らし』

連帯経済のひとつであるフェアトレードの成果と課題、世界の貿易とわたしたちの暮らしのつながりを研究者と実践者が語る。

④NPO法人・アジア太平洋資料センター製作・監修〔2015〕『支えあって生きる――社会的企業が紡ぎ出す連帯経済』

連帯経済のひとつである社会的企業の役割と具体的実践を、日本や韓国の事例を中心に紹介。

●ウェブサイト

①幸せ経済社会研究所　http://www.ishes.org/

東京に拠点を置く研究所。GDP至上主義を超えて、新しい豊かさや経済・社会のあり方を模索する研究調査を行っている。国内外のローカリゼーション運動の事例の紹介も積極的に行っている。

②一般社団法人・縮小社会研究会　http://shukusho.org/index.html

京都に拠点を置く研究会。脱成長、持続可能性、身の丈の経済に関する研究活動や講演活動を学者と市民が連携して行っている。

③NPO法人トランジション・ジャパン　http://transition-japan.net/

日本のトランジション・タウン運動のネットワーク。各地の活動やイベント、映像資料や文献が紹介されている。

## 引用文献

●日本語文献

石井一也〔2014〕『身の丈の経済論　ガンディー思想の系譜』法政大学出版局.

ウィルキンソン、リチャード、ケイト・ピケット著（酒井泰介訳）〔2010〕『平等社会：経済成長に代わる、次の目標』東洋経済新報社.

玉野井芳郎〔1985〕『科学文明の負荷』論創社.

パットナム、ロバート・D（柴内康文訳）〔2006〕『孤独なボウリング　米国コミュニティの崩壊と再生』柏書房.

ホプキンス、ロブ（城川桂子訳）〔2013〕『トランジションハンドブック――地域レジリエンスで脱石油社会へ』第三書館.

メドウズ、ドネラ・H、デニス・メドウズほか著（大来佐武郎監訳）〔1972〕『成長の限界　ローマ・クラブ「人類の危機」レポート』ダイヤモンド社.

メドウズ、ドネラ・H、デニス・メドウズほか著（茅陽一監訳）〔1992〕『限界を超えて』ダイヤモンド社.

メドウズ、ドネラ・H、デニス・メドウズほか著（枝広淳子訳）〔2005〕『成長の限界――人類の選択』ダイヤモンド社.

ラトゥーシュ、セルジュ（中野佳裕訳）〔2010〕『経済成長なき社会発展は可能か？〈ポスト開発〉と〈脱成長〉の経済学』作品社.

ラトゥーシュ、セルジュ（中野佳裕訳）〔2013〕『〈脱成長〉は、世界を変えられるか？』作品社.

●外国語文献

Bartolini, Stefano〔2013〕*Manifesto per la felicità: come passare dalla società del ben-avere a quella della ben-essere*. Roma: Universale Economica Feltrinelli.

Heinberg, Richard〔2011〕*The End of Growth: Adapting to Our New Economic Reality*. Canada, New Society Publishers.

Meadows, Denis〔2012〕« Les obstacles sociaux et culturels freinent le changement ». *Alternatives Economiques*, juillet-août, no. 315, pp. 88-90.

Rahnema, Majid, et Jean Robert〔2008〕*La puissance des pauvres*. Paris : Acte Sud.

# 「連帯経済」とは？

「あなたの利用している銀行が核兵器にお金を出しているようだ。あなたはどうする？」

「連帯経済」の話をしようとすると「経済の話は難しいので、わかりやすく説明してもらえますか？」と頼まれる。説明をする本人としては「努力します」としか言えないが、しかし、こんな問いが生まれること自体が、私たちが「連帯経済」という社会運動を行っている理由の一つだ。

そして、こうした苦手意識を持っている方にまず聞くのが冒頭の質問だ。「あなたの利用している銀行が核兵器にお金を出しているようだ。あなたはどうする？」と。まず、これは仮定の質問ではなく、大多数の日本人にとっては事実である。日本の大手銀行は私たちから預かったお金を世界の名だたる武器会社に投融資をしており、例えば核兵器を開発することで得られている利潤が、まわりまわって私たちの預金のわずかな金利となって返ってきているのだ。個人的には、そんなことをやめさせたい。そんな銀行をもう二度と使いたくないと思う。

その方法はなくはない。しかし、一般的な社会生活を送っていると、私たちは給与が支払われる口座を簡単には変えられないし、家族と同じ銀行にしなければ不便なこともある。ましてや銀行に直接電話をしたところでなかなか真面目に取り扱ってくれないだろう。

この「問題を知っても何もできないのではないか…」という無力感。これこそが連帯経済の運動の引き金になっているのだ。最初に聞かれる質問に関連すると、「経済のことがよくわからない、だから何もできない…」その無力感とも通じるものだ。

では「連帯経済」とは何かというと、こうした無力感を乗り越え、自分たちの手で、自分たちの望む方向性の経済を実現していく運動なのだ。

銀行の経営方針、スーパーに並ぶ商品のラインアップ、国の予算配分、就職活動の仕組み…。どれも私たちの暮らしや人生に直結するものでありながら、私たちがなかなか自分の声を反映させて動かしていけないものだ。一人ひとりではとても難しい。

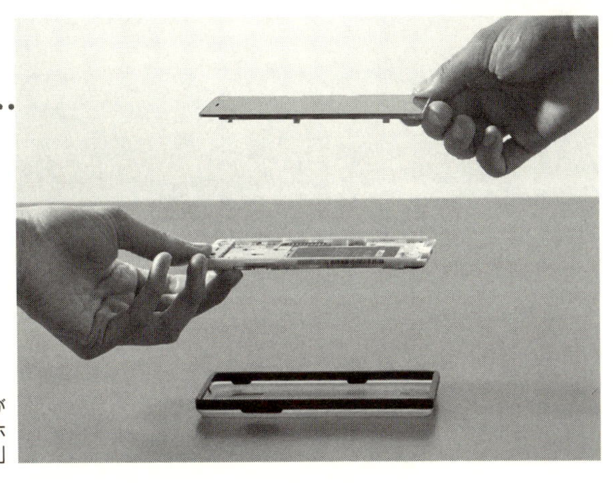

ⓒ ヨーロッパの消費者が
自ら作り上げたフェアなスマホ
「フェアフォン（Fairphone）」

こうした自分に手の届かない社会や経済の仕組みを少しずつ自分の声が届くものへと仲間と一緒に変革していく、あるいは自分の声が届くような規模の経済に仲間を頼って切り替えていくことが「連帯経済」の運動なのだ。

例えば、イタリアでは、既存の大手銀行があまりに自分たちの要望を受け入れてくれないことから、市民がしびれを切らして、自ら銀行を作り出す取り組みを始めた。先の例のような兵器への投融資は一切行わない。そんな約束をした倫理的な銀行。それをそのまま名前に冠した「倫理銀行（Banca Etica）」を作り出したのだ。もちろん一人ではできない。1万人以上のイタリア市民がお金を出し合い、650万ユーロを集めた末に銀行として1999年に設立されたのだ。

いまでもこの銀行は預金者2万人程度の小さな銀行である。しかし、この銀行の魅力はその大きさではない。「ブラック企業に投資しないでほしい」「環境にやさしい事業にもっと融資してほしい」、こうした預金者の声に耳を傾ける経営者によって運営されていることだ。そして預金者と経営者と借り手の間に信頼関係が作られていることだ。ここの預金者らは、銀行を自らの手で作ることで、銀行業を自分たちの手に取り戻したのである。そして、自分たちが責任もって経営層と一緒に日々悩みながら関わっているのである。

この倫理銀行と同様のお金の流れを取り戻す運動は世界中で広がっている。日本ではNPOバンクが全国で活動しており、スペイン、ブラジル、アメリカでもオルタナティブ（これまでのようではない）金融機関がいくつも登場している。人びとは自分の手に経済を取り戻しているのだ。

事例は金融以外にもある。今や日本人のほとんどは携帯電話を持っているだろうが、携帯電話の中のパーツには児童労働の末に掘られた金属が使われたり、武装ゲリラの資金源になっている鉱物も存在しているかもしれないのだ。しかし、私たちは一人ひとりでは容易に携帯電話メーカーに「そんなことをやめてほしい」と言って方針を変えることは難しい。オランダでは、そこに問題意識を感じた5000人以上の市民がお金を出し合い「フェアフォン」を作り出したのだ。その名の通り、可能な限りフェアな方法で作ったスマートフォンだ。無力感にとらわれず、5000人が協力し合い、スマホまで自分でつくってしまったのだ。

こうした自分一人では決してどうにもできなかった問題を動かしていき、自分の暮らしと経済活動を取り戻していくために多くの人が支えあう運動=「連帯経済」は世界中に広がっている。お金の預け方、働き方、医者へのかかり方、スマホ、パソコンなどのハイテク機器、教育…。ジャンルも様々なものへと広がっている。

通じることは、手に届かなくなってしまったものを取り戻すということ。いわば民主的な経済を取り戻す運動なのだ。

さて、このコラムがやっぱり難しすぎたらちゃんとコメントを送ってほしい、そうして自分の手の届く範囲を広げていくのが連帯経済の精神だ。

**田中滋（たなか・しげる）**

特定非営利活動法人アジア太平洋資料センター（PARC）事務局長・理事。早稲田大学卒業後、米国コーネル大学にて学び、環境NGOの勤務を経て現職。「モノから見えるグローバリゼーション」をテーマに、採掘企業による主に途上国での環境破壊や人権侵害を調査・研究。これまでにフィリピン、エクアドル、コンゴ民主共和国などの採掘地を訪問・取材。その成果を2016年春に教材DVD『スマホの真実』として発表。

第3章

# 人間の身の丈テクノロジーでシェアするマイクロビジネスづくり

## —いいことで、みんなで、愉しく稼ぐ—

好きな遊牧生活を捨てて都会に移住し、結果として不幸になっている遊牧民が後を絶たない。遊牧を捨てる一番の理由が夏に羊の肉が腐ってしまうこと。年収１万円の遊牧民でも購入可能で電気を使わない冷蔵庫は歓迎され、今ではささやかな産業に発展している。

写真：モンゴルの遊牧民のためにつくった非電化冷蔵庫ⓒ著者

## この章のねらい

本章では、幸せな未来を自ら切り開いて行くための、新しい仕事のスタイルを学びます。少々悪いことでも目をつぶり、身も心もすり減らして競争しながら働くのではなく、いいことで愉しく稼ぎます。そのための例として、「月３万円ビジネス」というスタイルを紹介します。

1. 共生社会が目指す社会システムとは
2. 共生社会が目指す科学技術とは
3. 共生社会が目指す仕事のあり方とは
4. 文明の転換期における仕事のスタイル
5. 月３万円ビジネス
6. 罠から抜け出す

**藤村靖之（ふじむら・やすゆき）**

1944年生まれ。工学博士。非電化工房代表。日本大学工学部客員教授。地方で仕事を創る塾主宰。科学技術庁長官賞、発明功労賞などを受賞。非電化製品（非電化冷蔵庫・非電化掃除機・非電化住宅など）の発明・開発を通してエネルギーに依存しすぎない社会システムやライフスタイルを国内で提唱。モンゴルやナイジェリアなどのアジア・アフリカ諸国にも、非電化製品を中心にした自立型・持続型の産業を提供している。

## 1．共生社会が目指す社会システムとは

今の社会は激しい競争社会です。個人の豊かさは、競争に勝つことによって実現されます。競争は年ごとに激しさを増し、深刻な社会問題が露呈されるようになりました。それにつれて、競争社会の対極にある**共生社会**を指向する若い人たちが世界中で増えています。

共生社会とは、他人の犠牲を代償として初めて自分の「仕合わせ」[1]があるという社会ではなく、自分の仕合わせの追求、満たされた人生への努力が他人の仕合わせ、社会の豊かさの創造に繋がる社会のことです。共生社会では、人と人、人と自然という、お互いが存在することによって、お互いが生かされていることを深く認識します。自分の存在をしっかり表現しながらも、他の存在をも、自分の存在と同等に尊重し、全体の調和をとりながら生きてゆきます。

そのためには、人と人、人と自然との合意形成が基本となります。お互いが公平な立場に立ち、情報を共有し、相互の意見に耳を傾けて、寛容に対話を進めることによって、合意は形成されます。

対話による合意は大きな集団では不可能です。より相応しい小さな集団にならなければなりません。また、自分たちの活動が他の人々や自然に及ぼす影響に対して、責任を負う必要があります。そのためには、自分たちの生活の主要な部分を、できるだけ自分たちの目に見える範囲に留める必要があります。生産と消費、エネルギー、金融、教育、医療…つまり、社会のシステムを自己管理します。自分たちで納得して、責任を負える社会を形成してゆくことが大事になってきます。多くの場合、それは、小さな地域レベルの活動になるでしょう。

これからの共生社会への第一歩は、お互いの自由な意思を尊重しながら、今住んでいる地域のコミュニティーを、相互の信頼と協調関係をベースに、より自立的なものに時間をかけて再構築していくことと考えられます。自立

1　しあわせを漢字で書く時、「仕合わせ」と「幸せ」がある。どちらも同じ意味だが、どちらかと言うと「仕合わせ」が「めぐり合わせの良い事態」というニュアンスなのに対し、「幸せ」は事態よりも「気持ちの面」に重きがある。

的な地域コミュニティー同士は、必然的にネットワークを形成することになるでしょう。そして、ネットワークが拡大することによって、大きな社会システムの変容を促すことに繋がるでしょう。

共生社会のコミュニティーでは、統治者と被統治者、生産者と消費者、投資家と起業家、経営者と従業員といった、分業されて相対する関係よりも、それらが融合した関係が生まれてくるはずです。生産者同士・販売者同士も、競争して奪い合うよりも、分かち合う指向が強くなるでしょう。

また、個人が全てに所有権を主張するよりも、共有できるものは皆で持つというスタイルが多くなってくるでしょう。エネルギー資源の利用についても、地域で共同で自給自足することが多くなってくるはずです。それは、地域の雇用の創出にも繋がります。

このことは、「必要なものを必要なだけ消費する」という新しいライフスタイルをも生み出します。必然的に環境負荷は小さくなり、持続性は高まります。また、長い年月の間に築き上げられた伝統的な地域の文化も「貴重な智恵」として見直されます。モノやサービスの交換も、例えば「地域通貨」[2]のように、自分たちで管理する交換システムの中で行われるようになります。

子供の教育についても、大規模・画一的なものから、地域の文化と個人の特質、精神的・身体的な発達に合わせた教育を可能とする、地域に支えられた小規模な学校が増えていきます。そういう学校では、「正しいこと」を教えたり、知識を詰め込むのではなく、自分で考えて決める、あるいは、生み出したり行動する力を養成する教育が行われるでしょう。病人や高齢者への治療や介護も、地域コミュニティーの中で相互に分担する割合が増えて、医療の専門家の負担は小さくなるでしょう。

共生のコミュニティーは、私たちの社会に豊かな多様性を育み、優しさに満ちた生活の場を提供してくれるはずです。地域の一人ひとりはそのコミュニティーの中に、自分の場所を見つけて、コミュニティーを支える大切な役割を担っていきます。そして、その自分の役割は、周囲が移り変わっていくのと同じペースで、常に全体に調和しながら変わっていきます。

自然界の原理と共通したしくみがここにあります。これこそが本当のエコ

---

2　地域通貨：直接それを使う人々（地域住民）が自発的に発行するお金の総称。

ロジカル社会と言ってもよいでしょう。一人ひとりの優しさに満ちた小さな活動が集まれば、それがコミュニティーの質を高めていきます。コミュニティーの質が高まると、それがまた一人ひとりの精神的・市民的意識を変えていきます。ここには、全体への調和を大切にする個人とコミュニティーの相互のフィードバックがあり、それが全体を共に進化させていくのです。

これらのことは、決して絵空事ではありません。世界中の各地で、日本の各地で、すでに様々な形で実践が始まっています。消費者と農家が共同で経営する無農薬有機の農業法人、コミュニティーでつくる信用組合、地域通貨（高知県のRYOUなど全国で653[3]）、地域単位のエネルギー供給システム（岩手県葛巻町は電力自給率185％[4]、食糧自給率200％）、銀行に代わる市民ファンド[5]、全国の農山村を覆いはじめた菜の花プロジェクト[6]、車などの共同所有、地域全員の合意を前提とする地方自治、地域で建てて地域で運営する小学校、有機農場とそこで学びたい人を繋ぐウーフ（WWOOF：World Wide Opportunities on Organic Farms、世界中で50ヶ国以上[7]）、エコビレッジ（世界中で1万5000ヶ所[8]）、各地のNPO活動（国内約5万[9]）、市民活動やイベント（例えば、アースデイに参

---

3　具体的な理論や事例は、西部忠編〔2013〕『福祉＋α　③地域通貨』ミネルヴァ書房参照。

4　葛巻町では家畜排泄物を利用した畜糞バイオマスシステム、太陽光発電、風力発電などにより、エネルギー自給率185％を実現している。

5　市民ファンド:市民から寄付を募り、地域で活躍するNPOや地域団体などに助成することを通じて、社会課題の解決に市民と共に取り組む民間団体。

6　菜の花プロジェクト：地域自律の資源循環サイクルづくりを目指し、地域の人々の知恵と力で地域の資源を適正活用し、地域内で循環・連鎖させ、自然と人間活動のバランスを再生する取り組み。http://www.nanohana.gr.jp/

7　ウーフ：お金のやりとりなしで「食事・宿泊場所」（有機農家などのホスト側）と「力・経験」（農業や生き方を学びたい人＝ウーファー）を交換するしくみ。1971年イギリスで週末に有機農場で手伝うことから始まったWWOOF（Working Weekends On Organic Farms）のしくみは、週末に限らないWilling Workers On Organic Farms（有機農場で働きたい人たち）に発展、今ではWorld Wide Opportunities on Organic Farms（世界に広がる有機農場での機会）を提供する国際的ネットワークとして世界中に広がる。日本では1994年に誕生。詳細はWWOOFジャパン（http://www.wwoofjapan.com/）。

8　エコビレッジ：持続社会を目指す生活共同体。インドのオーロビル（人口約1700人）、イタリアのダマヌール（同600人）など、世界中に広がっている。詳しくはJ.ドーソン〔2010〕『世界のエコビレッジ』シューマッハ双書参照。

9　2014年9月末現在、国内の認定・認証NPO法人数は5万169法人（総務省）。

加する人の数は世界中で2億人[10]）など、様々な取り組みが、世界中で同時多発的に起こっています。そこでは実際に新しい人間関係や人々と自然界との関係が生まれ、それがコミュニティー全体を変えつつあります。これらは、まさに地球規模での変容を実感させる出来事です。

## 2．共生社会が目指す科学技術とは

現在世界中で、毎週、分かっているものだけで10万種類もの新しい化学物質が人工的につくり出されています。その一つひとつが安全かどうかを調べるのには1年も2年もかかります。これではとても追いつきません。事実、僕たちの地球はありとあらゆる汚染物質の洪水です。

例えば、農薬。日本の農薬使用量は1ha当たり271kg。世界一の使用量です。農薬の中ではネオニコチノイド系農薬の使用量が増えています。2007年までに北半球から4分の1のミツバチが消えてしまいましたが、ネオニコチノイドはミツバチ激減の主たる原因である疑いが濃厚です。EUでは2013年7月1日から全面使用禁止となったのに、日本では10年で3倍に増えました。言うまでも無く、ミツバチは植物の受粉に大きな役割を担っていますから、ミツバチの絶滅は生態系の絶滅をも意味する重大事です[11]。

あるいは、遺伝子操作。モンサント社[12]が販売する除草剤と種を一緒に撒くと、畑に雑草は生えてきませんが、モンサントの種だけは育ちます。モンサントの除草剤に負けないように、種の遺伝子を操作したからです。農業が

---

10　アースデイ（地球の日）：地球環境について考え、行動する国際連帯行動デー。英国のEarth-day Networkによれば、2014年のアースデイには192ヶ国2万2000団体、約2億人が参加した。アースデイ東京でも様々な活動が展開中。http://www.earthday-tokyo.org/

11　世界の主要作物の約70％の授粉はミツバチによって行われている。NPO法人ダイオキシン・環境ホルモン対策国民会議によれば、2000年～2010年の間に北半球のミツバチの約4分の1が消滅した。http://kokumin-kaigi.org/

12　モンサント社：遺伝子組み換え作物（GMO：Genetically Modified Organisms）の世界シェアの9割を占め、ベトナム戦争時の枯葉剤をはじめ、農薬、PCB、牛成長ホルモンなどの製造で知られる世界最大級のバイオ化学企業。遺伝子操作が生態系を守っている循環性と多様性を共に損ない、食と農の世界を脅かしている現状については、マリー・モニク・ロバン〔2015〕『モンサント：世界の農業を支配する遺伝子組み換え企業』作品社を参照。

画期的に楽になるので、よく売れています。確かに農業は楽になったかもしれませんが、生物の多様性は破壊され、やがては生態系の破壊に繋がります。

例えば原発。福島第一原発事故は広域に膨大な放射能を撒き散らしました。高濃度の放射能汚染水が海に流出し続けるなど、事故は未だ収束していません。事故原因すら解明できていませんし、使用済核燃料の最終処分場の候補地すら見つかっていません。更に福島第一原発4号機の使用済核燃料プールには広島原爆5千発分の核燃料が水中に横たわっていました[13]。

共生社会が目指す科学技術は、市場の占有と持続性の破壊と人間性の否定を促すような機械化・化学化・遺伝子操作は適度に抑制され、「**適正技術**(Appropriate Technology)」が指向されるでしょう。その結果、地域やコミュニティーや家庭での生産は合理的で愉しいものになるはずです。持続性も守られます。農業・エネルギー・建築・林業等のあらゆる分野で、地域や家庭での自給率が向上します。経済はローカルで循環するようになり、雇用も地域で十分に生まれます。

## 3. 共生社会が目指す仕事のあり方とは

戦後、日本は奇跡と言われる経済成長を遂げました。経済成長を支える最大のエネルギーは、家や車や電化製品やブランド物などを手に入れる欲求でした。やがて、自分では何も作らずに、全てのものをお金を出して買う「消費依存型」のライフスタイルが定着、支出は増える一方となり、仕事は支出を賄うための収入を得ることが主たる目的になっていきます。そして「他人よりも収入が多ければ幸せ」という**マインドセット**も定着して、今日に至ります。

競争社会では、他人よりも多い収入を得るためには、競争に勝たねばなりません。かくして、「ビジネスとは競争に勝つこと」というマインドセットも定着。折しも経済はグローバル化し、世界で1社だけが勝ち組、あとは全

---

13　2013年10月時点で4号機のプールに1535体の燃料棒（内202本は未使用）が保管されていた（含まれるウラン235の量は広島原発5000発分に相当)。2014年12月20日にプールからの移送は完了したものの、汚染収束の見通しは全く立っていない。

部負け組…というような極端な事態が生じるに至ります。勝つためにはなりふり構っていられません。持続性や安全性にも目をつぶってしまいがちです。

このような仕事のあり方は、とても残念なことです。人生の半分くらいは仕事に費やしていますし、学んだことの大半も仕事に投入します。仕事を通して社会との関わりを持ちます。だから、社会にいいことで、自分が好きなことで、人と助け合いながら仕事ができる方が、きっと幸せでしょう。共生社会が目指すのは、まさにこのような仕事のあり方です。

共生社会では、自分で作れるものはなるべく自分で、みんなで作れるものはなるべくみんなで愉しく作ります。すると支出が減ります。だから収入は少なくてもいい。少ない収入でよいのなら、仕事はたくさんあります。たくさんあるから、社会にいいことで、自分が好きでたまらない仕事を選ぶことができます。仕事に割く時間も短くてよい、つまり自由時間が増えます。自由時間が長ければ、自給は難しくはありません。ますます自給率が上がり、支出は少なくなる。すると収入は更に少なくてよくなり、自由時間はますます長くなります。

競争社会では、仕事と社会活動と文化活動と家庭とは、ともすると相対するものになりがちです。社会活動に熱心だと会社からは疎まれる、仕事に熱心だと夫婦の仲が冷える…といった具合です。一方、共生社会では、仕事と社会活動と文化活動と家庭を融合させます。結果として、社会活動をするから仕事が上手くゆく、仕事を熱心にすると夫婦仲も睦まじくなる…という具合に相乗効果が生まれます。逆に言うと、そういう相乗効果が生まれやすい仕事の種類や仕事のやり方を選びます。

## 4. 文明の転換期における仕事のスタイル

今、私たちは、一つの文明の終わりの時期に生きているような気がしてなりません。文明の終わりの時期は新しい文明の始まりの時期でもあります。つまり、今は**文明の転換期**です。旧文明と新文明が共存し、せめぎ合いながら、10年、20年の歳月を経て、次の文明に移り変わるのでしょう。

文明の転換期における仕事は、多様で流動的です。既得権益を守りたい人や安定を求める人たちにとっては厄介な時期でしょうが、若い人たちにとってはダイナミックでエキサイティングな時期です。多様で流動的であることを愉しむスタンスをとってはどうでしょうか。

文明が栄えている時には、仕事は分業化・専業化されます。繁栄している時というのは、価値観も社会システムも文化も定まっています。身分や収入も安定しています。つまり、変化は必要ありません。変化が必要ない時には、なるべく細かく分業して励みます。その方が楽だし、効率が良いからです。分業化するほど、1人の人ができる仕事は狭くなりますから、他人への依存度は高まり、経済は大きくなります。仕事だけではなく、政治も学問も、時には芸術までもが、分業化します。

高度経済成長時代には、経済成長をしやすくするような分業化が進みました。例えば建築家。高度経済成長時代には、家やビルをどんどん建てることが必須でした。その家やビルには個性や創造性は必要ありません。必要なのはスピードと見掛けの素敵さだけ。要請に応じて「分業化された建築家」が大量生産されました。身についているのは分業化された「テクニカル・スキル（技）」のみです。「コンセプチュアル・スキル（何をすれば価値が生まれるか？　どのように実現すればよいか？　という術）」は苦手です。変化の時代に価値を発揮することは困難です。

逆に、文明の転換期には、仕事は複業化します。**複業**というのは、正業に対する副業ではなく、複数の正業が同居するという意味の複業です。歴史を振り返って見ると、文明の転換期には、いつも複業化しています。仕事ばかりではなく、学問や芸術の世界も複業化します。今の学問や芸術は昔と違って高度化されているから、分業化・専業化は必須だと思うかもしれませんが、そういうことではなさそうです。今、世界で日本で大きな役割を発揮している人たちに注目していただきたい。その人たちのほとんどが「複業化している人たち」だということに気づくはずです。

このように、文明の転換期においては、「仕事は多様で流動的であることと複業化すること」を念頭に置いておいてほしいのです。「来るべき次の良き文明をイメージし、その文明への移行を促す仕事を選ぶ、あるいは創造する」という選択肢もあることを、若い人たちには覚えておいていただきたいと思います。

このような仕事は、決して安定的ではなく、チャレンジングです。しかも文明の転換期は、安定成長期ではありません。だから投資先行型のビッグビジネスへのチャレンジではなく、ノーリスクのスモールビジネスへのチャレンジが向いています。また、競争して勝ち抜くのではなくて、分かち合い、協力することが求められます。社会的に良いことで、スモールビジネスであれば、分かち合いは可能です。分かち合いのビジネスは、人間的な優しさに満ちています。

## 5. 月3万円ビジネス

### (1) 月3万円ビジネスとは

日本では、若い人の仕事が年ごとに少なくなっていきます。とりわけ地方では若い人の仕事がありません。仕事が無いから人が減る、人が減るからますます仕事が減る…という悪循環に、この国は陥っています。都会で立身出世を夢見る若者はもはや少数派なのですが、仕事が無いから都会で暮らし、時には身も心もすり減らして働く若者が多いという現実が、この国には確実にあります。

この国に今必要なのは、若い人が、地方で、いいことで愉しく稼げる仕事でしょう。一つの仕事で大きく稼ごうとするのであれば、いいことで愉しく稼ぐというのは、簡単ではありません。しかしスモールビジネスなら、話は別です。一つのビジネスで月に3万円ほど稼げばよいのであれば、テーマはいくらでもあります。月3万円ビジネスを複数やれば、ホドホドの収入になります。つまり、スモールビジネスの複業モデルというわけです。例えば月3万円ビジネスを10個やれば月収は30万円になります。自給率を高めて支出が少ない生活を重ねれば、月3万円ビジネスを5個でもお釣りがきます。

今、日本や韓国の多くの若者が月3万円ビジネスに取り組んでいます。彼らはみんなでワイワイガヤガヤ、ゲーム感覚で愉しみながらやっています。以下に、そんな「月3万円ビジネス」の8つの特徴を紹介します。

#### ①月3万円しか稼げない

「月3万円ビジネス」とは、月に3万円しか稼げないビジネスのこと。月に3万円しか稼げないから、脂ぎったオジサンは見向きもしない。つまり「競争から外れたところにあるビジネス」です。だから月３万円ビジネスはたくさんあります。僕の弟子たち10人とブレインストーミングをやってみたところ、２時間で思い付いた月３万円ビジネスは50を超えました。

#### ②いいことしかやらない

月３万円ビジネスは、いいことしかビジネスのテーマにしません。「いいこと」というのは、人や社会が幸せになること。つまり、人や社会が幸せでないことを探して解決することをテーマにします。経済が豊かになれば幸せが溢れる…と思って僕たちは励んできましたが、どうやら違ったようです。不幸せが溢れています。だからテーマはたくさんあります。

いいことを仕事にすることを「ソーシャルビジネス」と言います。ソーシャルビジネスで起業する人のことを「ソーシャル・アントレプレナー（社会起業家）」と呼びます。2006年にノーベル賞を受賞したグラミン銀行の創設者であり経営者であるムハマド・ユヌス氏は社会起業家の代表例です。ソーシャルビジネスは、時代の要請と言っても言いすぎではないでしょう。

#### ③複業

「月３万円では暮らせないぞ！」と思うかもしれませんね。世界の平均月収よりは多いのですが、日本人の支出は異常に多いからでしょう。ならば「月３万円ビジネスを10個」というのはどうでしょうか。月に30万円の収入になります。都会では足りないかもしれません。でも地方でならどうでしょう。食糧やエネルギーはなるべく自分で作る。家だって自分たちで作ってしまう。作ること自体が愉しみになるので、遊興費は要りません。人との直接の交流を愉しむので、情報・通信費もかさみません。つまり、支出が少ない。支出が少ないから収入も少なくてよい。地方で暮らすというのは、そういうことかもしれません。月15万円でもお釣りがきます。「副業」ならぬ「複業」というわけです。

#### ④支出の少ないライフスタイル

支出が少ないライフスタイルというのは、とても大切なことです。だから暇な時間をたくさん作り、その時間を支出を少なくすることに充てます。野菜や穀物を作ったり、エネルギーを作ったり。1人でできなければ仲間と作ります。仲間がいれば家だって作れます。「衣・食・住・エネルギー・医療・情報・娯楽・教育・交通」の9つのカテゴリーと「年金・税金」が支出の全て。これらを減らすことは、実はさほど難しくありません。難しいのは、それを愉しくやることです。愉しくできないと、別な娯楽が必要になって、そっちにお金と時間が逃げてしまいます。もう一つ難しいのは、月3万円ビジネスと両立すること。この二つ——愉しくやることと両立すること——ここに知恵を注ぎ、仲間と協力します。

### ⑤分かち合いのビジネス

月に3万円しか稼げないビジネスには、競争も生じません。だから仲間と協力して進めることができます。例えば、20人のグループを10チームに分けます。各チームが一つの月3万円ビジネスを1年かけて立ち上げたとしましょう。立ち上げたビジネスを他の9チームに分けてあげます。例えば、ノウハウを教えてあげたり、仕入れ商品を回してあげたり。これで、1年後には20人全員が「月3万円ビジネスを10個」得たことになります。「奪い合いのビジネス」ではなく、「分かち合いのビジネス」と言えそうです。但し、狭い地域で大勢が同じ月3万円ビジネスを展開しないようにします。そうしないと「奪い合いのビジネス」になってしまいます。あるいは安売り合戦になって「月3百円ビジネス」に陥ってしまうかもしれません。

### ⑥ノーリスク

一般の競争ビジネスではリスクはつきものですが、月3万円ビジネスはノーリスクで行います。リスクの中身は借金と固定費です。借金をすると、定期的な返済を迫られます。だから、定期的な売り上げが要求されます。順調に売れている時はいいのですが、不調の時は無理してでも売ろうとして苦しみます。だから、月3万円ビジネスでは借金をしません。

借金以外にも、定期的な出費を迫られるものがあります。これを固定費と言います。代表的な固定費は従業員の給与と家賃と経営者自身の生活費です。月3万円ビジネスでは固定費も0に近づけます。定期的な売り上げは期待できないからです。無理してでも売るのは、月3万円ビジネスに馴染みません。

温もりのある人間関係が壊れます。ストレスも溜まります。「定期的な売り上げが期待できなければ、生計が立たなくなって、結局は借金に追い込まれるのでは」と思うかもしれません。

だから、ノーリスクを目指す月３万円ビジネスでは、三つのことを心がけます。一つは「支出が少ないライフスタイル」。前述のとおりです。支出が少なければ、収入が不安定でも何とかなります。二つ目は「固定費０のビジネスモデル」。自分たちの家で自分たちが暇な時に働きます。スタッフは必要な時だけ、暇な人に来てもらいます。暇な人は、いいことで愉しいことなら、喜んで安く働いてくれます。三つ目は「複業」。複数の月３万円ビジネスを並行して行います。一つの月３万円ビジネスは、売れたり売れなかったりの波があるでしょうが、複数なら平均されて、ある程度は安定しそうです。

⑦温もりのある人間関係

仕事と趣味と社会活動を切り離して別々に行うのが、一般の競争ビジネスをしている人たちの生き方です。社会活動の比率が小さいのも特徴です。社会活動なんかしていると稼げないからです。そして、稼いだ金は趣味に投じたりします。

月３万円ビジネスでは、仕事と趣味と社会活動をなるべく切り離さないようにします。特に社会活動の比率が大きいのが特徴です。だから仲間が増えます。仲間が困っていることを何とかしてあげるのが月３万円ビジネスですから、仲間が多ければ多いほど、月３万円ビジネスは繁盛します。つまり、仕事と社会活動を調和させます。

⑧時間をかけない

一つの月３万円ビジネスに掛ける時間は、月に２日以内に収まるようにします。月に４日も５日も掛けると、トータルの収入も少なくなってしまう上に、自由時間も短くなってしまいます。自給のための時間も無くなり、何でも買って済ます「依存型ライフスタイル」に戻ってしまいます。すると支出が多くなり、収入が絶望的に足りなくなってしまいます。

月３万円ビジネスは、社会的に良いことで自分が好きでたまらないことを重ねるようにしますから、やり甲斐のある仕事になります。やり甲斐のある仕事だと、いくら時間が掛かってもよいような気分になりがちですが、そうならないよう気を付けます。テーマはいくらでもあるのですから、その中から「月２日以内でできそうな仕事」を選ぶようにします。

### (2) 月３万円ビジネスの実例

参考までに、実例も６つほど、紹介しておきましょう。

①オーガニックマルシェ

小山博子さんの月３万円ビジネスは、「オーガニック・マルシェ」。有機野菜の朝市を少しお洒落に言ってみました。小山さんは「いいこと好き・活動好き」の30代既婚女性です。友人の浜口夫妻が栃木県那須町で営むオーガニックレストラン「アワーズ・ダイニング」の庭を無料で借りて、月に２回だけ「オーガニック・マルシェ」を開催しています。

マルシェには有機野菜を栽培している仲間が出店します。但し10軒限定。出店料は1回1500円。一般の朝市の約半額です。これで小山博子さんの月収は３万円になります。３万円の収入のことは出店者にも購買者にもオープンにしています。実は、「道の駅の朝市」では「無農薬」などの表示はさせてもらえません。農薬を使う出店者への配慮なのでしょう。残念がっている栽培者に場所を提供したい…というのが小山さんの動機でした。

「場所代が0円」というのがポイントの一つです。仮に場所代が1万5千円だとすると、小山博子さんの収入を月３万円にするためには、出店料を倍にするか、出店者数を倍に増やさなくてはなりません。これでは出店者が面白くない。だから、場所代０円がポイントになります。

月に２回だけ空いた場所を貸すのだから、浜口夫妻にとっては大した支障はありません。有機野菜を栽培する農家や有機野菜を購入する人たちと仲良くなるメリットも期待できます。売れ残りの有機野菜を安く引き取るという余禄もあるかもしれません。

大規模では人と人の交流は希薄になります。小規模で定期的に、そして継続的に行われる「オーガニック・マルシェ」は、有機野菜を媒介にして「人と人の繋がりが生まれる場」に確実になりつつあります。スタートしてから２年経ち、生産者同士、生産者と客、客同士…、繋がりがだんだん広がってきました。仲間好きの小山さんは「愉しくてたまらない」と言っています。

②買い物代行サービス

経済産業省によると、「買い物難民」が約600万人もいるそうです。つまり、日本人の20人に1人が買い物に行けなくて困っている。コンビニエンスストアやインターネット通販の普及を考えると、にわかには信じがたい話です。そこで「買い物難民のための買い物代行サービス」を月3万円ビジネスにする。「ちょっと待て、そんな話はどこにでもあるぞ」と思うかもしれません。確かにネットで検索すれば、10万件くらいヒットします。でもよく見てください。ブランド物のファッション品や海外商品など、高額商品の買い物代行に限られていることが分かるはずです。「買い物難民のためのサービス」は、実は存在しません。

軽トラックで回れる範囲で、買い物に困っている人を10人だけ見つけます。経産省の発表が正しいとすれば、200人に当たれば10人は見つかる計算です。週に1回だけ御用聞きに行って買い物をして届ける。買い物をする店はスーパーなど6店舗に絞る。試しにやってみたら5時間くらいで回れました。で、1人から1回当たり800円の手数量をいただく。月に4回で3200円。これくらいなら、喜んで頼んでくれる人を10人探すことはさして難しくありません。10人で月に32000円。ガソリン代の2000円を差し引くと、月に3万円の収入になります。要する時間は月に20時間ほどです。

「便利屋」とか「何でも屋」というのが一時流行ったことがあります。この頃は聞かなくなりましたが、まだ存在します。買い物を頼むと代行してくれますが、1回当たり3千円くらいが相場です。月に4回で12000円。お金持ちしか頼めません。専業にしようとすると、高級ファッション品のような高額のものに絞るか、お金に余裕のある人に絞らないと成り立たなくなります。月3万円ビジネスなら、本当に困っている人を対象にすることができます。月3万円ビジネスの面白いところです。こういう例は、実はたくさんあります。

この月3万円ビジネスの一番大事なポイントは、買い物に困っている人との温もりのある人間関係です。心をこめた買い物をしてあげます。10人という少ない人とのお付き合いだから、温もりのある人間関係を維持できます。

欲張って多くの人と付き合うと、人間関係が希薄になり、安売り合戦に陥ります。

### ③オーガニックコーヒー

2003年、「非電化コーヒー焙煎器」を作りました。コーヒー生豆を煎るのに5分、冷ますのに10分、挽くのに5分、淹れるのに5分。合計すると、ナント25分も掛かります。その上、技を磨かないと美味しくは煎れません。この厄介なコーヒー焙煎器が、7年間でナント9千台も売れました。宣伝などしたことも無いのに不思議です。手足を使い、技を磨く。丹念に淹れた自分好みの極上のコーヒーをじっくりと味わう。そういう時間を無駄と考えるのではなくて、愉しむ…。そんな人がどうやら増えてきたようです。

そこで、煎りたて・挽きたて・淹れたての、美味しくて健康的な「オーガニックコーヒー」を安価で愉しんでもらう…という月3万円ビジネスはどうでしょうか。月に2回だけ、「コーヒー・パーティー」を開きます。場所は友人宅を順繰りに使わせてもらう。参加費は1人400円。参加者は8人程度。400円から材料費200円程度を差し引いた200円は場所を提供して下さった方の光熱費に充てます。

コーヒーの美味しさに感激して、自分で「煎りたて・挽きたて・淹れたてコーヒー」を毎日飲みたいという人が、8人の内に1.5人は現れます。その人にコーヒー焙煎器（5千円程度）とオーガニックのコーヒー生豆を提供します。一年後には36人の「煎りたて・挽きたて・淹れたてコーヒーマニア」が誕生します。この月3万円ビジネスの実践者の経験値です。

非電化コーヒー焙煎器

1人のコーヒーマニアは年に10kgほどのコーヒー生豆を購入します。煎った上質の豆だと1kg分の購入価格は4千円程度。そこでオーガニックの、つまり農薬も化学肥料も使わない上質の生豆を、1kg当たり2500円程度で提供します。購入した人は年に1.5万円ほどの節約になります。36人の生豆の購入額合計は年間で90万円。その内の4割程度が手数料収入になるので、年間の収入は36万円。つまり月3万円です。

人がモノを買うのは、「いいものが安い」という合理性が全てではありません。「愉しいから買う」という要素の方が時には大きい。だから愉しんでもらう努力は必須です。一般のビジネスでは、新規に売ることばかりに力を入れます。だから年ごとに売れなくなって辛くなります。月3万円ビジネスでは、温もりのある人間関係を何よりも大切にします。だから仲間が増えてゆき、だから人生が豊かになります。

④雨水トイレ

「ウンチとオシッコを流すのに、月にいくら払っている？」という問いには、誰も答えられません。トイレ用も風呂用も洗濯用も炊事用もまとめて2ヶ月に1回、銀行自動引き落とし。だからトイレのためにいくら払っているのか、誰も知りません。トイレに使用する水は月に7.6㎥で2464円。東京都で4人家族の場合です（都統計）。上水道代と下水道代が半々。値上がり傾向なので、3年先を予想すれば、月に3千円。20年で72万円。

そこで、「雨水トイレ」という月3万円ビジネスはどうでしょう。屋根に降る雨水をタンクに溜めておいて、ウンチやオシッコは雨水で流す。平均的な戸建て住宅の屋根に降る雨の量は年に約200㎥。この45%を使えば、トイレ用の水はタダになる計算です。

とはいえ、現実にはタダにはなりません。雨は平均的には降らないからです。東京都のデータを使って計算すると、タンクの容積が1㎥の場合、80%程度の雨水利用率になります。雨水トイレはタンクが空になったら、水道水に自動的に切り替わります。この程度の装置はワケ無くできます。80%の雨水利用率だとすれば、20年間で節約できる水道料金はナント58万円。

この設備を10万円で請け負う。20年間で58万円節約できる雨水トイレに10万円を払ってくれる人を、月に1人探すのは難しくありません。材料費は7万円。月に1軒だけ注文を受けることにすると、月収3万円。所要日数は1日程度です。

「日本は水資源が豊富」と多くの人が思っています。でも、それは昔の話。今は水が足りません。これからは、ますます足りなくなるでしょう。だから

「水を大切にしょう」と考えたり、活動している人は実は多くいます。こういう社会運動と連携すれば、月に１人の注文はもっと楽に得られるはずです。
一般の競争ビジネスでは仕事と社会運動と文化活動と家庭は相対するものとなることが多いのですが、月３万円ビジネスでは仕事と社会運動と文化活動と家庭をなるべく融合するようにします。水を守る社会活動をすれば、雨水トイレの月３万円ビジネスも上手く行く、という具合です。

⑤アップサイクルアート
高度経済成長という時代が50年も続きました。長すぎたからツケが溜まりすぎました。環境へのツケ、安全へのツケ、地方へのツケ、子供へのツケ、年寄りへのツケ、心へのツケ…とにかくツケだらけです。だから、「ツケ払いの時代」がすでに始まっています。
しかし、貧しい昔へ逆戻りしたくはない。だから喘いでいます。国も喘いでいるし、地方も喘いでいるし、若者だって喘いでいます。しからば、「リサイクル」ではなくて、「アップサイクル」（9章コラム）というのはどうでしょう。「貧しい昔」への逆戻りではなく、「新しい豊かさ」を愉しみながらツケを払う。この視点で考えると、月３万円ビジネスのテーマはたくさん生まれます。なにしろ、月に３万円だけ稼げばいいのですから。
アップサイクルの一つは、「アップサイクル・アート」。例えば、英国の「エルビス＆クレーゼ社」が廃品の消防ホースから作ったバッグは有名です。デザインがステキで長持ちします。その割には安い。だから良く売れています。「廃品利用だから、商品性は低くてもいいだろう！」では、ただのリサイクルになってしまう。「アップサイクル」と「リサイクル」の違いをよく理解していただきたい。まずは「商品としてステキ」で、それが「ナント廃品利用だったというビックリ」が加わる。自称エコ派としては購入して自慢せずにはいられません。ドイツの「プラネット・アップサイクリング」という店に並ぶ商品は「アップサイクル・アート」のレベルと言ってよさそう。自転車の古タイヤを切り刻んで作ったブレスレットは、スゴイ！
試しに “Upcycled” をキーワードにネット検索してみれば、実例が山ほど出てきます。それらをヒントに「新しい豊かさ」を実感できる月３万円ビジネスを考えてみていただきたい。ビジネスとしては、ワークショップのスタイルでもいいし、カフェやレストランの片隅に展示して委託販売というスタイルでもいい。「ステキ＆ビックリ」のレベルに達していれば、月に３万円稼ぐことはそんなに難しくありません。「ダサイ＆平凡」のレベルでは、月に３千円稼ぐことも困難です。すでに始まったツケ払いの時代を愉しく生き抜くには、「シナヤカなセンス」がきっと必要なのだと思います。

⑥非電化冷蔵庫

「電気が無くても冷やせる」と言うと驚く人が多い。人が驚くと愉快なので、「非電化冷蔵庫」を発明してみました。2001年の話です。モノの表面から赤外線が空に放射されるとモノは冷える。この放射冷却を積極的に起こさせて水を冷やす。冷えた水で庫内を低温に保つ。こうすれば非電化冷蔵庫ができる理屈です。やってみたら、本当に冷えました。

「夏に羊の肉が３日で腐る」とモンゴルの遊牧民が困っていたので、非電化冷蔵庫を作ってあげたら、涙を流して喜ばれました。2004年の話です。「非電化冷蔵庫が欲しいから売ってくれ」と言う日本人がたくさんいます。この頃の話です。

「非電化冷蔵庫なら自分で作れるよ」と言うと、「できない」と皆が答えます。「専業生産者」と「専業消費者」とに、この国では分業が進んでしまったようです。しからば「非電化冷蔵庫ワークショップを開くから」と募集したら、20人の定員が２日で埋まりました。熊本から２日かけてワゴン車で来たご夫婦もいました。出来上がった非電化冷蔵庫を持って帰るためです。

このような「モノ作りワークショップ」を数限りなくやってきて、よく分かりました。文化系のお母さんだって、小学生だって、ジイさんだって、アフリカ人だって、本当はモノ作りが好きでたまらない。モノ作りをしている時の顔は輝いているし、出来上がった時には涙ぐむお母さんだっています。本当は好きでたまらないのに、作らないクセが付き、作れないと思い込み、専業消費者に収まっている。何かの罠に違いありません。

そんな罠を取っ払うのが、「モノ作りワークショップ」。簡単な割にはスグレモノができる…そういうテーマを選びます。参加者全員がハンパでない感動を持って帰れるように、アレヤコレヤ配慮します。モノ作りワークショップは月３万円ビジネスとの相性が良いようです。テーマはたくさんあります。

非電化冷蔵庫はほんの一例にすぎません。説明は省きますが、月に２日程度の仕事日数で月に３万円を稼ぐことは難しくはありません。

### ⑦天ぷら油で走る車

天ぷら油の廃油で車を走らせる。「エコでカッコイイ」と思いませんか。先日もミュージシャンの松谷冬太さんに勧めました。天ぷら油の廃油をもらいながら巡業公演する。車から電力を取り出すこともできます。「今、使っているスピーカーの電力は、この町の○○さんからいただいた天ぷら油の廃油で…」などとトークする。いい雰囲気になりそうです。

車でなくてもいい。定置型のディーゼルエンジン発電機を設置し、天ぷら油の廃油で自家発電する。府中にある「カフェ・スロー」の吉岡淳さんに勧めたら「ヤル！」と叫んでいました。天ぷら油の廃油を持参してくれたお客には、コーヒーのサービス券を渡す。客と店の間にエコな共感が生まれるかもしれません。

植物油でディーゼルエンジンを動かす方法としては、「BDF（バイオ・ディーゼル・フューエル）」が有名です。天ぷら油の廃油からBDFを作る、あるいは菜の花を栽培して菜種油からBDFを作る。作ったBDFでディーゼルエンジンを動かします。但し植物油からBDFを作るには、薬品を使って植物油の中のグリセリンを取り除きます。僕もたまにやるけど、少しばかり面倒です。費用も掛かるので、実施する人は少数です。

実は、天ぷら油の廃油そのままで、車を走らせることもできます。僕のオススメはこちら。グリセリンを取り除かないので、油は粘っこい。だから寒い時には、ディーゼルエンジンの配管の細いところで詰まってしまう懸念があります。そこで寒い時には、エンジン始動時と停止時だけは軽油に切り替える。つまりタンクを一つ追加し、追加したタンクには軽油を入れておいて切り替える。このようなやり方は「SVO（ストレート・ベジタブル・オイル）」と呼ばれます。普通のクルマやディーゼルエンジン発電機でSVOが使えるように改造するには、タンクを追加して切り替えられるようにすればOK。きちんとやれば、法律には触れません。

栃木県那須塩原市在住の諸留章二さんの月３万円ビジネスは、「天ぷら油車に改造ビジネス」です。諸留さんは技術者ですが、クルマやエンジンについては全くの素人。天ぷら油車に改造することを自分でやってみたら、簡単にできたので感動したそうです。そこで、自分の車を天ぷら油で走る車に改造したい人から、改造作業を3万円で引き受けるビジネスを始めることにしました。要する時間は半日程度。ひと月に1台だけ引き受けます。エコな会話もたっぷりします。ひと月に1人、いい仲間が生まれるかもしれません。

## 6. 罠から抜け出す

この国でパン屋を開業すると、一体何が起きるでしょうか。設備のリース代が月に10万円、電気代が15万円、家賃が12万円、従業員2人の給料が月に40万円。家計費35万円を加えると112万円。これだけを稼ぐために週に7日、朝5時に起きて夜11時半に寝ます。そして10年で身体を壊して、借金を残してやめます。これが大まかな平均像です。確かに収入は大きいのですが、これを「幸せ」と言えるのでしょうか。

そこで、僕の弟子たちは「非電化パン屋」というプロジェクトを、ゆったりと進めています。5～7人でパン屋を1軒ずつ立ち上げてゆきます。はじめに栃木県真岡市の小林有子さんのパン屋を3ヶ月で立ち上げました。2013年11月のことでした。次は長野県松本市の伊藤康治さん、次いで横浜市の牧村秀俊さん。安い材料を使って自分たちで作るから、費用はたったの30万円しか掛かりません。みんな家造りの素人です。石窯もみんなで一緒に作ってしまいます。電気釜ではないので、設備費も電気代も掛かりません。家賃も要りません。だから、週に3日だけ働けば生計費は賄えます。スタッフを雇う必要は無いので、人件費もタダです。残りの4日は自由時間です。小林有子さんの場合は、大好きな果物作りや野菜作りに励んでいます。愉しい上に支出が減ります。ストレスは皆無で仲間も増える一方です。収入は小さいのですが、幸せと言ってもよさそうです。

圧倒的に多くの若者が、「収入が多ければ幸せ」と思い込んできました。多くの収入を稼ぐために自由時間を減らします。自給自足の時間が無いので、何でもお金で買います。ついには何かを買うことが快楽になってきます。すると支出が更に増えるので、もっと収入が欲しくなります。自由時間はますます減って、支出が増えます。つまり、悪循環です。

このような悪循環は、「経済成長の罠」と言っても差し支えなさそうです。この罠から抜け出して、「新しい形の幸せ」「新しい形の仕事の選び方」を実現する若者が世界中に現れはじめました。罠から抜け出すために最も大切なのは、仲間の存在でしょう。仲間がいればお金が無くても何とかなります。技術が無ければ、技術が得意な人を仲間に入れます。次に大切なのは、支出が少ない生活を愉しむ知性。みんなで自給自足に励むと愉しく支出を減らせます。物を交換したり共有するのも、支出を愉しく減らす方法の一つです。

今、世界中の若者が繋がりを強めています。他愛ない話のやりとりをして居心地の良い雰囲気をつくったり、孤立していないことを確認するレベルの繋がりに留まっているケースが多そうですが、繋がりのレベルを上げて、罠から愉しく抜け出す共同作業に発展させてはいかがでしょうか。

### キーワード解説

●**共生社会**　競争社会と対極の社会で、人と人が合意に基づき、自然との調和を保ちながら、助け合って生きてゆく社会のこと。競争社会が激しさを増し、環境問題や格差問題をはじめとする様々な社会的問題が露わになるにつれて、共生社会を指向する人やコミュニティーが世界中で増えはじめている。

●**マインドセット（mindset）**　あることについて固定的考え方しかできなくなっている心の枠組みのこと。「ある問題を引き起こしたのと同じマインドセットで、その問題を解決することはできない」という、アインシュタインの言葉は有名。現代の代表的なマインドセットは、「経済が成長しなければ人は幸せになれない」あるいは「エネルギーとお金を使わなければ豊かになれない」という考え方。

●**適正技術（Appropriate Technology）**　市場が占有されたり、持続性が破壊されたり、安全性が脅かされたりしないで、生産が合理化される技術のこと。例えば大型機械は、物を大量に安く作ることができるが、高額のために一部の大金持ちしか保有できない。大型機械を保有した大金持ちは市場を占有し、多くの雇用を奪ってしまう。これに対して、1台の機械を1人の人が操作する機械は、安価であるために誰でも購入でき、作業が楽になるが人の雇用を奪わない。また、農薬や化学肥料を大量に使う農業は、生態系を破壊して持続性を損なうと共に、人や動物の安全を脅かすのに対して、農薬や化学肥料を極力使わないようにする有機農業は、持続性を損なわず、安全を脅かさないと同時に他人の雇用を奪うことも無い。

●**文明の転換期**　今は文明の転換期にあると考える人は多い。経済と科学技術と人口が巨大化し、地球規模での競争が激化した結果、地球温暖化を代表とする環境問題や資源の枯渇、市場の飽和、貧困問題などの社会的問題が噴出し、資源・エネルギー・市場の奪い合いも激化した。核開発競争も広がり、世界は平和とは逆行している。一方で民衆主義は広がり、インターネットを代表とする情報革命が起き、分断されていた人と人が世界規模で繋がりはじめた。「欲望で人を支配する」という千年続いたアングロサクソン文明から、「共感がエネルギーを生む」という文明への転換が予期される。

●**複業**　筆者の造語で、いくつかの正業を複数持つこと。文明が繁栄している時には、仕事は分業化・専業化されるが、文明の転換期には仕事も学問も芸術も複業化するのが常のことだ。必然的に一つ一つの仕事は小さなスケールになる。

●**非電化**　筆者の造語で、電気を使うことが当たり前になっていることを、電気を使わずに愉しくやること。電気を否定するわけではないが、不必要に電気を使って不必要に不幸せになる必要は無い。そこで、非電化という選択肢を増やし、自分にとって幸せなのはどういうライフスタイルなのかを考えるきっかけ作りが目的。栃木県那須町の非電化工房には非電化のテーマパークが建設され、「エネルギーとお金を使わないでも得られる豊かさ」の実例がたくさん展示されている。

●**月３万円ビジネス**　筆者の造語で、月に３万円しか稼げないビジネスのこと。いいことしかテーマにしない。奪い合わないで分かち合うことが原則。日本や韓国で、若い人がゲーム感覚で取り組みはじめている。

●**アップサイクル**　英国生まれの新しい言葉。廃品を再生したり、部品を取り出したりして再利用することを“リサイクル”と言うのに対して、“アップサイクル”は廃品を利用して新しい価値を生み出すことを特徴とする。例えば、廃品を利用してアートレベルの高いものを生み出すことをアップサイクル・アートと呼ぶ。

## 読んでみよう

①**アリシア・ベイ・ローレル著（深町真理子訳）〔1972/2001〕『地球の上に生きる』草思社.**

　自給自足の本。衣食住に限らず薬・石鹸・楽器から出産まで、ありとあらゆるものに及んでいる。全てが著者が考えて創りだしたものばかりだ。これほどに生きることをエンジョイしている人は稀有だ。自分で創ることの愉しさ、生きることの喜びを教えてくれる。

②**藤村靖之〔2006〕『愉しい非電化』洋泉社.**

電気を使わなくても快適・便利はホドホドに実現できる実例を豊富に示している。不必要に電気を使って不幸せになっている例も示している。これらを通して、豊かさや幸せについて考え直すきっかけやヒントが得られる実用本。

③**藤村靖之＋辻信一〔2008〕『テクテクノロジー革命：非電化とスロービジネスが未来をひらく』大月書店.**

経済に縛られたマインドセットを打ち破り、その向こうに持続可能で平和なビジョンを描くことを試みた本。経済成長の道具となって暴走する科学技術のあるべき姿についても具体的に提言している。

④**藤村靖之〔2011〕『月３万円ビジネス』晶文社.**

複業型で社会的なスモールビジネスである「月３万円ビジネス」を紹介した本。月３万円ビジネスのルールや特徴を詳しく述べてある。具体的な実例を21個紹介している。地方で仕事を生み出すためのセオリーも述べられている。これからの仕事のあり方や生き方についてのヒントにもなる。

⑤**E・F・シューマッハ〔1986〕『スモールイズビューティフル』講談社学術文庫.**

ドイツ出身のイギリス経済学者シューマッハによる仏教経済学の名著（原著は1973年刊行）。物質至上主義や巨大科学技術がもたらす「病的・自滅的・不経済」な経済成長を批判し、人間の身の丈にあった適正規模の技術で知足の生活を営む「精神性のある定常経済」を提唱。今日では、人と地球を大切にする持続可能な新しい経済学を目指す人々の理念的支柱となっている（例えば、イギリスのシンクタンクnef：http://www.neweconomics.org/）。

## みてみよう

食と農の世界を脅かす巨大企業とテクノロジーを考えるドキュメンタリー三選

①**ロバート・ケナー監督〔2011〕『フードインク：ごはんがあぶない』DVD販売元：紀伊國屋書店**

②**マリー＝モニク・ロバン監督〔2013〕『モンサントの不自然な食べもの：未来を生きるために知っておきたい多国籍企業のこと』DVD販売元：ビデオメーカー**

③ジャン＝ポール・ジョー監督〔2014〕『世界が食べられなくなる日：未来を生きるために知っておきたいテクノロジーのこと』DVD販売元：ビデオメーカー

韓国ソウルの大学で「月3万円ビジネス」の講義をした際のエピソードを紹介する。

1人の学生から質問を受けた。以下、その時のQ&A。

(Q) 僕は大学2年生です。月3万円ビジネスを一つやって、月に3万円の収入が増えれば夢のようです。僕にも月3万円ビジネスはできますか？

(A) 君にはできないね！

(Q) えっ、なぜできないのですか？

(A) だって、君は月に10日勉強して、月に20日遊んでいるだろう？

(Q) えっ、どうして分かるのですか？

(A) それは、雰囲気で分かるさ。延べにして10日の勉強というのは、単位を取るための受け身の勉強に違いない。残りの延べ20日は遊んでいる。そういう君は誰がどう困っているかを知らないからテーマが無い。一緒に遊ぶ友達はいても、共に生きる仲間はいない。仕事をするためのスキルも無い。つまり、テーマと仲間とスキルが3つとも無い。だから君には月3万円ビジネスはできないのだよ！

(Q) では、どうしたらテーマとスキルと仲間を得られるのですか？

(A) 遊ぶのを10日に減らして、社会活動を10日やってみたらいい。韓国にもNPOがたくさんあるのを僕は知っている。そこに加えてもらえばいい。すると誰がどこで困っているのかがよく分かる。つまりテーマが生まれる。いい人たちばかりだから仲間が生まれる。仲間がいれば、分からないことは丁寧に教えてくれる。こうして君にはテーマと仲間とスキルが生まれる。月3万円ビジネスができるようになる。

(Q) よく分かりました。そのとおりにやってみます！

どうだろうか。ソウルの学生のように君たちもやってみないか！

# 韓国で月３万円ビジネス

韓国語の「月３万円ビジネス」が昨年夏に出版されて、よく売れています。韓国の若者はストレスが大きいので、この本に答えを求めたのかもしれません。

韓国は激しい格差社会です。競争に負けて中産階級に留まれないと、人生は悲惨です。その恐怖心で競争に参加している。ストレスが大きいのは当然です。10歳から30歳の死因のダントツ１位は自殺という。むごすぎます。

韓国の若者たちに月３万円ビジネスの講義をしました。いいことしかやらないこと、愉しく稼げること、ノーリスクであること、一つの月３万円ビジネスに要する時間は月に２日以内であること…などなどです。そして、彼らに質問しました。「君たちが月３万円ビジネスだけで生計を立てるとしよう。3Bizを何個やるのが一番幸せかな？」と。

１人の青年は「5個ですね。月に15万円でしょう！」。隣の青年は「僕は10個ですね。月30万円でしょう。すごいですね！」。別な青年は「15個で45万円稼ぎたい」……こんな答えばかりでした。

「つまり、収入が多いほど幸せっていうことか？」と聞くと、「あったりまえじゃん」と反応します。「僕なら月3万円ビジネスを3つが一番幸せだと思うけどなあ」というと、「たったの９万円で何が幸せなのさ」と会場は騒然となりました。

「一つの月３万円ビジネスには月に２日しか掛けないから、３つで月に６日。残りの24日は自由時間だよ。つまり週休6日。週に6日も自由時間があれば、食糧や住む家や使うエネルギーを、みんなで愉しく作るのは難しくない。支出が少なくなるから、月３万円くらいは貯まる。ストレスは溜まらない。身体は健康で、仲間も増える一方。毎日が喜びに満ちている。こういうのを幸せというのだと思うけどね。君たちは収入が多ければ幸せというけど、自給率はゼロ。なんでもお金で買う。支出が多いから収入を増やそうとする。自由時間はますます少なくなる。お金は貯まらない。ストレスは溜まる。身体は悪くなる一方、仲間も減る一方。どこが幸せなんだろう…」と首をかしげてみせました。

「月３万円ビジネスを何個やるのが一番幸せ？」と、もう一度聞きなおすと、全員が３個と答えました。ここまでに要した時間は10分だけ。「収入が多ければ幸せ」という、20年も縛り付けられてきたマインドセット（心の枠組み）が、たった10分の講義で解き放たれました。涙ぐんだ青年も何人かいました。失いかけていた勇気と希望を取り戻したのかもしれません。

**（藤村靖之）**

# 第２部

# 幸せな未来をつくることが<br>持続可能な働き方・暮らし方になる

## 第 2 部のねらい

新しい時代を切り開くことを自分の仕事・暮らしとしている9人の先輩たちに、自らのライフヒストリーと現在のチャレンジ、その中での仕事と暮らしのありようについて語ってもらいます。パーマカルチャー、ソーシャルビジネス、お金と金融、フェアトレード、ダイバーシティ、メディア、エネルギー。そこでは仕事と暮らしの垣根がありません。自分の納得いく働き方を追求することが、持続可能な世界をつくることになる。そのいきいきとした姿を味わってください。

# 第4章

# Be The Change!
# みんなが大切にされる社会づくり

**ソーヤ海（そーや・かい）**

1983年東京生まれ、日本＆ハワイ育ち。カリフォルニア州立大学サンタクルーズ校で心理学と有機農法を学ぶ。2004年よりサステナビリティの研究と活動を始め、同大の「持続可能な生活の教育プログラム（ESLP）」のコース運営に携わる。コスタリカや米国で自給自足生活を学んだ後、日本に帰国。共生に関わる活動を中心に、東京大学大学院サステナビリティ学教育プログラムに参加（自主退学）。「東京アーバンパーマカルチャー」を主宰し、持続可能な生活・文化・社会のシステムをデザインする「パーマカルチャー」の知恵と心を精力的に伝えている。

東京アーバンパーマカルチャー http://tokyourbanpermaculture.com

写真：渋谷のスクランブル交差点でゲリラ瞑想（コピーレフト The Future Japan）

## 共生革命家として生きる

僕たちは、何のために生きているのでしょうか？　自分の可能性を最大限に活かすとしたら、どんな生き方が理想なのでしょうか？　僕たちが、この世の中に貢献できる最高なギフトは何なのでしょうか？

僕は大学生の頃から、これらの問いを自分の心に聞き続けてきました。10年かけて見出した答えは、これからの時代を創作する「共生革命家になる！」ということでした。全てのいのちが大切に活かされる、持続可能で公正な社会を創造することが、僕のゴールでありミッションです。本当の「自立」、そして、「共生」とは何かを追求し続けてきた僕の冒険人生を紹介します。

## 1. ライフヒストリー：大学時代が大転換点に

### (1) 東京生まれ、新潟、ホノルル、大阪育ちで、ヒーローは米軍

僕は、日本人の母とアメリカ人の父の間に生まれたいわゆる「ハーフ」です。東京で生まれて間もなく新潟の田舎に7年住みました。その後ハワイ・ホノルルの低所得者地域での暮らしを経て、中学・高校時代は大阪の千里国際学園へ。高校時代、いつも「ガイジン」扱いされるのが嫌になり「日本人として認められないなら、いっそアメリカ人になってやる！」と一念発起。大学はアメリカに行くことを決めました。

当時の僕にとって、アメリカといえば、ずばり「米軍」。小さい頃からアメリカの軍隊を「カッコいいヒーロー」として描くアニメや映画を見て育ったせいかもしれません。「悪党を裁く正義の味方」「絶対に負けないヒーロー」として描かれる米軍に純粋に惹かれていました。一方では、日本の平和教育の影響もあり、矛盾するようですが、戦争には反対でした。「平和ぼけ」していた僕には、戦争は「昔あったもの」にすぎず、現実味が感じられないものだったのです。

そういうわけで、アメリカに旅立つ時の夢は、「米軍に入隊し、エンジニアになってお金持ちになること」。そして、「大きな家と贅沢な車3台を持ち、綺麗な女性と幸せな家庭をつくること」でした。どちらの夢も、メディアや

教育によって植え付けられた「サクセス・ストーリー」のイメージから生まれたものだったと思います。「成功している人」「幸せな人」はお金もモノもたくさん持っていて、男性なら若い綺麗な女性と付き合っている……。深く考えもせず、そんな作られた「ストーリー」を心底信じていたのです！

### (2) 2001年、9.11で目覚める：一転して平和活動へ

そんな僕の人生を大きく揺さぶる転機となったのは、大学が始まる数日前の2001年9月11日、ニューヨークで起こった「同時多発テロ事件」[1]でした。その日、僕は10日間の自然体験を通して心の準備をする「入学前オリエンテーションキャンプ」で山の中にいました。下山して入ったカフェのテレビで目にしたのは、ビルに突っ込む飛行機の映像。まるで映画のようでした。自分とは関係のない世界のことのように見ていたのを、今でも覚えています。ニューヨークに家族がいる友達が僕の隣で必死に電話をかけ始めてようやく、事態の深刻さを感じ始めました。

アメリカは、この日から急激に変化していきます。大学では9.11の話題が授業内外で交わされ、メディアは飛行機が突撃する映像を数カ月間ひっきりなしに流し続け、その後「アフガニスタン報復計画」を喧伝し始めました。米軍が「テロリズム[2]との戦い」と称してアフガニスタン空爆を開始した日は、抗議のために数百人の学生が授業を欠席、デモ行進で大学を封鎖しました。これに賛同する教員も多く、授業を休講にして学生と一緒にデモに参加する教授もいたほどです。リスクを冒してでも戦争に反対する姿を目のあた

---

1　同時多発テロ事件：2001年9月11日に米国で発生した「航空機を使った4つのテロ事件」の総称。その後の米国のアフガニスタン、イラク、パキスタンと続く3つの戦争の端緒となる。「大量破壊兵器の開発」を理由に強行したイラク戦争では日本の自衛隊も派遣されたが、大量破壊兵器は発見されず、虚偽情報だったと判明。2015年現在、何十万人に及ぶ人的犠牲と膨大な軍事費の代償に得たものは、テロリスクの拡大した世界。イラクでは複数の武装勢力と米国の支援を受ける新政府の間の内戦が続き、帰還した米兵の心身障害や自殺が後を絶たない。詳細は、米国ブラウン大学ワトソン研究所「戦争の代償」プロジェクトの報告を参照（http://watson.brown.edu/costsof-war/）。

2　テロリズム：政治的目的を持って、公衆、集団または個人に対し、恐怖の状態を引き起こすことを意図した犯罪行為（国連「国際テロリズム排除に関する宣言」）で、無差別的な暴力行為を指す。現代の戦争は「国家によるテロリズム」の側面も無視できない（西川潤『新・世界経済入門』岩波新書、2014年）。

りにし、それまで抱いていた「学生」の概念が一気に覆されました。世の中の問題に真剣に向き合い行動する学生たちの姿に触発された僕は、米軍に入隊する気は全くなくなり、一転、反戦平和の道を歩むことになるのです。

僕が入学した大学は、学生活動や環境運動が盛んで、持続可能性（サステナビリティ）への強い取り組みが高く評価されているカリフォルニア大学サンタクルーズ校（University of California, Santa Cruz：以下、UCSC）[3]。社会問題への関心が高い教員や学生が大勢いる、面白い大学です。大学で出会うユニークな人々に刺激され、社会への問題意識が爆発的に開花していきました。戦争、貧困、差別、レイプ、汚職、児童労働、環境汚染、温暖化、核兵器…それまで全く興味がなかった、この時代の巨大な課題を知れば知るほど、「何とかしないと！」と強い焦りを感じるようになります。同時に自分がいかに恵まれていて、これらの問題から守られた生活を送ってきたのかにも気づかされ、社会への責任感と平和な世界づくりに貢献したい気持ちがふつふつと湧いてきました。

それからはキャンパス内外で行われる社会活動に積極的に参加し、次第に「授業より、授業外の活動の方が勉強になる」と思い始めます。現実社会と大学の講義の間に大きなギャップを感じていました。米国が他国を大々的に侵略している間、その現実とは全く関係のない内容の授業をおとなしく座って受けている自分。毎日多くの人が無差別に殺されている中で、「僕は講義室でいったい何をしてるんだろう？」と疑問に思う日々でした。

### (3) 真のヒーローを見つけ、活動家になる

そんな僕が大学で取り組んだことは主に３つあります。１つ目は反戦活動。戦争の真相を学ぶ勉強会を開いたり、貧困地区の若者を狙い撃ちにした「貧困徴兵」[4]式の軍隊勧誘に抗議したり。様々な活動を展開し、軍隊の勧誘を差し止める活動が全米ニュースに取り上げられると、UCSCは学生反戦運動で

---

3　2015年版「The Princeton Review's Guide to 332 Green Colleges」でTOP50校に選ばれている。

4　貧困徴兵：軍のリクルーターが貧困層や移民系の若者をターゲットに軍に入れば衣食住も大学の学費も市民権も手に入るとして志願を勧誘すること。経済的徴兵制ともいわれる。その実態は、マイケル・ムーア監督「華氏911」（DVD）、堤未果〔2008〕『ルポ貧困大国アメリカ』、〔2010〕『ルポ貧困大国アメリカ2』ともに岩波新書、日本の状況は、布施祐仁〔2015〕『経済的徴兵制』集英社新書でよくわかる。

一躍有名に。「学生の小さな活動がこれだけの反響を与えるんだ！」と勇気づけられる一方で、戦争推進派からは「非国民」と非難され、「国家の安全を脅かす団体」として国防省にマークされていると全米ニュースが暴露したり[5]、学内デモ中に催涙ガスを吹きかけられたり、友達が警察に殴られたりと、酷い目にも遭いました。

それでも活動を続けたのは、罪もない人々の虐殺が他人事とは思えず、一人の人間として暴力を止める責任を感じたからです。そして、そんな状況でも、おかしいことには「おかしい」と声をあげ、諦めずに行動する多世代の平和活動家こそが、「真のヒーロー」だと感じていました。僕の中で「活動家」とは、「社会のために行動する人」のこと。彼らは非暴力・非服従運動でイギリスの植民地支配を終わらせたガンジー[6]のように、権力の脅しや暴力に屈せず、「私は従わない」と勇気をもって発言し、社会のために行動していました。

2つ目に頑張ったのが有機農業。UCSCのキャンパスには、学生が自由に使える有機農場があり、オーガニック・フーズが大好きな人たちと、実践を通して有機農業を学びました。農園で収穫したての果物や野菜を持ち寄り、一緒にご飯を食べながらミーティングすることも。種を撒き、水をやり、収穫し、食べる——とってもシンプルな行為ですが、いのちの源と繋がる愉しい時間でした。僕にとって、反戦運動は「いのちを守るために暴力を止める愛の活動」で、有機農業は「いのちを育み、自然との繋がりを深める活動」。2つは繋がっているのです。幸せに生きるために、平和（非暴力）と自然の恵みは欠かせない。そう信じて反戦活動で疲れた心身を農園で癒し、有機農業

---

5　9.11テロ直後、「反テロ法」として「愛国者法」が議会でスピード可決され（後に恒久法化）、国家機密保護・公安活動として、国内の全通信盗聴、個人情報一元化、「テロリスト関係者または彼らと少しでも接触のあった外国人」の入国時の令状なしの連行・収監・拷問、報道規制が始まり、反戦デモ参加者やジャーナリストが逮捕されるようになった。

6　モーハンダース・カラムチャンド・ガンジー（Mohandas Karamchand Gandhi, 1869-1948）：「非暴力・非服従」と「自治・自給自足・経済自立」を提唱し、イギリス植民地支配からの解放を導いた世界的思想家。「インド独立の父」・「マハトマ（偉大なる魂の意味の尊称）・ガンジー」と呼ばれる。ガンジーの《非》の思想は、暴力による衝突を超えた抵抗方法としての非暴力、服従／被服従関係からの解放表現としての非服従、ヒンズー教の枠を超えた包括的な宗教としての非宗教とされる。

では解決できない社会問題には自ら変化の担い手になって立ち向かっていきました。

3つ目に全力で取り組んだ活動は、学生の学内環境活動から生まれた「Education for Sustainable Living Program（ESLP）：持続可能な生活の教育プログラム」の運営です。このESLPの教育モデルを日本中に広めたいと思っているので、詳しく説明します。

### (4) 持続可能な生活の教育プログラム（ESLP）で変化をもたらす

#### ①ESLPのミッション：大学や地域をサステナブルに変える

ESLPは、山積する社会問題にも学生の学びのニーズにも応えられない教育にウンザリした学生たちが、「変革のための教育」として、教育活動家とつくった「共創・協働型実践教育モデル」です。2003年に有志の学生が立ち上がり、欲しい教育を自らデザインし、著名人、教職員、学内関係組織の力を借りて、「持続可能な生活を実践する学びの体系」としてESLPの正規カリキュラム化を実現しました。

ESLPの使命は、「学習の形を変え、学問の境界を越えて学際的・協働的に学びあうことで学生を力づけ、大学や地域コミュニティをより持続可能にしていく実践型プロジェクトに取り組むこと。クラスやゲストスピーカー講座の運営を経験し、持続可能性のコンセプトを大学や社会全体に根付かせていく変革への意欲を参加者の中に呼び起こすこと」（2014年度版ESLP Mission Statement-UCSC）。だから筆記試験はありません。学生自身が習得した知識とノウハウを使って、一番身近なキャンパスをサステナブルな環境に変えていくこと、持続可能な生活を自ら実践できるようになることが求められるのです。

#### ②ESLPの運営：学生主体で動かす

僕がいた頃は8人くらいの学生で運営していました。教員や大学からのサポートはあるものの、基本は学部生と卒業生からなる運営チームが中心になり、カリキュラムデザイン、教科書やシラバスの作成、受講生への指導、その指導にあたる学生のトレーニング、資金管理、プログラムの管理・改善など、全てのプロセスを担当します。教育の対象である学生自身が主体となり、学びのデザインと実践を行う——ここが最も重要なポイントです。

### ③ESLPの特徴1：実践者に学ぶゲストスピーカー講座

ESLPの二本柱は、毎週月曜夜に開く「ゲストスピーカー講座」と、学生がチームを組んで実践研究プロジェクトに取り組む「アクション・リサーチ・チーム」。ゲストスピーカー講座は地域に開放し、学生から一般市民まで誰でも参加可能。「学びの場」を多様な人たちと分かち合う「教育のシェア」がねらいです。講師は、環境活動とエコロジカル思想で世界をリードするインドのヴァンダナ・シヴァ[7]やサティシュ・クマール[8]、アメリカ先住民、スターバックスに搾取される中南米コーヒー農家、イラク戦争元兵士の反戦運動家、キノコ博士ポール・スタメッツ[9]、政治家、芸術家など、男女比や文化背景、社会的立場、年齢、活動の多様性に配慮して選定し、持続可能性を様々な観点から考え、好奇心や情熱を分かち合う機会となるよう工夫します。講演後は考えたこと参加者同士で対話する時間を持ちます。一方的に情報を与えてお終いではなく、その場にいる誰もがユニークな人生経験と視点を持つ「学びに貢献できる人」と考え、一人ひとりの力を集団で相乗的に活かす「コレクティブ・ジーニアス（集合天才）」を目指すのです。

---

7　ヴァンダナ・シヴァ（Vandana Shiva, 1952-）：インドを拠点に活動する世界的な環境活動家・科学哲学博士。種や命を守る必要性を唱え、有機農法の研究と普及に取り組むNGOナヴダーニャ、科学・技術とエコロジー研究財団などを主宰。1993年、ライト・ライブリフッド賞を受賞。

8　サティシュ・クマール（Satish Kumar, 1936-）：インド生まれの哲学者。英国で最も歴史ある環境雑誌『リサージェンス』（再生の意）編集長。持続可能な社会づくりを学ぶシューマッハーカレッジ創設者。9歳でジャイナ教の修行僧になり、18歳のとき還俗、ガンジーの非暴力と自立の思想に共鳴し、2年半かけて核大国の首脳に核兵器の放棄を説く1万4000キロの平和巡礼を行った。

9　ポール・スタメッツ（Paul Stamets, 1955-）：「キノコ博士」の異名をとる菌学者。キノコなどを利用して森の再生や環境修復・改善・浄化する技術「マイコレミディエーション（mycoremediation）」を提唱。

### ④ESLPの特徴2：有形の変化をもたらすART

ゲストスピーカー講座で触発された学生に行動を促す仕掛けが、「アクション・リサーチ・チーム（Action Research Team：以下、ART）」。少人数チームで実践研究を進める共創・協働型のプロジェクト学習です。目標は、キャンパスや地域コミュニティを持続可能にするために目に見える「有形の変化」をもたらすこと。受講生は興味あるテーマを選んでARTを編成し、大学を「実験と実践の場」として、様々なアクションリサーチを繰り広げます。

僕たちの頃は、例えば「温暖化ART」が、学長、NPO、電力会社など様々な利害関係者と連携し、大学が消費する電力（5000万kWh）を100％自然エネルギーに切り替えることに貢献。「食料システムART」は、地域の畑や工場など生産現場を訪れ、大学の食料消費実態調査もして、フードマイレージ削減と持続可能な有機農業支援を目的に「大学食堂・カフェの地産地消化」を推進。大学で大量消費されるコーヒーもフェアトレード以上に生産者に有益な「産直提携」に切り替え、コーヒー農家を財政と研究の両面から直接支援できる体制づくりに貢献しました。他にもグリーン建築、電子廃棄物、水問題など様々なテーマのARTに挑戦していました。簡単ではないし、失敗もありますが、学びを社会変革に繋ぐ不可欠なプロセスです。

### ⑤ESLPのエンパワメント・プロセス：3Hで協働と共創を促す

そんなARTが重視するのが、テーマを深く研究して理解を深め（Head）、行動を通して何かを実際に変え（Hands）、情熱と志を共有する仲間と心から支え合う（Heart）、「3Hの実践」。やりたいことを選び、自ら変化の担い手（change agent）となって動くことで、「社会は変えられるんだ！」という意識が根付いていくエンパワメント・プロセスこそが、学生の潜在能力を引き出し、仲間たちとの協働・共創を促すからです。

これまでの教育は、ヘッドに偏りがちで、学生のハンズやハートを十分に引き出せていませんでした。知識は詰め込んだものの、その知識をどう社会に役立てていけばいいのか、自分はどう社会貢献できるのか、分からずにいる若者が多いのではないでしょうか？　本来、学生は大人たちにはない自由な発想で次の時代を創るパワーを持っています。学生の可能性を最大限に引き出し、「次の時代を創造する場」として大学を革新的に変える試みが、

ESLPの実践なのです。

### (5) スーパーマーケット勤務から、再びESLPに全力投球

UCSCを卒業後、僕は自然食品のスーパーで働き始めました。レジ打ちを毎日8時間、時給900円。お客さんにただ“Hi, How are you?”と言い続ける日々の中、自分の能力がちっとも活かされていないように感じていました。しかも8時間働くと、疲れてしまって、自分のしたい活動もできない。「何のために生きているのか？」と自問を繰り返し、「こんなことをするために生まれて来たんじゃない！」と僕の心が叫んでいました。

悶々としながら働いて3カ月経った頃、ティーチングアシスタントとして大学で教えるチャンスがやってきます。これは自分の人生を方向付ける転換点でした。僕はこの機会にESLPの運営にも再び全力で関わることを決めます。教育に関わりたい。平和活動や環境活動も続けたい。これからの時代を学生と一緒に実験的に創造していきたい。思っていたことが全て現実となりました。活動も仕事も遊びも全部一緒で、生き生きと取り組む同志たちとの時間が僕にさらなる学びとインスピレーションをもたらし、それが仕事に活かされる。無限の可能性の世界に生きている実感がありました。「こんな風に自分で自分の生活を創っていけるんだ」と確信できた時期でした。

この頃は、心理学部と教育学部から得る講師報酬、単発で入る通訳や研究補助の報酬、ESLPの給料といった具合に「収入源が豊富な生活」。どれか1つでは生活は回りませんでしたが、複数の収入源があったおかげで、自由で、刺激と多様性に満ちた生活が成り立っていました。

### (6) コスタリカのジャングルでパーマカルチャーに出会う

ESLPで教えながら活動に打ち込んだ2年間は、あまりに楽しく全てが新鮮で、オーバーワークも気になりませんでした。でも、忙しすぎて体はぼろぼろ、友人や恋人との関係も崩れ始めます。サステナビリティの活動に関わりながら、自分自身の暮らしは決して持続可能とは言えなかったのです。目指す世界と実際の生活のギャップに、僕は向き合わざるを得なくなりました。

全ての仕事を辞め、自分を見つめ直すために移り住んだのが、水道も電気もないコスタリカのジャングル。そこで僕は「Earth care, People care, Fair share」の3つの倫理に支えられた持続可能な共生的暮らし（図1）の実践哲学「パーマカルチャー」に出会い、新しい生き方の可能性をパーマカルチャーに見出します。それまで時間に追われ、お金がないと何もできない「不自由な消費者」に成り下がっていた僕は、パーマカルチャーを学びながら自給自足に挑戦した半年間のジャングル生活で、お金がなくても自然の恵みを利用して必要なものは自分で創る「生産者／創造者」に生まれ変わりました。食糧も育てられるし、保存法や調理法も分かるし、人糞肥料や太陽光も活用できる。生きていくために必要なことはほとんど自分でできることがわかり、何かあっても、何とかやっていける自信がつきました。何より「つくる」行為、それ自体が創造的で楽しいということも体感しました。

その後も、中南米や欧州のパーマカルチャー実践者に会いに行っては、「生きるとは、自立するとは何か」を追求する旅を続けます。世界の農園で出会った人々は、金融危機とは無縁の自立した生活を営み、「厳しく貧しい田舎生活」のイメージとは裏腹に、生き生きと自由に手作りライフを愉しんでいました。

もっと学びたいと思い、アメリカ西海岸の「ブロックス・パーマカルチャー・ホームステッド」[10]に研修生として暮らし始めた僕は、パーマカルチャーの「生きる豊かさ」に溢れた生活にすっかりハマってしまい、「みんながこうしてパーマカルチャーを実践すれば、僕が目指す豊かで平和な世界は自ずと実現する」と確信。「この森の中の豊かなコミュニティで一生暮らしていきたい」と夢見るようになっていました。

ブロックスでの研修生時代。自作のピザ釜で、みんなでピザを焼く。ソーラーステレオカートも自作 ©ソーヤ海

10　ブロックス・パーマカルチャー・ホームステッド（Bullocks' Permaculture Homestead）：文無しだったブロックス兄弟が30年以上かけて、子育てしながら創り上げたパーマカルチャー楽園。パーマカルチャー発案者ビル・モリソンがトップクラスの実践者と紹介するほどで、北米パーマカルチャー・コミュニティの中でもメッカ的存在。

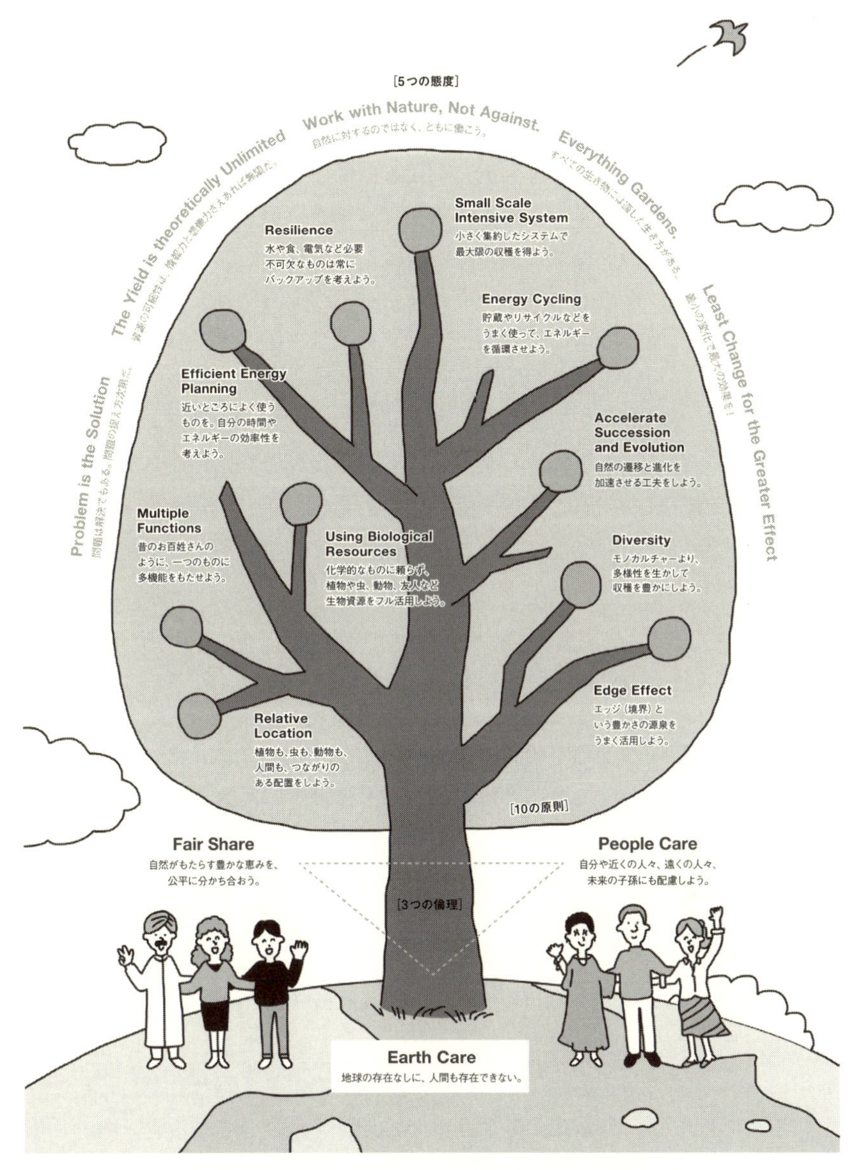


図1　パーマカルチャーの倫理・原則・態度

（ソーヤ海／東京アーバンパーマカルチャー編集部（2015）p.12）

### (7) 2011年、3.11で再び目覚め、東京へ

ところが、2011年3月11日、日本で福島第一原発事故が起き、僕は忘れ始めていた地球の過酷な現状にまた向き合わざるを得なくなります。この事故は、様々な不公正と社会の歪みを露にした出来事でした。被害者の多くは福島県民ですが、責任者の東京電力や政府機関は東京に本部があります。リスクや被害の負担は地方で、利益は首都。リスクと利益の行き先がちぐはぐです。また、原子力を推進して来たのはほとんどが男性の大人たちで、多大な負の遺産を受け継ぐのは投票もできない子どもたち。地方の犠牲の上に成り立つ「都市問題」の差別の構造と、子どもに全てのツケを負わせる「世代間の不公正」の問題が露呈しています。

いくら自分が心豊かな田舎暮らしを実践していても、それだけでは平和な世界は実現しない。本当に誰もが大切にされる世界を見たいなら、権力とお金が集中する東京の在り方をまず変えていかないと、全て夢物語で終わってしまう…そう気づいた僕は、大好きな田舎生活を保留にして、東京に帰ることにしたのです。

## 2. 東京で持続可能なライフスタイルを広める

### (1) ライフ・ワークとしての共生革命

大学時代に意識の大転換を果たした僕は、社会が敷くレールから降りました。社会の歪みに目をつぶり、このままレールに乗った生活を送ってやりすごしていたら、僕らの未来はどんどん貧しくなってしまうと強く感じたからです。右肩上がりの国債問題や、原子力発電所から生まれる何百年以上も危険な状態が続く核廃棄物の山（さらには福島原発事故の大量の放射性物質）、気候変動、生活に不可欠な資源（石油、森林、健康な土）の枯渇など、このレールの先には悲劇的な「崖」が待っています。実際に、今も苦しんでいる人が世界中に大勢います。そして、この悲劇は、誰か特定の「悪者」が引き起こしているのではなく、今の社会のレール上で真面目に働いている世界中の「ごく普通の」社会人が引き起こしているのです。

だから僕は、ガンジーの「非服従」の教えのように、おかしいと感じたことには勇気をもって「NO!」と訴え、「YES!」と思う社会を自ら創っていく

ことをライフワークにすることにしました。次世代に「負の遺産」を残さず、本当の心の豊かさを追求し、みんなが大事にされる社会を創る。そのために、時には百姓[11]、時には教育家、常に平和活動家として、「新しい文化の創作者」になることに一生を捧げると決めたのです。ロールモデルは、ガンジー、ヴァンダナ・シヴァ、ティク・ナット・ハン[12]のように「全てのいのちが大事にされる世界づくりに生涯を捧げる人たち」。目標は、ガンジーのように「僕の生き方こそが僕のメッセージだ」と言える人生を送ること。これこそが自分の可能性を最大限に発揮できる「道」だと信じます。僕の「共生革命家」という肩書きには、そんな思いが込められているのです。

ここからは、僕が今、共生革命家として関わっている取り組みを紹介します。持続不可能な今の社会の在り方を、東京で持続可能なライフスタイルを広めていくことで、クリエイティブに変革していくムーブメント。これらは全て「実験」だから、失敗を恐れず楽しく取り組んでいます。

### (2) 東京アーバンパーマカルチャー（Tokyo Urban Permaculture: TUP）プロジェクト

パーマカルチャーは、簡単に言えば「持続可能な生活のデザイン」。自然豊かな田舎だけでなく、砂漠でも都会でも実践している人は世界中にいます。身の回りの「資源」を活用して、いかに「心豊かな生活」を実現するか、「関係性のデザイン」が鍵です。またパーマカルチャーには、「The Problem is the Solution」という教えがあり、「問題の中に解決法がある」と考えます。つまり、「問題の多い都市は解決のための可能性の宝庫」ということ。そこで僕は問題だらけのメガシティ東京を舞台に、「東京アーバンパーマカルチャー」というプロジェクトを始めました。東京の生活を、文化、社会、経

---

11　百姓：「百のことができる、よろず屋（generalist）」といった意味あいで、農業に限定されない。生活に必要なもの・ことは、身近にあるもので自分の手で創り、行うといったニュアンス。

12　ティク・ナット・ハン（Thich Nhat Hanh, 1926-）：ベトナム出身の禅僧・平和人権活動家・詩人。10代で出家して禅僧になり、ベトナム戦争時は「行動する仏教（Engaged Buddhism）」運動を展開、非暴力主義の反戦を世界に訴える一方で「社会奉仕青年学校」を創設し、学生ボランティアと共に、爆撃を受けた村の再建、学校や医療施設の建設、家を失った家族や孤児の支援、農業協同組合の設立などに取り組んだ。現在も世界的な禅指導者として、今ここに生きるためのマインドフルネスの心の在り方を伝えている。

千葉のパーマカルチャー道場で土壁作りワークショップ。みんなで楽しく藁と粘土を足で混ぜながら、手で塗っていく。©ソーヤ海

済、政治にいたるあらゆる面から新しく変革していこうという試みです。

メインの活動はワークショップ。仲間を増やすために、東京はもちろん日本全国を飛び回っています。ワークショップの種類は大きく分けて2つ。1つは、パーマカルチャーでどんな世界が可能なのか、パーマカルチャーな生活がどれだけ楽しいかを、自分が関わってきた事例で紹介するもの。僕が体験してきた「創作的な生き方」を伝えることで、みんながワクワクしてインスピレーションが湧くような内容です。もう1つは、パーマカルチャーの実践。パーマカルチャーを学んで、自分の生活に取り入れます。

米国でのパーマカルチャーツアーも企画して、田舎（ワシントン州ブロックス農園）と都会（オレゴン州ポートランド）の両方でパーマカルチャー・ライフを体験してもらっています。パーマカルチャー以外にも、共感コミュニケーションや日常で実践できる禅（マインドフルネス）などのテーマでワークショップを開催しています。

さらに、僕の活動の全部をまとめた『Urban Permaculture Guidebook：都会からはじまる新しい生き方のデザイン』という本を、400人以上の人を巻き込んで創ってしまいました。クラウドファンディング[13]で資金を集め、前代未聞の「本」をパーマカルチャー的に創るという、大きな実験プロジェクトでした。結果は大成功！　今は、「パーマカルチャーと平和道場（学校）」という場を多くの仲間と千葉県のいすみ市でつくっています。

---

13　クラウドファンディング（crowd funding）：群衆（crowd）と資金調達（funding）を組み合わせた造語で、アイデアやプロジェクトの実現、製品・サービスの開発など、「ある目的」のために、インターネットを通じて不特定多数の人から資金の出資や協力を募ること。ソーシャル・ファンディングとも呼ばれる。

### (3) Wake Up! 東京プロジェクト：若者×ソーシャルチェンジ

飽くなき消費と忙しさが集中する持続不可能都市「東京」に暮らす人々を覚醒させる活動が、「Wake Up! 東京」プロジェクト。忙しい現代社会の中で、立ち止まって「いま、ここ」を味わおうと、「Wake Up! 若者瞑想会」を行ったり、原宿駅の目の前で「street坐zen」というゲリラ座禅をしたり、表参道で「歩く瞑想」をしたりしています。生活の全てを意識的に行うことを「瞑想」とよんでいるので、「食べる瞑想」「寝る瞑想」「会話の瞑想」などもやります。日々の生活の中で自分の内側と繋がる時間を持ち、平和と思いやりを心に感じることが大きな目的です。

その他に、「Power Shift Japan」という名前で、世界の若者たちと連携して「気候変動」と「エネルギー問題」を知り・考え・動き出す活動もしています。大学を学生の力で100%自然エネルギー化するキャンペーンや、誰もが振り向くカッコいい「啓発アクション」を創作し世界同時多発で実施したりしながら、次世代に負担をかける今の社会の在り方を変える、持続可能なライフスタイルを発信しています。

こうした「Wake Up!東京」や「Power Shift Japan」の活動は、欧米、中南米、アフリカ、アジアの若者たちと刺激しあって広げているムーブメントです。

## 3. ギフトエコノミー・ライフ：与えあい・分かち合う暮らしの実践

### (1) ギフトエコノミーで暮らす

ギフトエコノミーとは、互いの善意と信頼関係で成り立つ「与え合いの経済」。現在、僕の収入の大半は、この「ギフトエコノミー」方式で行うワークショップから得ています。

僕が主催するワークショップには値段がついていません（表1）。金額を指定すると、それを払えない人が参加できなくなってしまうからです。みんなに広めたい！という僕の情熱から行っているため、誰もが参加できるようにしたい。しかもお金の価値は人それぞれで、来月の家賃が払えるかどうか悩んでいる人と、ディナーに簡単に1万円を使うことができる人のお金の価値

表1　僕のワークショップを支える４つの理念

1. パッションに値段をつけない　Passion is Priceless
2. 誰でも参加できるようにする　Barrier Free
3. 受けた恩を別の人に返す　Pay it Forward
4. 豊かさを分かち合う　Share the Abundance/ Fair Share

は、僕は違うと思っています。高い安いではなく、その人にとってどれだけ価値があるのかを、心で受け止めたいのです。

この理念に賛同してワークショップに参加してくれた人は、その人に応じた参加費を払ってくれます。

500円をくれる人もいれば１万円をくれる人もいて、お金ではないギフトをくれる場合もあります。僕のブログ更新をサポートしてくれたり、採りたて野菜をくれたり、マッサージや手作りの茶碗、航空券まで、いろんなギフトをいただいてきました。

与えることにより、他の人も何かを与えたくなるのが「ギフトの法則」。与える喜びと受け取る喜びが感染していくのです。この「与え合いの世界」で生きたいと思い、実験的に始めたギフトエコノミー・ライフですが、お金のために働くことが少なくなり、自由に活動しているのにもかかわらず生活が不思議と成り立っている。自分でもびっくりです。家賃も払っているし、有機野菜を食べているし、時には海外にトレーニングにも行けて、「不便で貧しい生活」ではありません。むしろ、５年以上実験し続けて実現した「理想的な生活」かもしれません。何も期待せず、全てを受け入れる、楽しい修行でもあります。

ワークショップの収入以外には、大学での講演や、雑誌の取材、面白そうな活動や講座の通訳の仕事も受けて、活動費の足しにしています。

### (2) シェアする生き方で、モノやお金の依存度を減らす

僕は今、自然に囲まれた庭付きのシェアハウスに３人の仲間と住んでいます。朝起きてまずするのが味噌汁を作ること。みんなで１～２時間かけて朝ご飯を食べることから、１日が始まります。食前には必ずゆっくりと「いただきます」の祈りを捧げます。呼吸を整え、生きていることへの感謝を伝え、

今ここに戻ってきてから食べる。これが日々の瞑想になっています。

1日の過ごし方はまちまちですが、基本的な暮らしの流れは、活動し、生活し、休息する。この繰り返し。例えば東京で活動をした翌日は、庭の畑作業をしたり、海で1日過ごしたりして、できるだけ何もしないで休息を取り、1日に3時間以上は料理や食事の時間にかけるようにしています。食事はできるだけ出汁(だし)から自分で作り、みんなで食べられるように多めに作ります。

暮らしの自由を保つため、出費を減らす工夫もします。いかに消費を減らしながら、豊かさや余裕を増やすか。お金を使うのは家賃と食糧と交通費ですが、シェアハウスは家賃も安いし、いろんなものをシェアしあえるため、買い物も自然と減りました。服も人からもらったり、たまに古着屋さんで買ったりもするけど、基本的には何年も同じものを着ています。携帯はPHSでほぼ機能がない、月々千円以下のもの。コストも安いし機能が少ない分、依存度も低くなるからです。それに僕が持っているものを見返りなく与えていたら、必要なものが回ってくるようになってきました。シェアする生き方が良い経済循環をもたらしてくれています。

日本で「社会人になる」ことは、「企業人になる＝企業に依存する」ことだと多くの人が思い込んでいます。企業に入り、企業から収入を得て、企業から必要なものを消費する。でも、「企業に全てを委ねる」のではなくて、「自然や仲間に身を委ねる」という生き方だってあるのです。そこには、お金がなくなっても、何かが、誰かが必ず支えてくれるという安心感があります。「お金がないと何もできない」とよく言われますが、僕のような暮らしにおいては、お金を使うことは選択肢の1つにすぎません。お金がなければ、それを「別の手段」で補うことができるのです。現代社会はお金なしには生活できないと思われているけれど、それは幻想なのです。

## 4. Be the Change!：みんなが大事にされる社会を創ろう

最後に僕が伝えたいことは、人生、「レールに乗っていても、レールから外れても、辛い経験はある」ということ。僕もこれだけ自由な生活を送っていながら、10年近く愛した伴侶と別れることになって茫然自失に陥ったり、東京大学大学院に行きながらうつ病になって自殺しそうになったりしたこともあります。そんな絶望の中で救いになったのは、励まし続けてくれる家族や友達の存在、自分の呼吸と繋がりながら、「自己共感[14]」する自分の存在でした。

だから、何より大切にしてほしいことは、自分自身を大事にするということ。そして、必要な時には助けを求め、できる時には苦しんでいる人に手を差し伸べてほしい。これこそが「共生」です。今いる場所で助けあい、与えあうことから、平和な生活と世界が生まれていくのです。

だから合言葉は、ガンジーの“Be the change you want to see in the world”（あなたが見たいと望む変化に、あなた自身がなろう）。希望ある未来を創る共生革命に、あなたもぜひ、「変化の担い手」として加わってほしい。互いに思いやり、支えあう、みんなが大事にされる社会、全てのいのちが大切にされる世界を、一緒に創造していきましょう。愛に動かされて。

**読んでみよう**

① エンデ、ミヒャエル〔2005〕『モモ』岩波少年文庫.

② コエーリョ、パウロ〔1997〕『アルケミスト』角川文庫ソフィア.

③ ティクナットハン〔2005〕『あなたに平和が訪れる禅的生活のすすめ――心が安らかになる「気づき」の呼吸法・歩行法・瞑想法』アスペクト.

④ ソーヤー海監修、東京アーバンパーマカルチャー編集部編〔2015〕『Urban Permaculture Guide：都会からはじまる新しい生き方のデザイン』株式会社エムエム・ブックス.

⑤ 矢部宏治〔2014〕『日本はなぜ、「基地」と「原発」を止められないのか』集英社インターナショナル.

**みてみよう**

① ナマケモノ倶楽部〔2014〕『ヴァンダナ・シヴァのいのちの種を抱きしめて with 辻信一』SOKEIパブリッシング（DVDブック）

---

14　自己共感：自分の感情とその奥にある大事なものと繋がって、何も変えようとせずにありのままの自分に寄りそうプロセス。非暴力コミュニケーションの中心的な要素。詳細は『NVC人と人との関係にいのちを吹き込む法』。

② トム・シャドヤック監督〔2013〕『I AM/アイ・アム：世界を変える力』ジェネオン・ユニバーサル（DVD）
③ 長谷川三郎監督〔2013〕『ニッポンの嘘：報道写真家 福島菊次郎90歳』トランスフォーマー（DVD）
④ NHKスペシャル〔2008〕『NHKスペシャル映像詩 里山II 命めぐる水辺』NHKエンタープライズ（DVD）
⑤ マーチン・スコセッシ監督〔2016〕『地球が壊れる前に』20世紀フォックス（DVD）

## やってみよう

### ① コンポスト土作り

生ゴミは本来、土の栄養になるもの。生ゴミから生命に欠かせない土を作り、種とかも植えてみよう。僕のおすすめは、バクテリアでキエーロかミミズコンポスト！

### ② チェンジ・ザ・ドリーム シンポジウム

今、地球上で何が起きているのか？　僕たちに何ができるのか？　そんな質問に自分で答えられるようになる楽しいシンポジウムに参加しよう。

→ NPO法人セブン・ジェネレーションズ http://changethedream.jp/

### ③ メディテーション

心を落ち着かせ、自分の内側から平和を育もう。ヨガや瞑想がおすすめ。

→ティク・ナット・ハンのマインドフルネス瞑想 http://www.windofsmile.com/

→日本ヴィパッサナー協会のヴィパッサナー瞑想 www.jp.dhamma.org/ja

### ④ 政治と社会参加

政治とは無縁に感じるかもしれないけど、僕たちの未来は、政治によって大きく変えられていく。多大な国債や教育のコスト、戦争は政治の世界で決められていく。投票も自分の声をあげるデモも立派な政治参加だ。情報源の多様性も大事。

→ 特定非営利法人グリーンズ http://greenz.jp

→ 非営利組織アショカ財団 http://japan.ashoka.org/

→ 自由と民主主義のための学生緊急行動SEALDs http://www.sealds.com

→ オックスファム・ジャパン http://oxfam.jp

### ⑤ 弱さを持つ人間同士、支えあう

僕らの周りには「生きづらさ」を感じている人が大勢いる。互いのニーズ

に繋がり、支えあおう。

→ギフト経済ラボ http://giftjp.jimdo.com

→持続可能な社会の試み アズワンコミュニティ鈴鹿 http://as-one.main.jp/

→認定NPO法人 自立生活サポートセンター・もやい http://www.moyai.net

→認定NPO 法人難民支援協会 https://www.refugee.or.jp/support/join.shtml

## 自分の役割を探求しよう

自分の役割に気づくことができる簡単なワークを紹介します。今すぐにできます。ぜひ実践してみてください。

ちょっと立ち止まって、自分自身に意識を向けてみましょう。
まずは呼吸に集中して、ゆっくり三回くらい深呼吸をしてみてください。
呼吸は、僕たちがこの瞬間に生きているという証拠です。
この貴重な酸素は、海や森からの恵み。
体の中に息が入ってゆき、そして出ていくのを感じてみてください。
深い呼吸をすると、心が落ち着いていきます。
今ここで、あなたは生きています。
そして、あなたは、無限大の可能性を秘めた存在です。
やろうと決めれば、自分が実現させたい未来を現実にすることができます。
自分自身の内なる声に耳を傾けてみてください。
あなたが人生でもっとも大切にしていきたいことは何ですか？
あなたにとって、次世代に残したい、
楽しくてワクワクする社会はどんな社会ですか？
自分の可能性を最大限に発揮できるのは、どんな生き方ですか？
これらに近づくため、今週あなたにできることは何ですか？
小さな一歩を教えてください。
紙に書き留めてみるのもいいでしょう。
これらの問いに対する答えが、あなたの人生の大切なエネルギー源になります。
どうか知っておいてください。
周りからの批判やプレッシャーがどれほどあなたを苦しめても
最後には、あなた自身が、自らが歩む道を決めてゆくのだということを。

時には自信を感じ、時には不安になるでしょう。
でも、本当に大切なのは、これらの問いを問い続けること。
地球に生きる全てのものの一員として
あなたの「役割」を探求し続けることです。

この記事は、僕一人で作成したのではなく、
多くの仲間と共に創造したもの。
そんな仲間達に感謝の意を表したい。

## 都市近郊型体験農園で地域の食卓をつなぐ取り組み
## ——GFI（Good Foods Information）Project

### 食と農をテーマに生きる

小学校時代は、親の教育方針で電気もガスも水道もない自給自足の山暮らしでした。農作業に明け暮れ、骨の髄まで「実践する農」を叩き込まれました。僕の人生の主幹をつくる貴重な体験でした。

中学時代には、母に反抗し、毎日の弁当を自分でつくり始めます。しかし、当時の我が家の調理道具は薪とかまど。おかずづくりは困難を極めました。小さな一口ガスコンロを買ってもらった時の喜びは、今も忘れられません。僕は、この3年間の「弁当男子」生活で、「食べ物を育てる－調理する－食べる」という「畑から食卓までの連続性」を身体で覚えました。

その後、日本で唯一、有機農業が学べる私立農業高校「愛農学園」に入学。寮生活の中で「農を生業にする」という視点を初めて持ちます。さらに農業王国でもあるオーストラリアに留学し、自分にとっては完全に生活の一部だった農耕と調理が、「生計を立て、収益を得る生業にできる！」という確信に変わりました。この問いを探求すべく進学した大学での4年間で、僕は薄々気づいていた「農業の可能性とその価値」を改めて確信、その先の人生テーマを「食と農」に定めるに至ります。このような一風変わった思春期を経て、僕は、「食べる行為と育てる農行為は切り離せない」という、人間が生きる上での根幹をしっかりと学ぶことができたのです。

### オーガニックカフェとアースデイを始める

そんな僕が、自給自足をテーマにオーガニックカフェ「INUUNIQ（イヌイット語で生命の意味）」を名古屋市内にオープンしたのが2006年。自分や友人が菜園で育てた野菜で料理し、味噌や醤油などの調味料も自力でつくる「食農実践カフェ」を始めます。オーガニック・ブームの到来で、「アースデイ」（3章参照）のイベントを名古屋で始めたのもこの年です。それまで僕は世の中の流れと別のところにいると思っていたのが、来場者に共感されることしきりで、「僕の生き方がこんなに多くの人に受け入れられるのか！」と強烈に感じたことを覚えています。

**体験農園**
Kitchen garden

イニュニックビレッジでの体験農園の運営。地域密着型市民農園のモデルケース作りに取組みます。

**市民学習体験**
Workshop

りんねしゃでの市民学習型ワークショップ。年間を通じて農と食の学びを提供し食育に取り組みます。

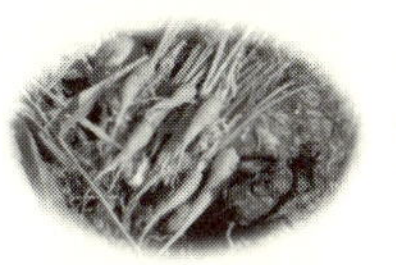

**地域を巻き込むモデル**
Local community

地域の生産者と住民を巻き込んだモデルケース作り。地域の野菜を収穫できる会員制もぎ取り野菜畑「宇治ベジ」チケットの試験運用。

**農の人材育成**
Field study

農を生業にしたい人や、農体験からもう一歩深いかかわりを希望する人に向けて地域の生産者をめぐり農を学ぶツアーを開催。

以来、自ら「半農半カフェ」を謳い、INUUNIQの活動を続けます。が、「良い料理を提供し、食べてもらうだけではダメだ」と考えるに至り、2013年に閉店。「買って食べる」だけの都会暮らしの人たちに、新しい農業体験の場を提供しようと、活動の軸をシフトさせていったのです。

### GFIプロジェクトで地域の食卓をつなぎ、愉しく豊かな農ある暮らしへ

今、日本の総人口の9割が都市部に暮らし、畑から食卓までのつながりが見えなくなっています。テーブルの上の食べ物が、どこでどのようにつくられ、加工され、流通してきたのか、わからない。僕は、現代の食と農をめぐる危機の本質は、圧倒的多数の都市消費者が農という行為を理解できなくなったことに尽きると思っています。真に豊かな食と農の世界を守るには、農から切り離された都市住民が、自ら育てる行為を通して、「農ある暮らし」を取り戻すことだと思うのです。

そこで、自分が暮らす津島市の都市近郊農地利用を目的に、「市民学習型体験×農の人材育成」の場をつくろうと始めたのが、「INUUNIQ FARM」でのGFI（Good Foods Information）プロジェクト。良い食べ物を地域で拡げる試みで、都市住民が気軽に立ち寄り、「育てる－調理する－食べる」有機的ないのちの循環を体験的に学ぶ場づくりです。

多面的機能を併せ持つ有機農業は、「育てる人」と「食べる人」が一緒になって持続させる地域密着型が理想。実現のためには、選んで買い支える地域の消費者の育成が、これまで以上に欠かせません。地域の土で育む豊かな食生活の美味しさと地域に根ざした食文化に触れる喜びを実感してもらうことで、有機農家を

継続的に支える「オーガニック・コンシューマー」の育成にもつなげていけたらと思っています。

僕の使命は、都会暮らしの消費者に、食卓につながる農の喜びを徹底して提供すること。これからも地域の人をどんどん巻き込みながら、家族や友だちと一緒に「土と共にある豊かな食卓と農ある暮らし」を愉しめる時間と空間を、足元から拡げていきたいと考えています。

**飯尾裕光（いいお・ひろみつ）**

1975年愛知県生まれ。70年代の合成洗剤や食品添加物の拡がりに疑問を感じた母が始めた「安心・安全な食べ物を共同購入する主婦の会」を母体に、父が始めた自然食品・天然雑貨の店「株式会社りんねしゃ」の2代目。愛知県津島市で小売店2店舗と食工房、北海道で「菊花せんこう」の原料を栽培する循環型農場を経営。体験農園「イニュニック・ヴィレッジ」主宰。アースデイ名古屋事務局・甚目寺観音手作り朝市・東別院手作り朝市企画運営、公益社団法人全国愛農会理事。農業経営社会学の研究で三重大学院生物資源学部博士課程に在学中。2014年度「COREZOコレゾ賞」受賞（http://www.corezo.org/home）。

# フランスのレンヌ市で立ち上げた、産消提携グループ「ひろこのパニエ」

## 伸びるフランスの有機農産物

日本とフランスを往き来しながら、農産物の「産消提携」(生産者と消費者が顔の見える関係の中で農産物を直接やりとりすること) による村おこしの研究に取り組んで10年以上になる。この間、フランスでは有機農産物の需要が伸び、マルシェ (朝市) でもスーパーでも新鮮な有機野菜が手軽に買えるようになった。フェアトレードの有機コーヒーや砂糖、チョコレートもスーパーの一角で売り場を広げている。

農業の工業化に押され、小規模な家族農業が苦戦を強いられているのは、日本もフランスも同じだ。フランスでは農民がここ半世紀で6分の1以下に減った。だからこそ「産消提携」を広め、農家の生活を支えながら環境を保全し、安全な食と農を維持する村おこしを推進したい。その思いでレンヌ市に立ち上げた産消提携グループが、「Panier HIROKO：ひろこのパニエ」だ (写真①)。2006年秋に開始して、今も元気に回っている。モットーは、日本の「提携」に倣い、「自立と互助」。生産者と消費者が「対話と協力を積み重ねる」ことが基本だ。とはいえ会はこれまで何度も危機に瀕し、その度に策を練って乗り越えてきた。そんな「ひろこのパニエ」の取り組みを紹介しよう。

## レンヌ市の土曜の朝市から始まった

「ひろこのパニエ」が生まれたレンヌ市は、パリから西へ新幹線で1時間半のブルターニュ地方の中心都市で、町を一歩出れば、牛が寝そべる田園風景が広がる。レンヌ市では、毎週土曜の朝にヨーロッパ有数のマルシェが立つ。海の幸・山の幸が満載の朝市で、近隣の農家も野菜や花や自家製の加工品を積んで集まって来る。町の人たちは生産者の顔を見ながら品定めし、手に取って確かめたり、試食したりして、欲しいものを欲しいだけ買っていく。

マルシェは、無農薬・有機野菜の生産者にとって大切な販路だ。マルシェなら安全な農産物を求める人たちが見栄えを気にせず買ってくれる。また、マルシェで毎週顔を合わせるうちに、生産者と消費者の会話も広がり、友だちになる。私は有機りんごの生産者フレデリック (写真②) とそうして親しくなった。彼が繰

上段左から①「ひろこのパニエ」の消費者メンバーたち、②レンヌ市の土曜の朝市、有機りんごの生産者フレデリック、③農家の中庭でパニエの準備会、下段左から④新規就農の若者とパニエを配布するメンバー、⑤農場に集まってピクニック、⑥農家訪問で廃油のトラクターに乗せてもらうメンバー家族

り返し嘆いていたのが、大規模な養豚、養鶏が引き起こしたブルターニュの水質汚染と消費者の無関心。「じゃあ、安全な食と農に関心ある仲間を集めて、一緒に問題を考えよう」と、「ひろこのパニエ」プロジェクトが始まった。

### 近郊有機生産者と町の消費者をむすぶ都市型産消提携「ひろこのパニエ」

「パニエ」とは、フランス語で「買い物カート・バスケット」のこと。「ひろこのパニエ」は、都心に住む一人暮らしのお年寄りが「自分でカートに入れて運べる重さ」+「パンも野菜も卵も果物も少しずつ入っている」セットを目指し、パン・卵・野菜・果物の生産者が互いに協力して「ちょうどいい中身」を準備する。値段は1回1500円、会員の消費者は1年52週中40週分を受け取る約束で3カ月ごとに前払い、生産者の希望で夏休みは1カ月、クリスマス休みは2週間と決めた。運搬は生産者が受け持ち、仕分け・集金・片付けは消費者会員が交代で行う。通信雑務用に全員から少額の年会費を徴収することにした。

苦労したのが消費者会員を集めること。有機野菜はマルシェでも長い列ができるほど人気で、提携の理解者も多いのに、自分が産消提携グループに入るのは尻ごみする。マルシェでは好きなものを選んで買える自由があるからだ。それでも新規就農の若者を支える賛同者が何とか集まり、消費者会員30人でスタートした（写真③）。

### 提携の輪の力で、パニエは今日も続く

「ひろこのパニエ」の初日。いくら待ってもパニエを積んだ軽トラが来ない。駐車場所がなくて町をぐるぐる回っていたのだ。こんな問題は日常茶飯事で、配

布場所は何度も移動を繰り返し、今はカフェの一角でやらせてもらっている。面倒なことが続けば、抜けてしまう会員も出る。でも、「ひろこのパニエ」は野菜もパンも一級の味で、「やっぱりこれでなくちゃ」という会員が大勢いる。

嬉しい発見もある。どんなミスもグループの輪の中では、笑って納まってしまうのだ。間違いは誰にでもある。それを認め、次はもっとうまくやろうと合意できれば、諍いの根は残らない。「ひろこのパニエ」はそんな思いやりをいつのまにか育てていた。それまで孤立していた農家はパニエで横につながり、新規就農者を次々に育てている。消費者会員はパニエをきっかけに、地域コミュニティに関心を向けるようになってきた。普段は出会うことのない人たちが集まるから、パニエの日は、なんとなく面白い。

というわけで、「ひろこのパニエ」は、ささやかな展開を今日も続けている。

**アンベール‐雨宮裕子（あんべーる・あめみや・ひろこ）**

1951年千葉県生まれ。レンヌ第2大学日本文化研究センター所長。考えながら実践し、実践の中から学ぶスタイルの研究に入って十数年。子どもに育てられ、生徒に教えられ、挫折を活力に産消提携を広める毎日。人と自然の有機的関係に未来を拓く力を信じ、農民と市民消費者の連帯に世直しの力を信じるが、経済至上主義の世界を前に前途多難。エコな生活も分かち合いの精神も仲間を増やさなければ自己満足の域を出ない。手作りで安全な農業に取り組む若者たちを支えたい。農村の環境保全のために、アマップ（農民農業を支える会）の発展を推奨したい。そんな思いで、授業のない日はブルターニュの田舎をかけ回っている。

# 第5章
# サステナブルビジネスで イノチの全体性を取り戻す

村田元夫（むらた・もとお）

1959年東京生まれ、名古屋育ち。筑波大学大学院環境科学研究科修士課程修了後、(財) 日本総合研究所研究員を経て、1994年ピー・エス・サポート設立、代表取締役。企業や病院の経営コンサルティングに加え、環境、福祉、農林漁業など次世代型産業の経営支援と調査研究を行うほか、サステナブルな地域づくりを目指して、中小企業による共助の仕組み「CSRコミュニティ」事業や田舎に住み続けたい若者の仕事づくりを支援する「地域スモールビジネス研究会」を運営。中小企業診断士。http://www.ps-support.jp/

写真：年に1回程度、外部のパートナーと共に行ってきた「PS（パラダイムシフト）合宿」© 著者

## イノチの全体性を取り戻したい

社会に出てからサラリーマンとしての働き方や組織のあり方になじめず、いつも悶々とした日々を過ごしていました。このままでいいのだろうか？　自分は何を求めているのだろう？　自問を繰り返す日々の中で、自分が持って生まれたイノチの全体性、地域の全体性、地球の全体性を取り戻したいと、人生をあがいてきたように思います。

おそらく、生まれたばかりの私たちは、あらゆる可能性を持っていたはずです。それが歳を重ねるにつれ、自分の中の野性、遊び心や旅心、探究心を削り落としていき、サラリーマンともなると給料をもらう代わりに、多くの時間を仕事に割き、持っていた能力の一部しか使わなくなります。私の場合は、これに耐えられなかったのかもしれません。

現在、小さな会社を経営しています。企業なので営利を求めますが、非営利の部分を大切に、社会的な価値を追求しています。イノチの全体性を取り戻そうと、持続可能性をテーマにビジネスを行ってきました。野性の精神、遊び心や旅心、研究心を大切な財産にして。

## 1. ライフヒストリー

### (1) 高度経済成長と公害の矛盾を感じて育つ

私が生まれたのは1959年。団塊世代と団塊ジュニア世代の狭間にある「無気力」「無関心」「無責任」の三無主義と言われた「しらけ世代」の生まれです。高度経済成長期に名古屋市郊外に建てられた団地で少年期を過ごし、住宅棟に囲まれた公園に出ていけば誰かが遊んでいて、学年を超えてコマ回し、ビー玉、メンコなど当時の流行り遊びをしていました。少し足を延ばせば田畑が残っていて、メダカ、カエル、昆虫などを採って遊べた一方で、近くのセロファン工場からは異臭、化粧品工場からは怪しい香料の匂いが漂い、近くの川は常に土色で、堰にできる淀みでは洗剤による泡が立ち、透き通った川の流れを見たことはありませんでした。大気汚染や水質汚濁が「公害」として取りざたされ、重化学工業が集積した四日市では、工場の煙突から放出された化学物質で喘息にかかる住民が多く発生したことが教科書に載るなど、大人社会の矛盾を強く感じたことを覚えています。

### (2) 自分にも正しいことを追求する余地がある

そのように育った私が35歳で今の仕事を起業するまでには、いくつかのターニングポイントがあります。最初の転機は大学2年生の時。そこで、「桜はなぜ春に咲くのか」を研究しているちょっと変わり者の永田洋教授に出会いました。ある時「先生の研究テーマは教科書にも載るような自明のことではないか」と勇気を出して質問してみたところ、返ってきた答えに驚きました。「教科書に出ていることはすべて正しいと思うのか」「本当の答えは桜に訊かなければわからないよ」と言われたのです。これまで学校で勉強してきたことは何だったのか。そう思う一方で、正しいことはすべて教えてもらうことであって、自分で考えるものではないと勝手に思い込んでいたことに気づき、それなら、自分にも正しいことを追求する余地がある、と思えたのでした。高校までの勉強では、覚えることはしても自分では考えようとはしていなかった。実験する場面はあったとしても、結局は先生が答えを持っていた。しかし、この大学教授は答えを見つけようと、常識に囚われず探求し続けているではないか。それから私は、この教授のもとでコオロギを飼い、なぜ秋に鳴くのかを調べ、サザンカに水をやり、なぜ冬に花を咲かせるのかを調べたのです。

### (3) フィールドワークで現場の実態を把握する

第2の転機は、大学院時代。大学で学んできた森林生態学から人と自然の共存に関心が移行し、大学院では環境科学というコースに進みます。ゼミ紹介のオリエンテーションで、文化生態学ゼミを担当する川喜田二郎教授ら(→読んでみよう※1)の話に惚れこんでしまい、学部時代とはずいぶんかけ離れた分野を選ぶことになります。生態人類学を専門としてきた掛谷誠教授(当時は助教授)が課したゼミに入る条件は、「フィールドワークをすること」、これだけでした。

自分のフィールド探しのために国内各地の農山漁村を旅しながら出会った石川県能登半島の半農半漁村、38軒の深見という集落をフィールドに、私は約4ヶ月を費やして住み込み調査を敢行しました。番屋と言われる定置網漁をするために漁師たちが住み込む小屋に泊まらせてもらい、四季ごとに1ヶ月ずつ漁師や集落の人々と寝食を共にして調査を進めました。春のテングサ採り、夏のタチウオ漁、秋の定置網漁、冬の荒波の中で行われる岩のり採りなどにも同行。ストップウォッチを持って行動を観察し、集落の寄合いに参加し、夜や雨の日は家々にお邪魔して昔話を聞かせてもらい、時には、現地の小学生の家庭教師をする代わりに夕食をいただく、ということをしながらフィールドワークを続けました。

その成果は、「できごとを運ぶ海」という、とても理系の修士論文とは思えない題名にしてまとめました。住民にとっての〈海〉は、魚介類を採り、食料や現金収入を得る経済的な意味だけに留まらない。突然やってくる大漁というイベント、海がもたらす災害や事故、時にはウミガメが神様となって漂着する神事、それらの「できごと」が、外界から閉ざされ硬直しがちな小さな集落の社会関係に揺さぶりをかけ、活性化を促す。そんな機能を、海は持っている。日常的な時間の流れ「ケ」に対して「ハレ」をもたらし、村を活気づけるのは、人間が創造した「祭り」という機能ですが、自然の〈海〉もまた祭りの機能を担い、人々の生活を代謝させている。そういった〈人と自然の関係性のあり方〉が彼らの生活からあぶり出され、私はそれを「できごとを運ぶ海」と表現したのでした。

フィールドワークで学んだことは、とにかく現場の実態を把握する大切さです。実態を知るには、現場に行って、あらゆる角度から聞き取りをし、時には客観的に観測し、現場にいる人々の価値観に触れて、現場の実態から論証することが求められたのです。

### (4) 放浪の旅でシンプル＆ワイルドを見直す

3つ目の転機は、社会人になって転職を繰り返す間に放浪の旅に出たことになるでしょう。大学院時代のフィールドワーク体験は自分の価値観に大きな影響を与えました。それ故、社会に出たのはいいのですが、いわゆる多くの組織人が持つ価値観が自分には受け入れられず、ずいぶん衝突しました。サラリーマンとなって多くの人が悩む組織の人間関係は乗り越えられるものの、私の場合、最終的に組織の目的や理念が自分の目指す方向とは違うことが見えてくると、人生の多くの時間を費やす職場で、違った方向に合わせて働き続けることが我慢できなくなり、職場を離れることを繰り返しました。2回目の職場を辞めようと決断する際に、「結局、自分はどの組織に入っても満足することはできない」と悟り、「自分の食い扶持は自分で稼ぐ道に進むしかない」と考えはじめるようになったのです。

独立を視野に入れながらも、転職の合間に、タイ、ミャンマー、インド、ネパールのアジア放浪、ケニア、タンザニア、ザンビアのアフリカ放浪の旅に出ています。世知辛い日本を脱出し、ゼミの先生が続けている海外調査にも触れてみたい、大自然の中で生活している人々に会ってみたい、しばらくボーッとして自分の人生を見つめ直したい。いろんな思いがあって、1年間有効の航空券を買って、気ままな旅に出ていました。

印象に残ったのは、インド・カルカッタの物乞いたちの生き方です。わずかな現金を得るために道端で賽銭入れ代わりのお皿をおいて炎天下の中じっとお恵みを待つ者、ちょっと文明化した物乞いはどこから調達するのかヘルスメーターを道端におき、体重を量るという対価でお金をもらう者、さらにエスカレートすると、自分の子どもの手足を切断して憐れみを売りにお恵みを頂戴する者。たとえ物乞いであっても多様なやり方が存在して、これも一つの生業だとすると、自分の仕事への拘りなど、取るに足らない、物質が豊かになった国で暮らしてきた私の贅沢で生意気な偏見であるように思えました。

また、ザンビアで焼畑農耕を生業にしているベンバ族の村に行った時は、大自然の中でどこか人間の存在が薄い気がしました。1年前には元気にしていた人が今はいない、ということがざらにあるのです。子どもたちは遊びながら昆虫や小動物を採って食べ、適当に近所の家に行って食事をする。親が自分の子どもの世話をしなければいけないという感覚が薄く、子どもはコミュニティ全体で養われ、大自然の中で自然に育ち、死んでいく。こんなお任せ的な生き方もあるのだと思ったものです。人間が社会の中で生活することや働くことを複雑に考え過ぎていたのかもしれない、もっと自分はシンプル&ワイルドに生きていくことを望んでいたはずだ！　私は社会に出てから積み重なった不安の垢を落とすとともに、シタタカに生きていくエネルギーを彼らからもらった気がします。

### (5) 経営を学んで35歳で独立する

独立の道を開拓するため、私はある一案を講じます。起業するにも、事業を動かした経験もないし、何をどのようにしていけば成り立つのか皆目わかりません。まずはその経験を持つ多くの社長に会い、聞き取りをして、自分に合った業種を探す必要があるだろう、今こそ学生時代に培ったフィールドワーク精神を活かそう。そう考えて、多くの社長を顧客とする経営コンサルタント会社に就職する作戦を取りました。給料をもらいながら経営のノウハウを盗もう、いや学ばせていただこうというわけです。

「社長」と言われる人がどうやって会社を立ち上げ、どのように経営しているのかを聞き取る学びがはじまりました。そんな中、多くの社長が人間的にも魅力的で有意義な仕事をしているとも思える一方、苦労や悩みの多い仕事であることが見えてきます。どんな業種でも、モノやサービスを売って売上を継続的に確保できなければ、経営は成り立ちません。組織となれば、人を雇い、常に社員を教育していく必要もある。自分にそんなことができるのか。不安に思うと同時に、これで独立したいという魅力的な業種には出会うことができないまま、とりあえず35歳の時に、「経営コンサルタント業」で起業しました。

独立して間もなく第1号のクライアントになってくれた社長が、経営者仲間を紹介してくれたこともあってクライアントが増えていきました。1年後に何とか経営コンサルタントとして食える道ができたと思えた時、私は独立した本当の目的を振り返りつつ、新しい出会いをつくっていくことにしました。それが、NPOやコミュニティビジネス、ソーシャルビジネスの世界です。大学時代の友人から「エコロジー事業研究会」という面白いことをやっている加藤哲夫さんという人（→読んでみよう※2）がいると聞き、早速、電話をしてみました。

当時は、エコロジーとエコノミーとは真逆の方向で相容れるところがないと思っていたので、これを統合する研究会があることに新鮮な驚きがあり、共感を覚えたのです。この出会いから、環境系の市民運動をはじめ、東海地域でNPOを立ち上げてきた草分け的な方々とも一緒に仕事をするようになっていきます。こうして、ようやく「自分らしい仕事」を探究するスタート地点に着いたのが、起業1年目の36歳の時でした。

社会に出て削除してしまった遊び心や研究心を、ここから少しずつ取り戻していきます。大学院時代のゼミのような学び合いの場を、どうしたら自分の周りにつくれるのか。放浪の旅に出た時のように、どうしたら日本に居ながらも新しい出会いをつくっていけるか。少年時代の遊びのように、どうしたら創造的で楽しい時間を過ごすことができるか。そんなことを考えて「株式会社ピー・エス・サポート」を経営してきたのです。

## 2. ピー・エス・サポートでパラダイムシフト

### (1) 部分利益から全体利益へ、ピラミッド型からひし形産業構造へシフト

現在のピー・エス・サポートの事業は、「持続可能な地域経済圏づくり」をミッションに、企業や病院の経営コンサルティング、産業及び社会調査、次世代型事業の研究開発、ソーシャルビジネス／NPOのマネジメント支援などを行っています。社名のピー・エス・サポートはparadigm shift support を意味し、「世の中の根底をなす価値観＝パラダイムそのものをシフトする」というビジョンを持って、働き方、暮らし方、学び方の転換を模索しながら、事業を行っています。

企業の目的は「利益の追求」と言われますが、市場経済の中で求められて

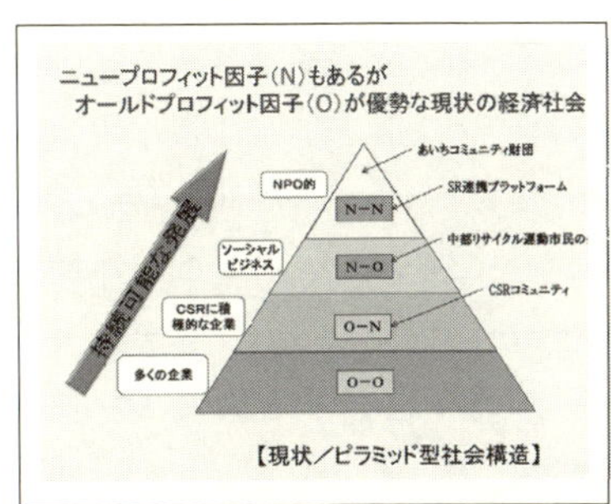


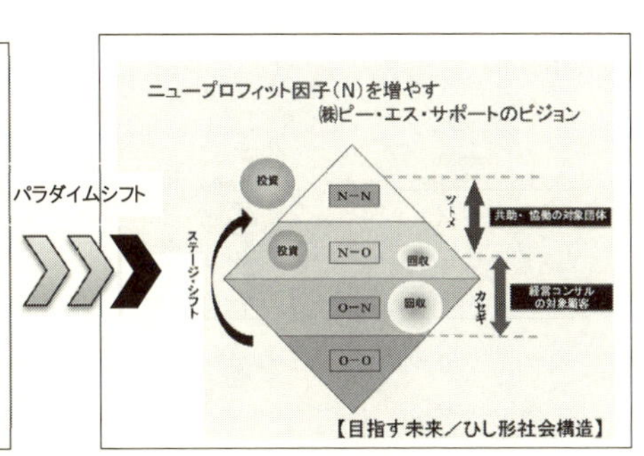


（注）血液型をモデルに、ニュープロフィット因子（N型）とオールドプロフィット因子（O型）により4層に組織を類型化。
カッコ内の左側は組織の目的因子、右側は事業の手段因子を表す。
「O−O型」：多くの一般企業のあり方、組織の目的も事業手段も「O型」
「O−N型」：CSR（企業の社会的責任活動）企業のあり方、組織の目的は「O型」でも、事業の手段は「N型」
「N−O型」：ソーシャルビジネスのあり方、組織の目的は「N型」だが、事業の手段は「O型」
「N−N型」：NPO（非営利団体）のあり方、目的も手段も「N型」

**図　ピラミッド型をひし形産業構造へ**

（筆者作成）

きた「利益」の追求は、お金一辺倒の「部分利益」の追求です。人のつながりが増えること、地域が元気になること、自然が回復すること、イノチの活力が引き出されること、心が豊かになること、喜びが循環すること――こうした「多様な利益の総体」である「全体利益」の追求こそ、本来の事業活動と言えるのではないか。私はこうした仮説のもと、「部分利益」を追求するこれまでの事業のあり方を「オールドプロフィット」型、「全体利益」を追求するこれから目指したい事業のあり方を「ニュープロフィット」型と表現し、これまでの事業のあり方を、永続的に社会に役立つニュープロフィット型の事業へパラダイムシフトさせていく仕事に取り組んでいます。

現在の日本では、まだ部分利益追求の会社が数多く存在していますが、私は、CSR（企業の社会的責任：Corporate Social Responsibility）に積極的な企業やソーシャルビジネスのような全体利益を重視する組織を集中的に支援することで、ピラミッド型の産業構造をひし形の産業構造にシフトさせるよう、戦略的に他団体との協働事業を進めています（図1）。オールドプロフィットを組織の目的としつつも、地域の課題に取り組むCSR企業（O-N型）の経営コンサルティングを通して収入を得て、ニュープロフィットを目指すソーシャルビジネス（N-O型）やNPO（N-N型）に、自分の労力と時間を投資しているのです。

新しいパラダイムの社会を目指して、志を共有する外部のネットワークの方々との協働事業も展開しています。例えば、リサイクル・リユース運動の草分け「NPO法人中部リサイクル運動市民の会」、CSRを実践する中小企業の仲間づくりを進める「一般社団法人CSRコミュニティ」、民間からの寄付をはじめとした志によるお金を集めてNPO等に投資する“志金”の地域内循環を図る「公益財団法人あいちコミュニティ財団」、若手の社会起業家を育成する「東海若手起業塾」、都市と農山村が補完し合う関係をコーディネートする「一般社団法人おいでん・さんそん」の理事・監事として、様々な事業の運営に携わっています。

### (2)「豪華客船型組織」から「いかだ型組織」へシフト

中小企業の経営コンサルタントとして、多くの経営者の悩みを聞きながら見えてきたことは、「組織拡大指向」のパラダイムこそ、経営者が拝金主義に陥っていく根源だということです。企業は、成長発展を目指して社員を採用するのが常ですが、一旦雇用した社員の首は簡単に切ることができないため、無理な売上拡大を目指して大変苦労をするケースを多く見てきました。

我が社では、その轍を踏まない工夫をしてきた結果として、ネットワーク的な連携を重視した「いかだ型組織」というものが出来上がりつつあります。いかだは、材木をロープなどで簡単に組み合わせた素朴な船。もちろん海に浮かぶ浮力は小さいながら持っており、荒波の時も沈むことはありません。さらに強い嵐が来た時には、ロープを外して、丸太1本ずつで浮くこともできます。波のない凪のときなどには、複数のいかだをつなげれば、ちょっとした快適な場ができるでしょう。これを組織になぞらえて「いかだ型組織」と呼んでいます。いかだに比べると、大企業は「豪華客船」。船の中にいる限り快適そうですが、大きな船を維持するために大量のエネルギーが必要です。効率化のために分業体制が選択され、業務が細分化される結果、持っている能力の一部しか期待されない組織の歯車となっていきます。

こうした組織のパラダイムシフトを実践するしくみとして、我が社は「社会人インターン制度」を取り入れています。志を持った社会人が独立起業しやすくなるように、また新しい感性を大切にする人材がイキイキ働けるように、それぞれの人生段階によって「多様な働き方・学び方・暮し方が選択できる場を提供する」ことを目的に、6ヶ月単位で人材を受け入れています。現代版「のれん分け」のような感じで、独立支援をしています。小さい会社なので受け入れられる人数は限られていますが、十数年前からはじめて、これまでに11人の社会人インターンを受け入れました。独立後は皆さん紆余曲折がありますが、自分に合った様々な職種を組み合わせ、「多業」によって生計を立てています。経営コンサルタント、大学の講師、フリーのNPO支援者、NPOスタッフ、店舗経営、政治家の秘書、農林業と多様な組み合わせで、それぞれが選択した道を進んでいます。「PSサポート・コンサルティングファーム」というネットワークを形成して、仲間と一緒にプロジェクト型の仕事をする選択肢もあります。

### (3)「産業の技術」から「社会の技術」へシフト

もう一つパラダイムをシフトさせたいのが、「技術」に対する価値観です。

21世紀の最も重要な持続可能性のテーマは、グローバル化の中で「多様な異質が共存在する社会技術」を見出すことと、「有限な地球で人間と自然が共存できる技術」を取り戻すこと。持続可能性の課題は、軍事技術のような「力による支配」では解決できないと思います。

1950年代以降、企業のもとで均質のモノを大量に生産する技術が発展し、日本に経済成長のチャンスをもたらしましたが、この間、日本企業が日夜努力を注ぎ込んできたのが「産業技術」です。もとより水田稲作農耕を営んできた繊細な日本人には、限られた資源の中での改善の繰り返しによる生産性向上は、得意とする技能です。これを多くの人が共有できる「生産管理技術」レベルに高めてきました。個人の重労働を軽減し、娯楽をもたらし、軽くて便利で長持ちのする家電製品が家の中にどっさりあるのは、「産業技術」、ひいては個の利便性を追求する「個の技術」の恩恵です。

しかし、「産業技術」「個の技術」に奔走する一方で忘れ去られてきたのが、日本人がムラ社会の中で培ってきた「間のとり方」をはじめとする「社会の技術」「場の技術」です。家庭の問題、教育の問題、医療介護の問題、環境の問題など、今噴出しているあらゆる問題が、「社会の技術」「場の技術」の未熟さから起きている気がしてなりません。場の雰囲気を盛り上げたり、人と人を実にうまくコーディネートしたり、他人の能力をうまく引き出す才能を持った方は今でも多くいますが、これを社会で共有できるようにするための技術が未発達なのだと思います。これまで「産業の技術」のために企業努力を注ぎ込んできたものと同じエネルギーを、今度は、「社会の技術」のために注ぎ込めたとしたら、持続可能な社会へとシフトしていくに違いありません。

## 3. 多業のマネジメント

私が仕事をする対象は、企業、病院、NPO、行政、大学と様々で、役割もまちまちです。企業や病院では経営コンサルタント、NPOではパートナーや役員、行政なら専門家や事務局、大学ならコーディネーターや非常勤講師という感じです。我が社の売上構成は、最近では、企業や病院からが6割、行政が2割、NPOと大学で2割という比率ですが、費やす時間は、企業や病院が4割、NPOが2割、行政が2割、大学が2割となっており、企業や病院からの「カセギ」で収入を維持しつつ、非営利のNPOや大学に投入して「ツトメ」を果たしていることが見えてきます。このように私は、“多業”かつ“多セクター”との関わりで生計を立てているのですが、例を挙げれば、次のような働き方をしています。

### (1)「社会的価値の見える化プロジェクト」

NPOやソーシャルビジネスは、「事業者の熱意や思いは強いが、広く一般に理解されにくく、空回りしている」とよく指摘されます。そこで、NPO等が生み出す社会的価値を多くの人に見えやすくするために、貨幣価値に置き換える活動をしています。

東海地域で活躍するNPOバンク「コミュニティ・ユース・バンクmomo」の若者とともに、SROI（社会的投資収益率：social return on investment）という測定手法を使い、NPO等の社会的価値を「見える化」して、地域の金融機関からの融資を受けやすくしたり、事業戦略を考えるきっかけをつくるためのアドバイザーを担っています。助っ人として協力するのが地域の信用金庫等に勤める金融マンたちです。日頃は、企業の経済的価値を審査している専門人材が「プロボノ」（専門性を有するボランティア）として参画し、NPOを取り巻くステークホルダー（利害関係者）にヒアリングやアンケートをして社会的価値を貨幣換算するためのデータ取りをします。NPO支援になるのはもちろんのこと、地域課題の最前線で苦労しているNPO経営者と触れあうことで、信用金庫の存在意義や理念を振り返る効果が認められて金融マンの社員研修としても評価されています。

### (2)「地域スモールビジネス研究会」

街と田舎の交流を推進する「豊田市おいでんさんそんセンター」の事業として、「地域スモールビジネス研究会」を企画し、その世話役として活動しています。都市と農山村が助け合うしくみの起点として、ＩターンやＵターンにより地域の人間として暮らし続けたいと思っている人の「小仕事づくり」を支援するために、本研究会を発足しました。豊田市の農山村部に移住した若者たち約20名のメンバーとともに、毎月1回の会合を持ち、農的暮ら

田舎で暮らす糧を得るために自ら学びのカリキュラムをつくる「ミライの職業訓練校」

しをベースにしながら糧を得るための情報交換を行ったり、協働プロジェクトを起こしたり、ビジネス化の相談に乗ったりしています。これまでに出版事業や移住希望者受入れ事業や職業訓練事業が立ち上がっています。移住を希望する若い女性をターゲットに「里-CO」という本を研究会メンバーで制作したところ、大変評判がよく、これがもとでライターやデザイン担当者に他の地域から小仕事が舞い込んできたぐらいです。

また、田舎で糧を得る技術を磨く「ミライの職業訓練校」を立ち上げました。主催者がカリキュラムを与える従来の職業訓練とは違い、自らが学びたいことに基づき受講者がカリキュラムをつくる方式で、田舎に移住して精神障害者向けの福祉サービスを立ち上げたい人、化学薬品を使わない蚊取線香を開発したい人、田舎にシェアハウスをつくろうとする人など、それぞれが田舎というフィールドを使って小さなチャレンジをしています。私は、こちらから提供するコンテンツを極力抑えるための大枠だけを設定して聞き役に回り、仕事づくりは、仲間づくりや地域との関係づくりからはじまるという仮説を持って、場づくりに徹する役割を担っています。

### (3)「サスプログラム」

社会的課題の解決を目指すソーシャルビジネスの中でも、環境保全型事業を「サステナブルビジネス」と呼び、これらを支援する“サスプログラム”を、多セクターの協力を得て運営しています。事業の対象が自然環境であるサステナブルビジネスは、直接の受益者からお金をもらうことが困難で、多くは事業規模が小さく、資金も潤沢ではありません。ですから、間接的でも多少の利害が絡む多様なプレイヤーによって支える必要のあるビジネスで、これらをコーディネートする役割を担っています。

成果の一つが、「地域循環酒めぐる」プロジェクトです。名古屋市民が排出した生ごみを回収して堆肥をつくり、その堆肥を使った有機米を弥富市の農園で生産し、そのお米をもとに愛西市の造り酒屋で地酒をつくり、リユースビンに詰めて販売する事業の立ち上げを、サスプログラムで応援しました。今では、地元の飲食店やホテルをはじめ扱い店も増え、「めぐる」も地域で循環するようになっています。

また、サスプログラムや市民活動で出会った仲間の力を借りて、私の地元である長久手市でエネルギー自治の活動を展開しています。市民主導で再生可能エネルギーを調達する事業を立ち上げ、地域の事業所や住民に電力を小売することで得た利益を使って、地域課題の解決に活かそうという住民自治活動です。事業化するには様々な障壁が立ちはだかると思いますが、チャレンジしてきたいと考えています。

## 4. 全体性を取り戻すために、あがき続ける

働き方には2種類あると言われます。一つは「カセギ」、もう一つは「ツトメ」。ひと昔前の日本の農山村では、現金収入を得ることを「カセギ」、地域の草取りなどの共同労働や祭りの準備などの周りに役立つための働き方を「ツトメ」と言いました。当時の日本人は、自己利益のカセギだけに囚われることなく、共益的なツトメも両立させる働き方を当たり前にしていたのです。でも、今のサラリーマンは「カセギ」に偏り過ぎで、地域から遊離し、人との関わりもなく、心の病にかかりやすくなっているのではないでしょうか。都市部では、暮らす場と働く場が分離していて両立が難しくなっています。企業としては、今の働き方を見直し、「カセギ」と「ツトメ」を統合して全体にバランスのとれた働き方を可能にする環境を整備していくことが、CSR（企業の社会的責任）の基本だと考えています。

独立した頃、「旅をするように仕事をしたい」などと仲間に言っていました。多様なセクターに対して様々な役割をもらって仕事をしている今、そんな働き方に近づいてきたような気がします。35歳で起業してからの人生は、社会に出てから失ってしまった自分を少しずつ取り戻していくプロセスだったのかもしれません。これからも私の全体性を取り戻そうと**あがく**プロセスがしばらく続くことになると思いますが、これが私なりの「持続可能な生き方」だと言っておきましょう。

読んでみよう

・フィールドワークに関心があるなら…

川喜田二郎〔1973〕『野外科学の方法』中公新書. ※1

山口昌男〔1982〕『文化人類学への招待』岩波新書.

菅原和孝〔2006〕『フィールドワークへの挑戦』世界思想社.

・問題解決手法を学ぶなら…

大和信春〔1985〕『和の実学』博新堂.

清水義晴〔2002〕『集団創造化プログラム』博進堂.

中土井僚〔2014〕『人と組織を劇的に解決するU理論入門』PHP.

・まちづくりや経営コンサルタントを志望するなら…

清水義晴〔2002〕『変革は、弱いところ、小さいところ、遠いところから』太郎次郎社.

エドガー・H・シャイン〔2009〕『人を助けるとはどういうことか』英治出版.

・環境もしくは持続可能な社会について参考にするなら…

諸富徹〔2003〕『環境～思考のフロンティアシリーズ～』岩波書店.

広井良典〔2009〕『コミュニティを問いなおす』ちくま新書.

内山節〔2012〕『ローカリズム原論』農文協.

・NPOやソーシャルビジネスで起業するなら…

加藤哲夫〔2002〕『市民の日本語』ひつじ市民新書. ※2

村田元夫、鈴木直也〔2004〕『コミュニティビジネスガイドブック』起業支援ネット.

# ジュエリーブランドを通じた社会貢献 ——HASUNAの挑戦

## インド鉱山労働者との出会いからHASUNA起業へ

私がHASUNAを創設したのは、2009年4月のことです。幼い頃からファッションデザイナーだった母の影響もあり、洋服やアクセサリーを自分でつくることが大好きでした。高校生の時に、海外で仕事がしたいと思い立ち、留学準備のため、愛知県の南山短期大学に進学しました。

短大に入学して2ヶ月ほど経ったある日、キャンバスに講演に来られていたフォトジャーナリストの桃井和馬さんの話に感銘を受けた私は、国際協力の世界で働くことを志します。卒業後は、イギリスのロンドン大学キングスカレッジへ入学し、開発地理学を専攻。在学中にフィールドワークで訪れたインドで、私のその後の人生を方向づける衝撃的な出来事に巡り合ったのです。

インド滞在中、鉱山労働者と出会い、仕事場を見せてもらう機会がありました。5歳にも満たない小さな子どもが、10キロもありそうな大きな石を運んでいる。大人たちの表情も暗く、一日の終わりには皆ぐったりと疲れきっています。生活も困窮して食事もろくにできず、笑顔もありませんでした。なぜ、こんなことが起きているのか？　私の頭に大きな疑問が湧きました。

鉱山で採掘されるものは、大理石だったり、電気機器類に使用されるメタルだったり、ジュエリーに使用される金や宝石だったり、様々なものがありますが、すべては、私たちの豊かで美しい生活のために採掘されるものです。私たちが、それらの製品に支払ったお金が、なぜ末端の人たちに届かないのか。

企業がしっかりとした倫理観を持ち、自分たちのつくる製品に携わる末端の人たちまでケアをすることができていたら、あのような酷い鉱山労働は起こらないはずだ……。

そう思った私は、まずは自分でやってみようと、起業して、ものづくりをはじめることを決意したのです。

## HASUNAが大切にしたいこと

### ●人・社会・自然へのケアと顔の見える関係性

ジュエリーブランドを立ち上げ、私が掲げた目標は、①調達過程を可能な限り

透明化することと、②現地に足を運び、鉱山労働者や研磨職人から素材を買いつけ、現地へ正当なお金を流通させること、でした。ただ一般的にジュエリーブランドでは、素材調達を現地からは直接には行わないため、初めはうまくいかないことの連続でした。

しかし今では、多くの方々の支えにより、ペルーやパキスタン、ルワンダなど世界中のビジネスパートナーから素材調達を実現でき、少しずつ、理想の形ができつつあります。

ネックレスに使用する宝石類は、パキスタンの北部地域から調達しています。私も2011年に現地へ足を運び、ルビーや水晶の採れる鉱山や研磨職人たちが作業をする工房を訪ねました。また、金はペルーから仕入を行い、こちらも2013年に金鉱山へ足を運びました。取引を行うパートナーは、人、社会、そして自然環境面で可能な限り配慮をし、顔の見える関係が築けることを前提としています。こうした取引が注目され、HASUNAは、「エシカルなジュエリーブランド」として紹介されることが多々あります。

●トップクラスのジュエリーとサービスを追求する

しかしながら、ブランドをつくる上でHASUNAが最も大切にしていることは、「品質、デザインにおいて、トップクラスのジュエリーをつくる」ということ。また、それを扱う店頭でのサービスも、トップクラスのサービスを追求する。これも大切にしていることのひとつです。これらができなければ、いくら人や環境面に配慮していても、ジュエリーブランドとして存続はできないからです。

世界中から愛される素晴らしいジュエリーづくりを行い、その上でどんな社会貢献ができるのか、という順番で考えることが、特にエシカルなものづくりを進める際は非常に重要です。どんなに良い理念を持っていても、そのもの自体に魅力がなければ、初めは応援のつもりで買ってくれるお客様も、2度目は買わなくなるでしょう。いくら社会貢献に繋がっていても、そのもの自体に妥協をしては、絶対にいけないのです。

HASUNAもまだ、ジュエリーブランドとして、これから大きく成長を遂げてゆきたいと考えています。どんな状況にあっても、この良いものづくりを行う基本姿勢は、10年後も、20年後も、忘れずに守ってゆかねばならないと、日々思っているところです。

**白木夏子（しらき・なつこ）**

1981年鹿児島生まれ・愛知育ち。HASUNA Co., Ltd.代表取締役・チーフデザイナー。英ロンドン大学卒業後、国際機関、金融業界を経て2009年4月にHASUNA Co., Ltd.を設立。2011年、日経WOMAN「ウーマン・オブ・ザ・イヤー2011キャリアクリエイト部門」受賞、世界経済フォーラムGlobal Shapersに選出。2012年、APEC（ロシア）日本代表団としてWomen and Economy会議に参加、2013年には世界経済フォーラム（ダボス会議）に参加。主著に、『自分のために生きる勇気』（ダイヤモンド社）、『世界と、いっしょに輝く』（ナナロク社）。

HASUNA Webサイト http://www.hasuna.com

第6章

# 信用金庫としての挑戦

## ―脱原発への活動を通じて「お金の弊害」と戦う―

吉原　毅（よしわら・つよし）

1955年東京都生まれ。慶応義塾大学経済学部卒業後、城南信用金庫に入職。企画部、理事・企画部長、常務理事・市場本部長、専務理事・事務本部長、業務本部長など多数の役職を経験し、2010年理事長就任後は、信用金庫の原点回帰を打ち出し、役員報酬大幅削減・役職関係なしの年功給与制・全役員60歳定年制・現場による経営計画策定など異色の改革を行う。東日本大震災以降は被災地支援を精力的に展開。2011年4月1日「原発に頼らない安心できる社会へ」を宣言して、金融を通じて自然エネルギーや省エネルギーを推進する一方、原発再稼動反対、原発即時ゼロに積極果敢に取り組む。2015年6月に理事長退任、現在は相談役を務める。趣味はサイクリング。

写真：城南信用金庫本店屋上ソーラーパネル © 城南信用金庫

## 原発ゼロで日本経済を再生する

2011年3月11日、巨大地震が東北地方を襲い、日本中が深い悲しみに包まれました。東日本大震災の被災地は、今も復興への長い道のりを歩んでいます。しかし、福島第一原子力発電所の事故原因も究明されておらず、汚染水の問題も、核のゴミ問題も、何ひとつ解決していないにもかかわらず、急速な「忘災化」が進んでいるようです。

あれほどの大事故を経験し、原発は一歩間違えれば、人類を滅ぼすような取り返しのつかない危険性を持つことが明らかになったにもかかわらず、政府も経済界も原発の再稼働を推し進めています。あの原発事故は、これからの日本のエネルギーと経済社会のあり方をどうしていくのか、国民自ら考える大きなきっかけになったはずでした。原発推進派の人たちは「原発を止めると日本経済は大変なことになる」と言います。しかし、始まりから終わりまで「原発ビジネスの全体像」を曇りのない目でまっすぐ見据えれば、原発は「採算割れ」であり、原発をゼロにすることでこそ日本経済は再生できる、ということが見えてきます。

私はこれからも原発ゼロを実現させるために、自分に何ができるかを考え、行動し続けたい。そして、それこそが日本の未来を希望に変える道筋だということを伝えていきたいと思います。

## 1. ライフヒストリー

### (1) 15歳の心に誓う：見て見ぬふりをしない

人生においては、ときに絶対に逃げてはいけない局面に遭遇します。麻布学園で学んだ中学・高校時代、私はラグビー部に所属していました。試合で相手校と乱闘になったある日のことです。当時高校1年だった私は、目の前で仲間が殴られているのに、「やめろよ」と言っただけで応戦もせず、傍観してしまった。その直後から私は激しい自己嫌悪に陥ります。なぜ相手に突っ込んでいって仲間を助けなかったのか、自問自答を繰り返して行き着いた結論は、「自分はただの意気地なしで、自分のことがこの世で一番可愛いんだ」という情けない現実でした。

見て見ぬふりをして、その場をやり過ごせば、その代償に自分のプライドはずたずたになり、惨めな思いに打ちのめされる。15歳の私は、「二度と同じ経験をするものか」と心に固く誓ったのです。「自分自身が悔いの残らない生き方をしよう」と思い定める原点となった出来事でした。

### (2) 就職難で城南信用金庫に入る

私が城南信用金庫に就職したのは1977年。石油ショックの影響で就職戦線は大変厳しいものでした。経済学部で学んだ私は、ゼミの先輩が就職したからという単純な理由で都市銀行を第一志望にしますが、面接試験でことごとく落とされます。「産業界を支える公共的な役割を果たしたい」と面接で大真面目に主張したら、面接官に笑われてしまいました。当時はどこの銀行も必死に営業して融資や預金を増やし、いかに上位に上がるかにしのぎを削っていた時代でした。

どこでもいいから就職しないと親に怒られてしまう。私は途方にくれ、やむなく城南信用金庫の入職試験を受けることにしました。実は、私の祖父が城南信用金庫の前身の一つである「蒲田信用組合」の組合長を務めており、叔父も城南信用金庫に勤務していました。そんな所を志望すれば、文字通り「縁故就職」と思われてしまう。何とか避けたい。でも背に腹は代えられません。面接試験を受けたところ、すぐに内定が貰えました。こうしてどうにか拾ってもらう形で城南信用金庫に就職。社会人生活のスタートを切ったのです。

### (3) 小原鐵学に出会い、銀行と信用金庫の違いを知る

支店に5年ほど勤務した後、早稲田大学ビジネススクールでの研修派遣を経て、私は本部企画部に配属され、商品開発の担当になります。しかし就職して7年経ったこの頃においても、私は「銀行」と「信用金庫」の違いを、明確には理解していませんでした。

転機は、消費者向けのローン商品の企画案を「収益アップ間違いなし！」と自信満々で提出した時に訪れます。当時の城南信用金庫トップは小原鐵五郎（おばらてつごろう）、明治の生まれで既に80歳を超えていました。全国信用金庫協会、全国信用金庫連合会（現信金中央金庫）の会長を長く務め、歯に衣着せぬ直言で

「金融界の大久保彦左衛門」と呼ばれた人物です。私の企画書に目を通す小原会長の表情が見る見るうちに険しくなりました。そして、「冗談じゃない。私たちはいつから銀行に成り下がったのか。銀行は利益を目的とした企業だが、私たち信用金庫は“世のため、人のため”に尽くす社会貢献企業だ。公共的な使命を持った金融機関であることを忘れてはいけない」と、ものすごい迫力で私を一喝されたのです。私のローン企画は、その場でボツとなりました。

「自分が勤めている会社のことを、あまりにも知らない」と感じた私は、それから小原会長の活動や信用金庫の歴史を徹底的に調べました。そして、1968年に資本の自由化と競争原理導入による金融効率化論争で信用金庫業界が存亡の危機に陥った時、小原会長が後に「裾野金融論」と呼ばれる主張を展開し、「大企業が富士の頂ならそれを支える中小企業の広大な裾野があってこそ成り立つ。その中小企業を支援するのが信用金庫だ」として、信用金庫の株式会社化や大銀行との合併阻止を成功させたことを知ったのです。私が小原会長と一緒に仕事ができたのは短い期間でしたが、直接「小原鐵学(てつがく)(哲学)」[1]の薫陶を受けたことは、私のその後の人生に大きな影響を与えています。

## 2. 信用金庫の使命を果たす

### (1) 城南信用金庫の使命と社会的責任

城南信用金庫の理事長となった2010年11月10日、私は、信用金庫の根本理念に立ち返り、小原会長から教わった「社会貢献のための公益事業」という原点に回帰することを宣言します。企業はお金を儲けるためにあるのではなく、世の中を良くしていくために存在する。その目的に合致した企業形態が協同組合であり、協同組合の金融部門としてつくられたのが信用金庫である。この本来の「信用金庫の理想を守る経営」を目指したいと考えたのです。

この思いをさらに強くする出来事が3.11でした。原発の危険性を訴え続けていた市民や専門家たちの声に耳を貸さず、想定されていたはずの安全対策

---

1　小原哲学についての詳細は、吉原〔2014〕『原発ゼロで日本経済は再生する』第4章を参照。

もとらずに原発推進の意思決定をしてきた政治家、経済産業省の役人、学者、電力会社や原発関連企業体のトップの誰も自ら責任をとろうとしない。大新聞やテレビは事故後に及んでも正面きって批判報道を発しない。「日本はおかしい…」。私は大きな違和感を持ち始め、悩みました。悩んだ結果、当たり前の一人の人間として、一企業トップの社会的責任として、「見て見ぬふりをしない」と決意したのです。

人類が直面する最大の環境問題の一つである原発事故。いのちに関わる大問題に対して横並びで沈黙を決め込み、見て見ぬふりをするのは企業倫理としても言語道断です。勇気を持って真実を発信し、脱原発に向けた普及・啓発に取り組んでいくことが、私たちの果たすべき社会的責任と考えました。以下では、協同組合の歴史を通して信用金庫の経営理念と存在意義を説明しながら、原発問題の本質について考え、なぜ私が原発問題に取り組んでいるかをお話したいと思います。

## (2) 国際協同組合年の意義：お金の暴走から人々を守る

2012年は、国連「国際協同組合年（International Year of Co-operatives = IYC）」でした。私たち信用金庫も、協同組合をルーツとする金融機関です。そこで

東京ドームで日本を明るく元気にする“よい仕事おこし”フェア　© 城南信用金庫

2012年11月1日、国際協同組合年事業の一環として、東京ドームで、東京都内や東北地方を中心とした63信用金庫の共催で「日本を明るく元気にする“よい仕事おこし”フェア」を開催しました。「東北を明るく元気に！」「自然エネルギーによる安心できる社会へ」をテーマに、621の企業・行政機関・金融機関・社会福祉団体等がブースを出展、約2万人の方々が来場し、新たな出会いが生まれました。生活協同組合や農業協同組合、労働者協同組合など、様々な協同組合組織が独自の活動を繰り広げました。

では、なぜ国連が「国際協同組合年」を定めたのか。その背景には金融資本主義のグローバル化に伴うお金の暴走と各国経済の不安定化があります。金融の自由化・国際化・証券化の波が地球規模に広がり、日本でも「金融ビッグバン」[2]の掛け声の下、「貯蓄から投資」へお金の流れを変える金融政策が押し進められてきました。今や日本経済も私たちの生活も市場のマネーゲームに翻弄されるようになっています。そして2008年、リーマン・ショック（アメリカ大手証券会社が引き起こした金融危機）で世界経済が大混乱に陥り、失業者が街に溢れ出すと、市場原理主義の経済は人間社会に幸福をもたらさないのではないかという疑念が世界中で沸き起こったのです。

「お金がすべて」という拝金主義が蔓延した資本主義社会は、「人の幸せとは何か」「国家社会は、そして人間同士の関係は、どうあるべきか」といった人間社会の本質的な問題から外れていく性格を持っています。人々の間に様々な格差を生み、人と人とのつながりを断ち切ってしまう作用があるのです。こうした問題は何も今初めて分かったことではありません。古くは古代ギリシャの哲学者プラトンが『国家論』の中で指摘し、近代経済学の父アダム・スミス[3]も『諸国民の富』の中で「株主の利潤ばかりを追求する株式会社は、国家社会にとって好ましくない」と警告しています。マルクスもケイン

---

2　1996年から始まった大規模な金融制度改変。証券会社の専売特許だった投資信託の販売が解禁され、銀行に続き、生命保険会社、損害保険会社、信用金庫、信用組合、農業協同組合、郵便局などの金融機関が、元本保証のない株や債券などの投資信託分野に相次いで参入。その結果、金融リスク社会化が進んだ。

3　アダム・スミス（Adam Smith, 1723-1790）：「自由放任、市場原理主義」経済の提唱者とみなされているが、彼の『道徳感情論』を読めば、スミスが市場を「人と人を繋ぎ、豊かさを分け合う機能を果たすべきもの」と捉え、自由競争の前提に共感に基づくフェアプレイを前提に公正な経済システムの構築を説いていたことがわかる。

ズ[4]も「市場を野放しにすることは危険だ」と警鐘を鳴らしていたのです。

人間とは、我が儘で自分勝手な生き物です。だからこそ互いに話し合い、倫理と良識を持って健全な社会、健全なコミュニティをつくっていかなければならない。そうした健全な社会の中でこそ、お金も健全に回るのです。逆に人と人がお金だけの関係になり、市場を野放しにすれば、格差が広がり、バブルや多重債務、振り込め詐欺など、お金をめぐる悪循環が止まらなくなる。現代社会の様々な問題は、要はお金の問題です。お金の本質は、利己主義が生んだ最大の妄想であり、一種の麻薬と言えるでしょう。こうしたお金のもたらす弊害から自分たちを守り、倫理的な経営を目指す協同組合運動を世界的に広げようと、「国際協同組合年」が指定されたのです。

### (3) 協同組合の歴史と信用金庫

協同組合のルーツは、1844年にイギリスで創立された「公正先駆者組合(Society of Equitable Pioneers)」です。当時イギリスでは産業革命による近代化が急速に進み、行き過ぎた資本主義が貧富の差を拡大、社会は混乱を極めていました。労働者たちは低賃金で厳しい長時間労働を強いられ、生活必需品は高騰。大規模ストライキで抗議すれば、失業して生活がさらに悪化する悪循環に危機感を募らせていました。そんな中、マンチェスター郊外のロッチデールで、28人の労働者が1人1ポンドを出資し合い、良質な生活物資を仕入れて出資者の間で安く販売する公正先駆者組合を創設、「一人一票」の平等な原則で民主的な経営を始めます。ここから、人間らしい生活を営める社会を自分たちの手でつくろうと、「協同組合運動」が世界中に広まっていきました。

協同組合運動は、イギリスの経営者であり、労働者の地位向上に尽くした社会改革者ロバート・オーエン(Robert Owen：1771～1858)の思想に基づくものでした。オーエンは綿紡績工場を経営していましたが、目の前の労働者が悲惨な生活をしていることに心を痛め、工場の中に物資を安く買える購買

---

4 ジョン・メイナード・ケインズ(John Maynard Keynes, 1883-1946)：イギリスの経済学者。不況や高失業率を克服するために政府が積極的に介入し、投資や消費需要を増加させる政策をとるべきとする「ケインズ経済学」を唱えた。

**加納久宜公**
（鹿児島県歴史資料センター黎明館所蔵）

部や幼稚園、病院などを設置し、働く人々の生活向上と福祉の充実に努めました。オーエンは、「お金を大切にする」経営ではなく、皆が幸せに働けるように「人を大切にする」経営を行うべきとの考えにたち、人間性回復のための社会運動の一環として協同組合企業をつくり、そうした企業を増やすことで、国家も社会も健全に発展すると考えたのです。

日本でも、1900（明治33）年に産業組合法が制定され、現在の生活協同組合や農業協同組合、信用金庫のルーツである産業組合が誕生します。2年後、幕府の重鎮、上総一宮（かずさいちのみや）最後の藩主で、明治維新後は貴族院議員、鹿児島県知事、帝国農会の初代会長を務め、「日本農政の父」と言われた加納（かのう）久宜（ひさよし）（1848-1919）が、「入新井信用組合」を設立。第一回全国産業組合全国大会を開催して議長を務めるなど、信用組合の普及に尽力しました。加納公は「一にも公益事業、二にも公益事業、ただ公益事業に尽くせ」という言葉を残し、先祖代々授かってきた財産を全て投げ打ち、最後は借財をしてまで地域の人々の幸せのために尽くしたのです[5]。

1945年には東京の城南地区にある15の信用組合が合併し、当金庫の前身「城南信用組合」ができました。その実質的な創設者である小原鐵五郎元会長は「信用金庫は公共的な使命を持った金融機関である」「金儲けが目的の銀行に成り下がるな」の言葉を通して、「良識ある金融、節度ある金融」の大切さを説いたのです。

こうしてルーツを紐解くと、信用金庫が株式会社組織の営利法人である銀行とは根本的に異なることが分かります。地域で集めた資金を地域の中小企業や個人に還元し、地域社会の発展に寄与することを設立目的とする信用金庫は、地域の中に健全なコミュニティを築き、人々の生活を守り、人々の幸

---

5　詳細は、城南信用金庫加納公研究会編〔2014〕『加納久宜子爵　その生涯と功績―協同組合の歴史と意義―』を参照（http://www.jsbank.co.jp/about/history/e-book/FLASH/index.htmlで全文読める）。

せを実現する公的使命を持った、社会貢献のための金融機関なのです。

### (4) 東日本大震災への対応と被災地でのボランティア活動

地震と津波により多数の犠牲者を出した震災に続いて起きた福島第一原発事故により、原発の「安全神話」が全くの虚構であることが判明しました。高濃度の放射能汚染により福島県内には長期間帰還できない地域ができ、全国的にも空気や土壌、食品等が汚染されてしまったのです。

東京都と神奈川県の一部を営業地域とする当金庫では、大震災と原発事故を受けて、信用金庫として何をなすべきか、何ができるのかを考え、話し合いました。阪神・淡路大震災の際にも神戸市等に1億円の寄付を行いましたが、東日本大震災の被害はそうした過去の規模をはるかに超えています。そこで思い切って金庫の諸経費を削減して3億円の寄付金を拠出。職員やお客様の協力を得て1億4千万円を超える募金活動も行いました。

また、いち早くバスを手配して被災地に支援物資を運び、東北地方出身の職員の親族の安否確認を実施。現地のお寺の協力を得て、志願した職員をボランティア隊として被災地へ送り出し、泊り込みで避難所を回り、被災者への炊き出し等の支援活動も行いました。

### (5) 福島原発事故の衝撃

震災から間もなく、津波で大きな被害にあった岩手県の信用金庫から、「4月に入職するはずの採用内定者の内定を取り消さざるを得なくなった。城南信用金庫でうちの採用内定者を何とか引き取ってもらえないか」という依頼を受けます。早速私たちは現地に出向いて採用面接を行い、希望者全員を当金庫で新規採用することにしました。

すると今度は、福島県の信用金庫から「採用内定取消者を引き取って欲しい」との要請が入ります。原発事故で営業地域の半分が退避区域になり、全店舗のうち半数が閉鎖を余儀なくされたと言うのです。私は大きな衝撃を受けました。先祖代々その土地で暮らし、思い出の詰まったかけがえのない故郷を一瞬の原発事故で失ってしまったのです。自分たちの使命を果たすことができなくなってしまった信用金庫の仲間たちの無念を痛いほど感じ、私は義憤にかられました。

原発を推進してきた政治家や経済産業省、電力会社や原子力専門家たちは、「原発は安全対策が十分になされており、何が起こっても大丈夫だ」と繰り返してきました。私たちもこうした言葉を信じ、あるいは無意識のうちに、原発の危険性に目を向けなくなっていました。ところが現実に事故が起き、「安全神話」が全て嘘であったことが明らかになったのです。

### (6) 地域の幸せを守るため、脱原発へ動き出す

事故後、政治家や役人、電力会社、学者、さらにはマスコミも、口を揃えて、「原発事故は想定外だった」「原発を止めるわけにはいかない」という発言を繰り返すばかりでした。どうしてこんな無責任なことが言えるのか。いろいろ調べるうちに、政治家も学者もマスコミも巨大な利権組織に組み込まれ、電力会社がもたらす巨額なお金の流れによって情報が操られていることが分かりました。これでは被災者はとても許せないだろうと怒りを覚えます。

と同時に、信用金庫として、今、何をすべきかを真剣に考えました。仲間の信用金庫が営業地域の半分を失っている惨状なのに、原発の関係者は謝罪もせず、一切の責任もとらず、「電気が足りなくなるので、原発は止められない」という無神経な言葉を繰り返している。マスコミもそれを一切批判しない。ならば私たちが地域の仲間に代わって、正しいと思う意見を述べ、原発を止めるために最大限の努力をすべきではないか。そう考えて、2011年4月1日、当金庫のホームページに「原発に頼らない安心できる社会へ」というメッセージを掲げ、原発を止めるための節電キャンペーンを開始したのです。

原発依存度を下げるために、まず当金庫の本店と全営業店で徹底して節電に取り組みました。建物内の必要のない電気を全部消し、空調設備の使用も減らしました。お客様がいるロビーはどうするか迷いましたが、ご年配のお客様から「こういう時なのだから、もっと電気を消しなさい。戦争中はもっと厳しかったのよ」と逆に叱られ、ロビーの電気も半分を消しました。また、照明をLEDに切り換えれば電力消費が蛍光灯の3分の1になると聞き、各営業店の蛍光灯を順次LEDに取り替え、本店と事務センターの屋上にはソーラーパネルを設置して発電を開始しました。全力で省電力に取り組んだ結果、年間の電気消費量は前年対比で約3割削減。こうして節電を続けていけば、

原発がなくても全く問題ないことを強く実感しました。

地域の人たちにも「皆で節電をすれば原発は止められる」ことを知ってもらうため、「節電プレミアムローン」「節電プレミアム預金」「節電応援信ちゃんの福袋サービス」と銘打った「節電を促す金融商品」の取り扱いも開始します。「節電プレミアムローン」はエコ設備を導入した方向けのローンで、1年間は金利0%で融資するものです。「金利ゼロは、金融機関としてあり得ない」という反対意見もでましたが、「最大の環境問題である原発をなくすためには、多少の赤字は覚悟してでも、企業として断固たる姿勢を示すべき」と考え、商品化を決めました。「節電プレミアム預金」は省電力のために10万円以上の設備投資をした方に1年ものの定期預金の金利を1%にするものです。さらに前年対比で30%以上節電した方には、「節電応援信ちゃんの福袋サービス」としてイメージキャラクターの「信ちゃんの貯金箱つき福袋」をプレゼントしました。

新聞や雑誌、テレビ、ラジオの取材や、市民団体や生協等の講演要請にも積極的に応じ、脱原発の活動を広く世間に訴えました。さらに本店・各支店の電力契約を、原発に依存する東京電力から、原発による電力を使わない「PPS（特定規模電気事業者）」に切り換え、マスコミにも公表しました。「原発のない社会は可能だ」というメッセージを発信し、未来に向けた活動を推進していくことは、地域を守る信用金庫が果たすべき大切な公共的な役割だと考えているからです。

### (7) 原発はバブルと同じ：拝金主義と未来への無責任

金融機関として原発問題に向き合っていると、「原発はバブルだ」という思いが募ります。「バブル」とは、その名の通り、「いつかは消えてしまう泡のように実体のないもの」。「バブル経済」とは、不動産や株式等の資産価格が投機によって本来の価値以上に上昇し、その上昇がさらなる投機を呼び、異常に価値増殖して、最後にはじけて暴落する「経済悪循環のリスクの高い状態」を意味します。

原発は、資源調達から廃炉・廃棄物処理までの全体プロセスを見れば明らかにコストは高く、リスクも大きく、将来性も経済合理性もない技術です。国家の安全保障という観点から見ても、テロやミサイル攻撃による脆弱性が高いという致命的な問題を抱えます。それなのに原発を推進しようとする力が働くのは、電力会社や政治家、官僚、学者、原発立地地域、原発関連企業体を結びつける大きな利権構造があるためです。

お金は、人の心を狂わせ、暴走させ、良識的な判断を失わせる。まさに麻薬です。お金の魔力に取りつかれた孤独な人間たちは、社会や仲間のこと、先祖や子孫のことなど考えずに、自分さえよければ、今さえよければという発想で拝金主義に陥ってしまう。日本の将来に、子どもたちの未来に大きなツケを残すことを知りながら、あえて目をつぶり見て見ぬふりをしているのです。この構造はバブルと同じです。不良債権と知りながら、目先の利益に目が眩み、間違ったことをやり続け、将来に大きなツケを回す。原発もバブルも、お金の暴走による弊害、将来に対する無責任さ、という点では同じなのです。

### (8) 信用金庫としてできること：お金の弊害と戦い、地域の人々の生活を守る

このように原発問題を見てくれば、なぜ私たち信用金庫が協同組織金融機関として、脱原発に向けて力を注いでいるのかがお分かり頂けると思います。お金の弊害を防ぎ、地域の人々の生活を守るのが信用金庫の使命です。だからこそ、私たちは「脱原発」を推進しているのです。

経営方針に、①人を大切にする経営・思いやりを大切にする経営、②健全経営・堅実経営の徹底で「間接金融専門金融機関」を貫く[6]、③お客様本位に基づいた取り組みの徹底を掲げているのも、人々の暮らしを第一に考え、「信頼の絆」で地域経済を守ることを重視しているためです。

現代社会は、子どもの貧困化、いじめや幼児虐待、高齢者の孤独死、家庭崩壊、自殺者の増加など、行き過ぎた利己主義による「お金の弊害」「近代社会の病理」に蝕まれています。いわゆる「勝ち組」とされる富裕層でも、必ずしも幸せとは限りません。お金だけでは「真の豊かさ」は保証されない。

---

6　カードローン等の遊興費を融資する消費者金融業務は一切行わず、創立以来「貸すも親切、貸さぬも親切」という融資の基本原則を貫き、余裕資金の運用もリーマン・ショックで問題となったサブプライムローン等の証券化商品への投資は行わず、安全確実な運用に努めている。

お金だけに縛られない「支え合う豊かな人間関係」が必要なのです。だからこそ今、信用金庫の存在価値が高まっているのだと思います。お金を扱っていても、お金の魔力に取り込まれない。目先の利益に心を奪われない。そうした強い信念と使命感を持って、これからも、人と人をつなぎ、地域社会を豊かにするために、全力で取り組んでいきたいと考えています。

## 3. やりがいのある仕事と報酬

2010年に理事長に就任した際、私は役員報酬を大幅に削減するとともに、地位肩書に関係なく年齢によって給与が決定される制度に給与体系を改めました。給与と仕事は比例するという成果主義を脱して、「仕事は心意気でやるもの」という姿勢を示したものです。私の年収も支店長並みの1,200万円にまで下げました。金銭や報酬に関心を持つこと自体を否定するわけではありませんが、信用金庫のトップが高級車を乗り回し、「報酬こそが仕事のやりがいだ」という姿勢で仕事をしていたら、部下はどう考えるでしょう。経営陣の給与は社会の公共的資産。それは職員全員が働いて得たお金であり、信用金庫のお客様に拠出していただいているお金です。このことを肝に銘じています。

現場の職員からも、ただ高い給料を貰っても、意味のない仕事は楽しくない。心の底から感謝される仕事をしたほうが何倍も嬉しい、との声をよく聴きます。自分が意味があると信ずる仕事に本気で取り組むことで、働くことへのやりがいが生まれるのだと思います。

また、経営陣が惰性や私欲に流されず、世のため人のためという公的使命に徹するための仕組みとして、トップも含めた「役員60歳定年制」も導入しました。役員は決められた任期を全力で経営にあたり、後は若い後継者を育てることが大切だと考えます。それで、役員を卒業した者たちによる「顧問会議」を設置し、経験不足な若手の理事長や理事を支援する制度もつくりました。

2015年6月に定年を迎え、改めて理事長としての4年間を振り返ると、短くも充実した、やりがいのある日々でした。常にやるべきことは何かと考え、様々なことを実行できたと思います。

## 4. 信念を貫く

私が15歳の時から大切にしてきたことは、原理・原則を大切にして、信念を貫く生き方です。「信用金庫は何のためにあるのか」という原点を常に自問しながら、「銀行に成り下がらない」という矜持を持って働いてきました。むろん利益を上げなければ会社は維持できませんが、利益を上げることが自己目的化してしまったら、信用金庫は存在理由を失ってしまいます。

東日本大震災に際しても、被災地で仲間たちが大変な目に遭っているのを放置したまま仕事を続けていたのでは、自分たちのアイデンティティが崩壊してしまう、やれることはやろうと決意して、被災地支援に率先して取り組みました。原発事故への対応も、見て見ぬふりをしたくない、その一心で取り組んできたのです。

「企業は、商人は、ただ黙って働いていればいい」という意見もあります。しかし、私はそうは思いません。企業とは一つの社会的存在であり、働く私たち自身も一人の誇りある人間です。人間には理想もあり、魂も哲学もある。発言し、行動し、社会を助けていくという積極的な役割が求められているのです。正しいと思うことを発言するのは、当たり前のことです。何も言わなければ、何もしなければ、自分自身が誇りも魂も失った卑怯者になってしまうのですから。

今、私たちに必要なのは、山積する社会問題を前にして思考停止するのではなく、希望と勇気と志を持って、一人ひとりが動き出すことです。声を挙げ、政治に働きかけることはもちろん、自分たちで助け合いながら解決できる問題も確実にあります。家族、学校、会社、地域の中――自分が今いるコミュニティの中で、自力で解決できる問題がたくさんある。まずはそこから、自分が動くことで変えていきましょう。

### 読んでみよう

①吉原毅〔2012〕『信用金庫の力―― 人をつなぐ、地域を守る』岩波書店.
②吉原毅〔2012〕『城南信用金庫の「脱原発」宣言』クレヨンハウス.
③吉原毅〔2012〕「企業も経済も人の幸せのためにならないなら存在する価値は

ない」坂本龍一＋編纂チーム『NO NUKES2012：ぼくらの未来ガイドブック』小学館スクウェア.
④吉原毅〔2014〕『原発ゼロで日本経済は再生する』角川学芸出版.
⑤原子力市民委員会〔2014〕『これならできる原発ゼロ！市民がつくった脱原子力政策大綱』宝島社.
⑥高橋信夫〔2010〕『虚妄の成果主義』ちくま書房.
⑦堂目卓生〔2008〕『アダム・スミス：『道徳感情論』と『国富論』の世界』中公新書.

## みてみよう

①福島原発事故は何だったのかをわかりやすく伝え、未来の選択に向けた対話のための情報を発信する「わかりやすいプロジェクト（国会事故調編）」 http://naiic.net/storybook
②混乱なく脱原子力を進めるための具体策がわかる市民による市民のための「原子力市民委員会」http://www.ccnejapan.com/?page_id=3000
③協同組合とは何か、どんな取り組みがあるのかがわかる「IYC記念全国協議会」サイト http://www.iyc2012japan.coop/

# ビットコインから見るお金の本質
# ――貨幣とは、もともと仮想のもの

2014年2月、インターネット上の仮想通貨（バーチャルマネー）「ビットコイン」の取引所を運営していた「マウントゴックス」社が経営破綻したことで、ビットコインに対する不信が広がりました。

ビットコインとは、インターネット上でやりとりされる「実体のないバーチャルなお金」です。インターネットで取引する際に、銀行を介さず、仮想のお金で簡単に支払いができれば、「世界共通の通貨」として為替手数料もかからず便利になる。そう考えた人たちがビットコインのしくみをつくり、ネットの世界で自然発生的に使うようになりました。利用者が増えて普及し始めると、ネット決済に留まらず、現実の店でも使える場所が増え、投機目的で使う人も急速に増えていきました。

マウントゴックス社は、人気カードゲーム「Magic: The Gathering Online eXchange、略称Mt. Gox」のカードを売買するオンライン取引所でしたが、次第にビットコインを日本円や米ドルと交換する両替所として大きくなり、顧客から預かったビットコインをインターネット上で売買するサービスを提供するようになります。それがハッカーの攻撃を受けて、管理していたデータを消失、顧客から預かっていた現金もビットコインも失われたとして、突然サービスを停止したのです。その損失額は破綻前のマウントゴックス社の相場で換算すると日本円で114億円とも言われ、多くの利用者がビットコインを現金化できなくなる事態に陥りました。これは異常な倒産事件でしたが、一方で、貨幣の成り立ちを考えると、通貨とはそもそも使う人の「共同幻想」の上に成り立つ、不安定なものだと言えます。

「貨幣とは物質のようなものではなく、貨幣として機能するものを貨幣と呼ぶ」。これは、経済学の教科書に書かれた、「貨幣」の定義です。もともとお金は「物々交換を仲立ちする手段」として生まれたものです。みんなが「お金だ」と認め、交換手段として「信用」して利用する人がいる限りにおいて、お金はお金として機能できるのです。

古代には貝や石が通貨として流通していた地域もありましたが、現代では誰もそれらを通貨として信用はしません。中世の時代には金や銀などの貴金属が交換手段となりましたが、果てしなく増え続ける世界の貨幣流通量を賄えず、その使命を終えました。そして、紙幣が誕生します。最初は「いつでも金と交換する」と保証した書付（かきつけ）として流通しましたが、やがて金の書付がなくても使われるようになり、「ただの紙切れ」が当たり前に通貨として機能するようになったのです。今では為替制度や預金制度、クレジットカードや電子マネーも登場していますが、信用によって成り立つというお金の本質は変わりません。

貨幣には価値交換機能、価値保存機能、価値尺度機能の３つの機能があります。これを備えることで安定して流通する通貨になるのです。これらの機能を担保するのは国家であり、人類は長い歴史の中で政治経済や法律の仕組みをつくり、それらを最大限に駆使しながら、政府や中央銀行などによる公的な管理の下で貨幣の安定化を図ってきました。

①価値交換機能：あらゆるモノやサービスと交換・決済する際の支払い機能
②価値保存機能：腐ったり減ったりせず、将来に備えて価値を貯蓄できる機能
③価値尺度機能：モノやサービスの値段、価値を測ることが出来る機能

一方、ビットコインは、そうした貨幣の歴史から解き放された形で、単に「便利だから」という理由で生まれ、普及しました。政府や中央銀行など公的な管理機関は存在せず、利用している人たちの承認によってのみ成り立つ「究極の信用貨幣」と言えるのかもしれません。しかし特定の発行主体が存在せず、あらかじめ設計されたインターネット上のプログラムに従って運用されているビットコインは、その匿名性や制限の無さから犯罪資金としても利用され、問題視されています。また、インターネットのための使いやすい送金手段として生まれたはずのビットコインが、いつしか短期的な価格変動で利益を上げるための手段となり、価値の交換という通貨の役割を果たすよりも、投機的な金融商品へと変貌してきました。

もともと不安定な貨幣をつなぎとめる国家のくびきを解き放ってしまったのですから、今回のような破綻は起こるべくして起きたとも言えるでしょう。日本の経済界でも、資本として価値増殖を始めたビットコインをビジネスチャンスとして積極的に取り組もうという動きがあったようですが、時代に乗り遅れまいと焦るあまり、物事の本質を見失ってしまっていたのではないでしょうか。

ビットコインに限らず、最近はさまざまな分野で、「自由が善、規制は悪」と

いう風潮がありますが、今回の事態は世界の経済界に少なからぬ教訓を残したと思います。

**（吉原　毅）**

第7章

# フェアトレードで持続可能な共生社会づくり

## ―人と地球、人と人をつなぐ風の交差点になる―

土井ゆきこ（どい・ゆきこ）

1948年生まれ。高校卒業後、損保会社に入社。後に広告会社に転職、寿退社。専業主婦を経て事務パートタイマーとして地元企業に復職。数年後のフルタイム契約社員中に女性起業セミナーを受講し、1996年「愛知県女性総合センター」1階に「フェアトレード・ショップ風”s（ふ～ず）」起業。同時に市民団体「GAIAの会」を立ち上げ、フェアトレード啓発に動き出す。2009年「名古屋をフェアトレード・タウンにしよう会」、2013年には他団体と共に「フェアトレード名古屋ネットワーク（FTNN）」設立、初代代表。2016年6月正文館書店本店2Fへ移転。

フェアトレード・ショップ　風”s　http://huzu.jp/

名古屋をフェアトレード・タウンにしよう会　http://www.nagoya-fairtrade.net/

写真：2014年3月29日 第8回フェアトレードタウン国際会議 in 熊本　© 土井ゆきこ

## 普通の主婦がフェアトレードの店を始め、フェアトレード・タウン運動に取り組む

ごく普通の主婦が、ひょんなきっかけでフェアトレードに出会い、フェアトレード・タウン運動を始めました。1996年5月にフェアトレード専門店「フェアトレード・ショップ風”s（ふ〜ず）」を起業し、2015年で店は二十歳（はたち）になりました。

フェアトレードとは、人と地球、人と人が「共に生きる・生かされる社会づくり」を理念とする「公正な国際貿易」のしくみです。生産、流通、消費に関わるすべての人に「人間らしさ」をもたらし、地球生態系の命を慈しみ守る視点に立って、「安定した取引」「安全な労働環境」「環境に負荷をかけない農法」を基本に、貧困に苦しむ生産者の生活や生産地の環境を改善します。生産者と消費者を直接つなぎ、地域コミュニティの文化や自然風土、生物多様性の保全にもつながる「地産地消」や「産直提携」の国際版ともいえます。

今、食品から衣料・雑貨まで、いろんなフェアトレード産品がありますが、フェアトレードは買い物から世界を知り、買い物で意思表明し、地域や世界の未来を持続可能で平和な方向に変えていく力になります。そんなフェアトレードをライフワークに22年、フェアトレードの情報が行き交う交差点になりたいと、走り続けてきた私の人生の軌跡を振り返ってみたいと思います。

## 1．ライフヒストリー

### (1) フェアトレードとの出会い

私は「普通」の女の子でした。学力も体力も芸術系も普通、本を読むわけでもなく世界についても無頓着。そんな平々凡々な私は、高校を卒業して数年間会社で働き、結婚を機に家庭に入り、三児の母になりました。そして末子が2歳の時、パートタイムで働きはじめます。10時から15時の限られた時間の中に、母でもない妻でもない、一人の女性として仕事ができる喜びを改めて実感。仕事の面白さを覚え、パソコンも仕事の中で覚えて、やがてフルタイムの契約社員として働くようになりました。

そんなある日、私は夫と歩きながら「お店が持てたらいいね～」と話していました。その道のことは今でも覚えています。その時は「何となくの夢」でした。どんな形であれ、夢は、語ること。それがとても大事だと思います。「こんな風になったらいいな～」というふとした思いから、私の夢はスタートしました。

私が話した夢から夫がキャッチしてくれた情報は、生協の回覧冊子に掲載されたたった数行の「女性起業セミナー」の案内。土曜の午後、チラシ片手に出向いたセミナー会場で会費を聞くと、半日数時間の講座で5000円！当時の私には高額でしたが「聞いた以上は帰れない」と参加してみたのが、すべての始まりです。その日は、地域密着型ビジネスと女性の起業を支援する団体「ワーカーズ・エクラ」[1]の主催で、銀行の支店長になった女性のお話でした。私には、この講座が自分自身のあり方を問う「生き方セミナー」のように感じられ、それが魅力で毎回参加するようになります。フェアトレードに出会ったのもこのセミナーでした。講師の関戸美恵子さんが内橋克人の著書『共生の大地：新しい経済がはじまる』を引用して説明されたフェアトレードの話に、「そうだ、これだ！」と強く共感。なぜそう感じたのか、その時は気づきませんでしたが、心の奥でずっとひっかかっていた私の問題意識が、呼び起こされたのです。

それは、子育て真最中で世界の問題には全く無関心だった頃のこと。マンションの一室で開かれた出前コンサートに誘われて参加すると、シンガーソングライターまのあけみさんがギター片手に「生活の歌」を歌い、私たちが普段食べているバナナやエビの生産現場の実態を話してくれました。フィリピンのバナナ農園労働者は子どもも含め一家総出で働いても食べていけない低賃金で働かされ、大量の農薬使用で皮膚病などの健康被害が多発していること、集約型エビ養殖池の乱開発がインドネシアのマングローブ林を破壊し、日本向けエビ加工工場で働く女性たちは廃棄されるエビの頭を食用にしていること……日常の食卓の裏側を初めて知った私はショックで、普通のバナナ

---

1　エクラはその後、NPO法人「起業支援ネット」となり、「仕事を起こす、自分を起こす、地域を起こす」を合言葉に「身の丈・コミュニティビジネス」の起業家を育てている。(http://www.npo-kigyo.net/)

やエビが買えなくなりました。これが、今の仕事の原点です。

### (2) 48歳でフェアトレード・ショップ起業

女性起業セミナーがきっかけとなり、生涯現役で人の役に立つことがしたいと思うようになった私は、末子が小学4年になった48歳の時、「愛知県女性総合センター」の店舗公募に応募し、幸運にも合格。センター1階にフェアトレードの専門店を中部地区で初めてオープンしました。1996年のことです。

フェアトレード・ショップ風”s（ふ〜ず）
正文館店店頭

毎日食べているものや着ているもの、使っているものは、誰がどこでどんな思いでつくったのか、それぞれのモノの背景を想像して生活したい。人や環境を犠牲にしない買い物がしたい。生産者と消費者の「顔の見える関係性」をつくりたい。そう思い、私は「フェアトレード・ショップ風”s（ふ〜ず）」を始めました。

### (3) 生産者を訪ねる海外スタディツアーを重ね、60歳で地球一周

フェアトレードの生産現場を自分の目で確かめたい。生産者に会ってみたい。そう思って、店を経営しながら続けてきたのが、海外スタディツアー参加です。最初に訪れたインドとバングラデシュでは想像を絶する光景を目の

タンザニアのキリマンジャロ麓ルカニ村にて

ブータン・チモン村学校の女の子たち

**表1　私のスタディツアー記録**

| ①私の初めてのスタディツアーはインド（1996年） |
|---|
| 夜中についた空港で目に飛び込んできたのは、トイレの床で寝ている数人の女性たち。昼間はトイレット・ペーパーを手渡してチップをもらったり、トイレ掃除をしたりして、生活の糧にしているようでした。その光景は想像すらしなかった世界だった。 |
| ②初めてのバングラデシュ（1997年） |
| 新聞に載っていた忘れられないバングラデシュの1枚の写真。それは、乳飲み子を抱えて座り、炎天下ハンマーを手に持ち煉瓦を砕いている母親と、その傍らに立つほとんど全裸の幼児の姿だった。この母子のことを心に、首都ダッカを回った。 |
| ③マヤの先住の民が住む「メキシコ」（2007年） |
| メキシコ「トセパン組合」のコーヒー生産者を訪ね、マヤ先住の人々の意識の高さや地球環境への思いに心を動かされた。サポートしているつもりで教えてもらっているようなもの。フェアトレードでつながる関係はあたたかいと感じる体験だった。 |
| ④5つの国に囲まれた国「ラオス」（2010年） |
| 難民キャンプ生活を経て、ラオスのシビライ村で暮らすおばあさんとの出会い。目を合わせた時、互いに言葉をほとんど交わすこともなく、抱き合って泣いてしまった。同世代と思われる彼女の苦労に思いを馳せ、心が通う不思議な体験だった。 |
| ⑤2回目のバングラデシュ（2012年） |
| 15年後のバングラデシュでは、手織・手刺繍製品をつくる生産者団体「スワローズ」を訪問。言葉は通じなくても、椰子の葉を編む女性たちにカメラを向けながら交流、どんどん笑顔が広がり、やがて彼女たちと庭に出て、みんなで輪になり踊った！ |
| ⑥GNH（国民総幸福）の国「ブータン」（2012年） |
| 電気のない生活文化が残るチモン村。焚火の前で村の長老は、私たちが飛行機と車で村を訪れた事実は嬉しいが、電気や貨幣経済など、文明の波が押し寄せてくる不安、便利な生活への期待と文化消失の危機に思いは混乱していると語った。 |

当たりにし、日本では当たり前のことが全く当たり前ではない数々の体験をしました。

以来私は、ラオス、ブータン、メキシコ、ネパール、ペルー、タンザニア、インドネシアなど、世界各地の生産現場を訪ね、それぞれの土地に根ざした生産者の人たちの「生きる」姿を見せてもらってきました。訪問後は、想像の世界にすぎなかった生産者のことを常に隣に感じるようになり、つながっている実感があります。そうした生産者との出会いが、店で一つひとつの製品の背景やフェアトレードの理念を伝える私の原動力になっています。

そして60歳になった2008年、私はピースボート[2]に乗り、地球一周の旅

2　平和構築のために1983年に創設された国際交流の船旅をコーディネートするNGO。「地球一周の船旅」は、3カ月で世界の約20カ国を訪れる。

に出ました。ピースボートが始まった1980年代、船上の友人から送られてきた1枚の絵葉書が私の心を動かし、「いつか行きたい、行けたらいいな」とずっと思っていたのです。その念願の夢を、60歳で叶えました。それまでは3カ月も店を抜けるなんて考えもしなかった私ですが、人生の節目の年に一度一人になって海の上で生活し、これからの「降りてゆく生き方」を考えてみたいと思ったのです。それからは私がいなくても店が回っていくように、思い切ってスタッフを増やし、仕事を任せる体制にしました。これが今、私がフェアトレード・タウン運動に自分の力と時間を注げることにつながっています。

出発の日は大雨。でも出発時刻の正午に雨がピタッと止み、出航のテーマソングとともにピースボートは横浜港を出発。船上では「水先案内人」による様々な講座やワークショップで学び合い、寄港地では現地の人々との交流を楽しみました。19カ国24の港にゆっくり入港し、できたての思い出を胸にゆっくり出航。飛行機とは違うスローな時間を味わいながら「ま〜るい地球」を体感する旅でした。

船から降りて気持ちも一新、久しぶりに戻った店は、いつもとは少し違って見えました。そして海から力をもらった私は、「降りていく生き方」どころか、「名古屋をフェアトレード・タウンにする！」という次の夢に向かって、新たな舟を漕ぎ出すことになるのです。

### (4) 名古屋をフェアトレード・タウンに！：フェアトレードで街おこし

2000年、人口5千人の英国の小さな町ガースタング市が世界初の「フェアトレード・タウン」になって以来、自治体がフェアトレード・タウンであることを公に宣言するしくみは、全英、欧州全域、世界へと広がり、2017年7月現在、世界30カ国、1971の郡市がフェアトレード・タウンになっています。日本でも2011年に熊本市が日本初・アジア初のフェアトレード・タウンとして認定され、2015年に名古屋も日本で2番目に認定されました。2016年7月にも神奈川県逗子市が3番目のタウンになり、現在浜松市始め日本各地で活発に動いています。

実は、フェアトレード・タウン運動を知った当初は、「手の届かぬ夢」と諦めていました。フェアトレード・タウンになるには5つの基準をクリアす

**表2　英国のフェアトレード・タウン認定基準**

| 基準1 | 議会によるフェアトレード決議 |
| --- | --- |
| 基準2 | 人口に応じた一定数以上のフェアトレード販売店の存在 |
| 基準3 | 地域の職場（企業・団体など）での使用 |
| 基準4 | フェアトレードのキャンペーン等の実施とメディア等の報道 |
| 基準5 | フェアトレードを推進する常設委員会の設置 |

出典：「理論編②コミュニティ活動としてのフェアトレード」『開発教育 特集：学びとしてのフェアトレード』60：23

る必要があり（表2）、人口200万人都市の名古屋ではできっこないと思っていたのです。そんな気持ちが変化したのは、ピースボートで心機一転した2008年秋、東京のフェアトレード団体「ピープル・ツリー/グローバル・ヴィレッジ」主催の展示会に参加した時のこと。全国から集まったフェアトレード小売店の仲間から「みんなでフェアトレード・タウンになりたいって手を挙げよう」と呼び掛けられ、「手を挙げるだけなら、私にもできる！」できないと思い込んでいたこの時、蓋があきました。

それからは、上京して「自治体/NGOと、どう協働してフェアトレードを広めるか」をテーマにした1泊2日のセミナーに参加したり、NPO法人「フェアトレードラベル・ジャパン」の事務局長による講演会「フェアトレード・タウンでまちおこし」に参加したり。フェアトレード・タウンの情報をどんどん吸収していきました。そして、フェアトレードを広める鍵は「地域コミュニティの復活・再生」だと確信していくのです。

また、大都市ロンドンもフェアトレード・タウンだと知り、それなら名古屋でもできるのではないかと勇気づけられた私は、2009年に「名古屋をフェアトレード・タウンにしよう会（なふたうん）」を発足。フェアトレードを縁結びにした「新しい形のまちおこし」を推進していくための学びの場づくり・ネットワークづくりを開始します。

一方、2011年には日本のフェアトレード・タウン認証組織「フェアトレードタウン・ジャパン（FTTJ）」が、英国の認定基準に、「地域活性化への貢献」という日本独自の「コミュニティ活動基準」（基準4）を加えた「フェアトレード・タウン6基準」を定め（表3）、2014年には「フェアトレード・フォーラム・ジャパン（FTFJ）」と名称を改め、タウン認証の枠を超えた

**表３　日本のフェアトレード・タウン認定基準**

| 基準１．推進組織の設立と支持層の拡大 |
|---|
| フェアトレード・タウン運動が持続的に発展し、支持層が広がるよう、地域内の様々なセクターや分野の人々からなる推進組織が設立されている。 |
| 基準２．運動の展開と市民の啓発 |
| 地域社会の中でフェアトレードへの関心と理解が高まるよう、様々なイベントやキャンペーンを繰り広げ、フェアトレード運動が新聞・テレビ・ラジオなどのメディアに取り上げられる。 |
| 基準３．地域社会への浸透 |
| 地元の企業や団体がフェアトレードに賛同し、組織の中でフェアトレード産品を積極的に利用するとともに、組織内外へのフェアトレードの普及に努めている。「地元の企業」には個人経営の事業体等も含まれ、「地元の団体」には学校・大学等の教育機関や、病院等の医療機関、町内会・商工会等の地縁組織、各種の協同組合、労働組合、寺院・教会等の宗教団体、福祉・環境・人権・まちづくり分野等のNGO/NPOが含まれる。 |
| 基準４．地域活性化への貢献 |
| 地場の生産者や店舗、産業の活性化を含め、地域の経済や社会の活力が増し、絆が強まるよう、地産地消やまちづくり、環境活動、障がい者支援等のコミュニティ活動と連携している。 |
| 基準５．地域の店（商業施設）によるフェアトレード産品の幅広い提供 |
| 多様なフェアトレード産品が地元の小売店や飲食店等で提供されている。フェアトレード産品にはFLO（国際フェアトレードラベル機構）ラベル認証産品とWFTO（世界フェアトレード機関）加盟団体の産品、それに地域の推進組織が適切と認めるフェアトレード団体の産品が含まれる。 |
| 基準６．自治体によるフェアトレードの支持と普及 |
| 地元議会がフェアトレードを支持する旨の決議を行うとともに、自治体の首長がフェアトレードを支持する旨を公式に表明し、自治体内へのフェアトレードの普及を図っている。 |

出典：FTTJ「フェアトレードタウン基準」（フェアトレード・フォーラム・ジャパン（旧フェアトレード・タウン・ジャパン）http://www.fairtrade-forum-japan.com/フェアトレードタウン/　参照（2015年11月10日閲覧））

フェアトレード推進の役割を果たすようになります。また2012年には、公正で持続可能な社会を担う消費者の養成を目指す「消費者教育推進法」も施行され、フェアトレード推進を後押しする法律もできました。

　こうした機運に乗って2013年、名古屋でフェアトレード活動に取り組んできた同志の市民団体が中心となり、自治体、企業、学校などに広く参加を呼び掛けて、「フェアトレード名古屋ネットワーク」を設立、運動を加速させていきました。そうして遂に2015年９月19日、名古屋をフェアトレード・タウン国際認定都市にする夢を実現できたのです！

## 2．コミュニティ活動として、フェアトレードを広める

　日本でフェアトレードといえば、「公正貿易」の他にも「草の根貿易」「民

**表 4　フェアトレードをライフワークにした私の生業**

| 活動名称 | ミッション | 活動内容 | 発足年月・運営 |
|---|---|---|---|
| フェアトレード・ショップ風" s（ふ〜ず）<br>http://huzu.jp/<br>GAIAの会<br>ジェームズ・ラブロックの「ガイア理論」に基づく映画「Gaia Symphony（地球交響曲）」※に触発され命名 | 女と男、老人と若人、障害を持った人と今そうでない人、南の国と北の国、自然と人との共生を求め、いろいろな人の心に新たな風を起こす「風の交差点」となる場づくり | ・フェアトレード商品の販売<br>・フェアトレードの啓発<br><br>・「地球上の一人一人の命が地球生命体の細胞とするなら、一人一人が人として平和に生きることを望めば、それぞれの命の歌を歌うことができる」と願い、企画を通じて人と人がつながっていく活動として、フェアトレードの勉強会・講演会・国際理解教育ワークショップ・コンサート・映画上映会・展示会・バザー参加などを展開 | 1996 年 5 月〜<br><br>GAIAの会を母体組織として 2009 年 6 月から「なふたうん」へ移行 |
| 名古屋をフェアトレード・タウンにしよう会（略称なふたうん）<br>http://www.nagoya-fair-trade.net/ | フェアトレードに興味を持つ老若男女が、フェアトレードを入り口に世界へ視野を広げ、環境・人権・文化など様々な角度から互いに学び合い、生活者・消費者・創造者として地域に根ざした活動をする | フェアトレードをテーマにした講演・参加型ワークショップ国際理解教育の出前授業や講座・展示企画・バザー出店・入門講座開催・名古屋フェアトレード展示会の企画運営・ナゴヤFTユースチー夢運営 | 2009 年 6 月〜<br><br>月 1 回「も〜やっこカフェ」会議を持ち、会員の交流・勉強会・会運営の推進 |
| 名古屋にフェアトレードを広めるための会議 | 名古屋でフェアトレードを広めるためのネットワークづくり | なふたうん主催で、市民・NPO/NGO・学校・企業・議員・行政との連携を図る「名古屋にフェアトレードを広めるための会議」を 1 年間、隔月に開催。 | 2011 年 11 月〜<br>1 年間 |
| フェアトレード名古屋ネットワーク<br>（FTNN：Fair Trade Nagoya Network）<br>http://www.ftnn.net/ | 世界中の人々が安心・安全な暮らしができるよう、地域と地域がつながり、地球規模で公正で持続可能な社会を創り上げていく必要があるとの信念に基づき、フェアトレード推進運動を加速化させる | フェアトレード運動促進のためのイベント実施や広報推進<br>5 月フェアトレード月間中の各団体の様々な企画を、名古屋を中心に紹介するパンフレット作成、ニュースレター「惣Sou」発行<br>名古屋市広域のＦＴ商品取扱店（少なくとも 2 品目以上）の店舗確認、NAGOYA FAIRTRADE MAP作成（1 品目の場合も 0.5 店舗とカウント）<br>名古屋市をFTタウンとして登録し、他地域でもFTタウン運動普及活動<br>ＦＴ関連団体間の情報共有・ネットワークづくり<br>行政、企業、教育機関、NPO・NGO・任意団体等様々なセクターとのネットワーキング活動<br>ESDの普及など、様々な運動との連携活動<br>その他、上記の目的を達成するのに必要な活動 | 2013 年 1 月〜 2015 年 1 月<br><br>他のフェアトレード団体に呼び掛け設立・初代代表 |

※　地球交響曲（ガイアシンフォニー）：英国の生物物理学者ジェームズ・ラブロック博士のガイア理論「地球はそれ自体がひとつの生命体である」という考え方に勇気づけられ、龍村仁監督が制作を始めたオムニバス形式のドキュメンタリー映画シリーズ。1992 年公開の第 1 番から最新作（2015 年春現在）の第 8 番「宇宙の声が聴こえますか：人類文明の新たな進化に向けて」まで、草の根の自主上映を中心とした上映活動を全国各地で展開。上映会スケジュールは公式サイトで確認できる。http://gaiasymphony.com/

衆交易」「コミュニティトレード」「オルタートレード（新しい形の貿易）」など、いろんな呼び名があります。フェアトレードが、①買い物で国際協力、②公正貿易で貧困撲滅、③途上国の生産者と先進国の消費者を結ぶ国際産直、などの多面的な役割を担っているからです[3]。

私もこれまで様々な形でフェアトレードに取り組んできました（表4）。最初は限られた仲間と自分のできる範囲でいろいろ頑張っていましたが、「フェアトレード・タウン運動は地域を再生するコミュニティ活動」と理解してからは、地域連携にのりだし、自分が暮らす街をどうしていきたいかを共に考え、コミュニティ再生のために行動を促す「なふたうん」の活動をメインにしてきました。活動の柱は、国際理解やESDの学びの楽しさを知る「参加型ワークショップ」です。現実社会の課題を具体的に学び、行動する手立てとして、フェアトレードをテーマにしたオリジナル・ワークショップ、小学生から大人まで参加できる「チョコレートの来た道」をつくり開催回数は100回を超えています。身近なチョコレートを題材に南北問題や児童労働の問題を知る国際理解教育で、参加者たちはいかに自分が恵まれた環境にいるかという自分の立ち位置を知り、何ができるかを考えはじめます。

## 3. 私のワークライフバランス

### (1) 店の運営と日々の暮らし

毎日の暮らしの食材は、木曽川流域でとれる野菜の宅配便（くらしを耕す会）を利用しており、醤油・塩などの調味料やチョコレート・コーヒー・紅茶・ジャムなどの嗜好品、衣類や蚊取り線香などの日常雑貨も自分の店にあるので、買い物に行く必要はほとんどありません。健康を保てるものや環境にいいフェアトレード産品を、普段の暮らしの中で実際に使っていることで、店にみえるお客様にも自信を持って勧めることができます。

店の経営状況については、店をはじめて1～2年はやりくりが苦しく、夫の退職金に支えてもらいました。感謝しています。また私が起業すると、夫は長年の企業戦士を辞めて「主夫」になり、その後は二人で店の仕事も家事

3　渡辺龍也〔2013〕『フェアトレード学：私たちが創る新経済秩序』新評論.

もそれぞれ役割を半分ずつ担うようになりました。ただ、夫婦が同じ舞台で仕事をすることは思わぬ難しさもあり、数年間お互い口もきかない危機的な時期もありました。三男が大学進学で家を出て二人だけの生活になると、それまで半々に分担していた食事の支度を夫はしなくなり、夫は外食ばかりの生活を始めます。すれ違いが続きました。やがて夫が体を壊し、病気が二人の仲を取り持ってくれました。食事はちゃんとしなければならないことに気づき、お弁当を二人分、毎日私がつくることにしたのです。今では、洗濯はそれぞれがして、食事づくりもそれぞれまたは、一緒に作っています。

店が軌道に乗り、経済的に自立できるようになるにつれ、私の精神的自立も始まった気がします。専業主婦の立場だった頃は、無意識のうちに夫に対して従属的な気持ちがあったように思います。今、私は夫のことを「主人」とは言いません。夫婦で互いに支え合い、人間らしく生きる家庭を一緒につくりたいからです。男女ともにワークライフバランスが必要で、男性も女性もいろんな形で働くのが当たり前、家事も育児も家族の介護もやるのが当たり前、そんな共に支え合える働き方が当たり前の世の中になっていってほしいと思います。

愛知県女性総合センターで20年間お世話になりましたが指定管理者制度下にショップも入ってしまい更新叶わず、2016年3月末、近くの老舗書店正文館書店の2Fに移転。現在、店の運営はスタッフ3人と私、隠れ屋的な書店の2F一番奥で営業。歩いて7分くらいの所なので、以前のお客様も訪ねてきてくださいますが経営はまだ難しい。愛知県女性総合センターを出なければならないと知った時は本当にショックでした。2015年11月12日のことです。でも今回の移転にはそれはそれで意味があったと思います。そして正文館さんのご好意で素敵な空間で継続できることに感謝！　フェアトレード・ショップ風”s正文館店の新たなるコンセプトは、「フェアトレード＝地球上の世界へ」「オーガニック＝微生物から見えない世界へ」視野を向け足下の暮らしを見つめ直し、「地域の人とつながる店」として再出発。量り売りの松の洗剤、北区で縫製のオーガニックコットンの下着や柳原商店街のミツバチばーやさんたちの蜂蜜など地域と連携、また学校とのつながりも県内市内に20校近くあり、学生さんたちが、風”sのフェアトレード産品でバザー出店をしています。

### (2) 私の新生活と新たな夢

長年の夢だった山の端に沈む夕日を拝み1日が終わる暮らし、2015年夏から愛知県豊田市稲武町夏焼にある「帰農者住宅」を借り、2017年4月からは夏焼から車で5分北へ行った野入の古民家を新たに借り週の半分近くを過ごしています。できるだけ自然の中でシンプルな生活、手仕事のある暮らしをしたいと思っています。さらなる夢は山里の地域活性化に、世界へ視野を向けた「世界とつながる村おこし」を「フェアトレード」をキーワードに、次世代に「共に生き、生かされる暮らし」をつなげていきたいと思っています。

## 4.「おかげさま」で支え合う共生社会に向かって、風の交差点になる

フェアトレードとは、「自分自身の生き方」を問うことだと思っています。自分の暮らしがどこかの誰かを犠牲にして成り立っていることを知ったことから始まり、20年駆け抜けてきたこれまでの人生を振り返ると、フェアトレードの根底にある「おかげさまで生きている」という思いと、「何があっても人生において無駄なことなど無い」ということを実感します。

ただ、これまでは夢を実現するために頑張りすぎて、自分の力量以上に無理をしてきたように思います。今後は、生活の中に自分自身や自然とつながる時間を意識的に取り戻し、時間を味わいながら、「人間として身の丈に生きる暮らし」を紡いでいきたいと思います。

そして、ゆっくり（Slow）、簡素（Simple）に、暮らしを続け（Sustainable）、土（Soil）とつながり、心（Soul）を耕し、「おかげさま」という関係性で支え合う共生社会（Society）に向かって、私はこれからもフェアトレードを運び、人と地球、人と人をつなぐ「風の交差点」になる夢を追い続けていきます。

**読んでみよう**


①フランツ・ヴァン・デル・ホフ&ニコ・ローツェン〔2007〕『フェアトレードの冒険：草の根グローバリズムが世界を変える』日経BP社.

②キャロル・オフ〔2007〕『チョコレートの真実』英治出版.

③サフィア・ミニー〔2008〕『おしゃれなエコが世界を救う：女社長のフェアトレード奮戦記』日経BP社.
④ローワン・ジェイコブセン〔2009〕『ハチはなぜ大量死したのか』文藝春秋.
⑤ヘレナ・ノーバーグ＝ホッジ＋辻信一〔2009〕『いよいよローカルの時代：ヘレナさんの「幸せの経済学」』大月書店.

## みてみよう

①ナマケモノ倶楽部『サティシュ・クマール、今ここにある未来』ゆっくり堂（DVDブック）
②ヘレナ・ノーバーグ＝ホッジ監督〔2010〕『幸せの経済学』ユナイテッドピープル（DVD）

# エシカルファッション ——9つのやりかた

「エシカルファッション」とは何か？　これを一言で言い表すのは難しい。なぜなら、エシカルファッションとは、スタイルのことではなく、ファッションを作るための「やり方」のことだからだ。その「やり方」がたくさんあり、その総称が「エシカルファッション」である。

では、その「やり方」とは何か？　ファッションビジネスが進化し、最新の流行を手頃な価格で取り入れられるようになった今、日々ありあまるほどの商品が店頭に並んでいる。しかし、その裏には、素材となる植物を育てる人々、その植物を育む大地、それを用いて縫う人々がいることを、少しでも想像したことがある人は、どのくらいいるだろうか？

現在の消費は、大量生産によって成り立っている。その中で、機械のごとく働くことを強要されている人々がおり、資源が無限にあるかのように使い込まれ、最後には大量のゴミとして燃やされる。この心ないやり方を改善すれば、地球や人・動物に良い影響が出るのは明白だ。

では、どんなやり方をすれば良いのか？　世界中でいろんなやり方を実践している人々がいるが、それらを分析・分類し、ETHICAL FASHION JAPANでは、次の9つに分けて紹介している。概略を紹介するので、詳しく知りたい人は、ぜひサイトにアクセスしてみてほしい。

### 1. FAIR TRADE

対等なパートナーシップに基づいた取引で、不当な労働と搾取をなくすこと。フェアトレードには世界基準の認証システムがある。最低条件として、十分な生活賃金や適切で働きやすい労働環境を確保することをいう。

### 2. ORGANIC

有機栽培（注：化学合成農薬や化学肥料に頼らず、有機肥料などで土壌の持つ力を生かした農法）で生産された素材を使用すること。化学農薬・化成肥料、そして環境ホルモンや遺伝子組み換え技術を避け、自然のままの食物連鎖の中で作られる。コットンに関しては世界的な基準が設けられており、労働者の雇用条件・労

「ETHICAL FASHION JAPAN」
ウェブサイト

働環境についても指導される。

### 3. UPCYCLE and RECLAIM

捨てられるはずだったものを活用すること。「Upcycle」とは質の向上を伴う再生利用のことを指し、「Reclaim」は、デッドストックの素材や在庫商品などを回収して利用することをいう。

### 4. SUSTAINABLE MATERIALS

持続可能な循環システムを取り入れた素材を使用する。環境負荷がより低い素材を採用したもの。①天然素材、②エコな化学繊維、③リサイクル繊維、④エコ加工を取り入れた生地、の４つがある。合成繊維は石油などの資源を使用するために天然繊維よりも環境負荷が高いと思われがちだが、天然繊維も栽培時に大量の水を使ったり、殺虫剤などの化学薬品が大量に使われていたりすることがある。誰が・どこで・どのようにして作った素材なのかを考えることが肝要だ。

### 5. CRAFTSMANSHIP

①伝統技術・工芸を取り入れたものづくり、②丁寧な手仕事で作られていた頃のヴィンテージ品を取り入れたものづくり、③高度な熟練の技術をもって作られたものづくりなど、国内外に限らず、昔から受け継がれてきた文化・技術を未来に伝え残すような取り組みを指す。これらは文化・歴史のうえに成り立つものであり、それらを受け継いでいくのも大切だ。

### 6. LOCAL MADE

「Made in Japan」や「Made in USA」など、いわゆる「Made in ○○」のことを指す。地域に根ざしたものづくりで、地域産業／産地を活性化させ、雇用を創出することで地域経済を成長させながら技術の伝承と向上を目指す。

### 7. CARE ANIMALS

ヴィーガン（注：動物性原料を一切使用しないこと）、またはなんらかのかたちで動物の権利や福祉に配慮したものづくりのこと。古来よりファッションは、レザーやファーなど、動物の命をいただいて発展してきた。命をいただいている事実を自覚し、動物の命をむげにすることを避ける取り組みを総称して分類した。

### 8. WASTE-LESS

衣料品のライフサイクル（注：製品の一生のこと。資源の採取から製造、使用、廃棄、輸送などあらゆる段階を含める）の中で、ゴミ・無駄が出る前にそれらを抑えるための取り組み。$CO_2$の削減や、ゼロ・ウェイスト・デザイン（ゴミゼロデザイン）などがある。

### 9. SOCIAL PROJECT

利益の○%を寄付するといったチャリティーなど、本業の利益やビジネスモデルを生かして社会貢献活動をすること。NPO/NGOへの寄付のほか、貧しい国の人々を自社ビジネスで雇用して技術を教えるといった取り組みもある。チャリティー寄付の場合には、対象となる商品もエシカルなものが理想的だ。

以上がETHICAL FASHION JAPANが分析・分類したエシカルなやり方だ。だが、決してこれらが全てではない。まだまだ新たなやり方が生み出されることを期待している。

本来、「エシカル」という言葉は必要のない言葉だ。エシカルなものづくりが当たり前になれば、わざわざ「エシカルファッション」と区別する必要はない。消費は最大の声であり、エシカルなものを選択する消費者が増えれば、生産もそのように変わっていく。エシカルファッションという言葉が必要ない時代を目指して消費者ができること、それは、ものの背景を想像し、エシカルなファッションを選ぶことだ。

**竹村伊央（たけむら・いお）**

2002年に渡英し、ファッション系大学院を卒業後、フリーのファッションスタイリストとして活動を開始。2009年にはLondon Fashion Weekのエシカル部門「Estethica」のカタログを担当し、英・エシカルファッションシーンのモード化に貢献。2010年に帰国、2012年にエシカルファッションの情報サイト「ETHICAL FASHION JAPAN」を立ち上げる。www.ETHICALFASHIONJAPAN.com

Column

# 公教育が教えない知恵や生き方を学ぶ場 ——PARC自由学校

## NGOが運営する「もうひとつの学校」

PARC自由学校は、特定非営利活動法人アジア太平洋資料センター（PARC：Pacific Asia Resource Center）が運営する、学び合いの空間です。公教育が教えない知識とものの見方、生きづらい現代社会を生き抜くための技と知恵や本当の豊かさを、講師とともに身につけていきます。

私たちの暮らしは世界とつながっているという視点から、世界と社会を知り、新たな価値観や活動を生み出す場として、1982年の開校以来、アジアや世界情勢、グローバリズム、紛争・戦争、環境と暮らし、アートなど幅広いテーマの講座を行ってきました。最近は、経済成長に偏重した日本社会を身近なところから変えていこうと、自分らしく生きるためのヒント、その表現方法、自給的農などにも力を入れています。例年、25講座前後を企画し、受講生数は320～400名です。

新しい視点や知識に出会うと、発想が変わります。すると、これまで思っていたのとは違う世界や社会が見えてくるでしょう。そして、いまとは違う（オルタナティブな）社会のあり方について考えたり、動き出したくなります。自由学校はさまざまな世代・仕事・地域の人びとが集い、学び合い、交流するなかで、そのきっかけをつくってきました。受講後に仕事を変える人や、農山村へ移住する人たちも、少なくありません。

PARCは、南と北の人びとが対等・平等に生きられる社会をめざす市民団体（NGO）です。ベ平連（ベトナムに平和を!市民連合）の関係者たちが中心になって、1973年に創設されました。私たち自身が変わることで、日本社会、ひいては世界を変えようという思いで、活動しています。自由学校以外のおもな活動内容は、次の4つです。

①南の国ぐに・人びとの状況や国際的な課題、そして日本社会がかかえる問題についての情報収集と、その解決に向けた政策提言やキャンペーン。
②自分の足で歩き、目で見ることを基本にした、市民目線での調査研究。
③世界の現実をとらえ、社会を見つめ直す教材としてのオーディオ・ビジュア

自由学校の講義風景
（2014年7月3日、
「安倍政権の徹底解剖」）

ル（AV）作品の制作。

④一般に知られていない事実や考え方を伝える雑誌『オルタ』の発行。

南と北の人びとが対等・平等に生きていける関係の創出と日本社会の変革は、深く結びついています。人びとが国境を越えて出会い、ネットワークを広げ、エンパワーし合っていく媒介役がPARCなのです。

### 具体的な内容と人気の傾向

2016年度は「社会を知る学校」「世界を知る学校」「環境と暮らしの学校」「畑の学校」「ことばの学校」「表現の学校」「連続ゼミ」「特別講座」で24の講座を企画し、20講座が成立しました。受講生数のベスト3は、低農薬（一部無農薬）の野菜づくりを農業者に学ぶ「東京で農業！」（33名）、ベランダ菜園で無肥料・無農薬栽培を行う「ベランダで始めてみよう野菜づくり！」（31名）、安保法制の可決を受けて未来をどう変えていけるかを考える「安保法制と『テロ』・紛争・戦争」（25名）。一方、申込者が少なく、不成立となったのは、「思想の大地アフリカ」「人びとがつながる交易――『市場経済』から『市』へ」などです。

受講者は常に女性のほうが多く、年齢分布は30代〜60代がほぼ同じ割合で、20代は多くありません。2016年度はリピーターが約3分の2と、例年より増えました。講師の話を聞くだけではなく、現場に出かけて生の声に耳を傾けたり、自らが身体を動かす内容の講座が、2000年代以降は好評です。最近は座学でも、グループワークをはじめ受講生同士の意見交換を重視しています。

なお、2015年度の受講生数ベスト3は、「東京で農業！」（41名）、「誰が安倍政治を支持しているのか——草の根保守とポピュリズムを読み解く」(32名)、「こうなっていたのか！世界経済のしくみと私たちの暮らし——グローバル企業入門」(26名) でした。

21世紀に入って、自給的農や暮らし目線を大切にしたライフスタイルに関する講座の人気が高まっていきます。一方で、南と北の関係や国際問題について学ぶ講座に人が集まりにくい傾向が続きました。それが大きく変わったのが2015年度です。2016年度も、前述の安保法制のほか、政府やメディアによるプロパガンダの徹底解剖や戦後史の振り返りなどが、かなりの受講生を集めました。これは、安倍政権のもとで戦争や紛争によって平和が脅かされる事態が近づき、子どもの7分の1が貧困状態にあることに象徴されるように新自由主義的政策のもとで格差が拡大している現状に対する、強い危機感の表れにほかなりません。

また、2014年度は「みずからが燃えなければ、どこにも光はない——民衆思想の100年」が31名と予想を大幅に上回り、大好評でした。近代日本の歴史を振り返り、抑圧に抗して生き抜いてきた人たちの言葉と行動を手がかりに現代日本を根本から考える、自由学校ならではの硬派の企画です。自治体や大学が無料で開講する市民向け講座が普及し、集客に苦戦する面もありますが、排外主義とナショナリズムが跋扈する現在、社会のあり方を正面から問う場としての自由学校の役割は、ますます大きいと考えています。

皆さん、新しい視点や知識や仲間との出会い、これまでとは違う世界を発見するアイデアやヒントを探しに、自由学校を受講してみませんか？

**大江正章（おおえ・ただあき）**

PARC共同代表、出版社コモンズ代表、ジャーナリスト。1957年神奈川県生まれ。1980年早稲田大学政治経済学部卒業、編集者を経て、1996年コモンズ創設。著書に『農業という仕事：食と環境を守る』(岩波ジュニア新書、2001年)、『地域の力：食・農・まちづくり』(岩波新書、2008年)、『地域に希望あり：まち・人・仕事を創る』(岩波新書、2015年、第31回農業ジャーナリスト賞受賞)。共著に『新しい公共と自治の現場』(コモンズ、2011年)、『政治の発見⑦守る：境界線とセキュリティの政治学』(風行社、2011年)、『田園回帰がひらく未来：農山村再生の最前線』(岩波ブックレット、2016年) など多数。

第8章

# 誰も排除されない社会をつくる

田村太郎（たむら・たろう）

1971年兵庫県伊丹市生まれ。高校卒業後、世界を放浪。フィリピン人向けレンタルビデオ店勤務等を経て、阪神・淡路大震災で被災した外国人へ情報提供を行う「外国人地震情報センター」設立に参加。1995年10月より「多文化共生センター」事務局長や代表として地域で暮らす外国人との共生をテーマに活動を展開。2007年「ダイバーシティ研究所」設立、CSRや自治体施策を通したダイバーシティ推進にテーマを拡げる。東日本大震災直後に内閣官房企画官に就任。現在も復興庁・復興推進参与として東北の復興に関わる。関西学院大学非常勤講師（社会起業プラクティス）、明治大学大学院兼任講師（ソーシャルビジネス、ダイバーシティ・マネジメント）。

写真：取材に訪れた氷見市の漁村文化交流施設で（右端）©筆者

## ひとつの道を歩いて行くこと

「田村さんはいろんな仕事をされてますね」とよく言われます。私自身はいろんな仕事をしているつもりはないので、最近は、「ひとつの仕事を、いろんな立場でしているだけです」と答えるようにしています。では、どんな「ひとつの仕事」をしているのか。一人ひとりが大切にされる社会、誰も排除されることのない社会をつくる仕事をしている、という感じでしょうか。でも社会をつくることを仕事にしようと思って、準備してきたわけではありません。結果的に今、自分が何を仕事にしているかと考えると、「社会をつくる仕事をしている」というのが一番しっくりくるのです。

週の前半は東北や東京に出かけ、NPO代表あるいは復興庁の参与として東日本大震災の復興プロジェクトに関わり、また多文化共生やダイバーシティの推進をテーマにこれからの社会のあり方をお話しする講師として、北海道から沖縄まであちこち出かけることが多いです。週の後半は関西の大学や自分が役員をしている団体で仕事をしています。確かに毎日異なる場所で異なる人たちと仕事をしているので、「いろんな仕事をしている」ように見えるでしょう。でも今の私があるのは、目の前に次々と現れる課題と向かい合い、その場に居合わせた仲間とともに解決にあたってきた結果で、私としては「ひとつの道」を黙々と歩いてきただけなのです。

どこかに所属して職に就くことに固執せず、いろんな立場でひとつの仕事をする道を選択する根性をつけてくれたのは、20歳をはさんで出会った世界中の人々でした。どこでどんな仕事に就いていても、人はどこかで必ずつながっていて、ひとつの大きな仕事をしています。あっちで働いた方がいいのではないか、いやこっちの仕事の方がいいと迷っていると、時間だけが過ぎていく。その事実に、若くして気づけたのはラッキーでした。どんなに細い水の流れも、いずれは大海にたどり着く。当たり前のことですが、大きな視野に立って見ないと理解できないことでもあります。職業として確立されていない働き方でも、「こんな人たちのために、こんなことを続けたい」という志があれば、後からそれが「仕事」となることもあるのです。私自身の働き方がまだ世の中から「いろんな仕事をしている人」という位置づけをされるくらいですからエラそうには言えませんが、今の常識に振り回されて進路に悩み、時間だけが過ぎてしまうのはもったいない。それだけは自信を持って言えます。

## 1. ライフヒストリー：世界放浪で人の力に目覚める

### (1) センター受験を辞め、世界を見て歩く旅へ

私が世界の人々から学んだことについて、話をしましょう。少し昔の話になりますが、1980年代まで、世界は共産主義国家で構成される「東」と自由主義経済国家で構成される「西」とに分かれ、互いに核弾頭を積んだミサイルを向け合って牽制し、時にはアジアやアフリカ、中南米を舞台に戦争や政変を繰り返していました。1971年生まれの私は小学校・中学校と学校でそうしたことを学び、それはもう変えようのない現実で、市民は平和を祈ることぐらいしかできないのか、と圧倒的な無力感にうちひしがれていました。

しかし高校生になった頃、世界が動き出します。ソ連にゴルバチョフ大統領が登場し、情報公開や政治改革を進めました。中国では天安門広場に民主化を求める学生が集まりました[1]。高校3年の秋にはベルリンの壁[2]が崩壊し、自由を求める大きな社会のうねりが毎日報道されました。私はそれまで感じていた無力感から解かれ、「社会は人の力で変えられるのではないか」という希望を感じるようになりました。

私たちの学年は「大学入試センター試験」が導入された第1回目にあたります。それまでの「共通一次」が大学の序列化や受験地獄を招いたとの批判を受けて「改革」されると聞いていたのですが、実態は私大も巻き込んだ更に大がかりな序列化にしかならなかったように思います。当時私は考古学者になることを夢見ていたので、国立大の文学部を目指し、一応願書は出して、人並みにセンター試験のための受験勉強をしていました。しかし「センター

---

1　天安門事件：1989年、中国の民主化を求める学生、市民らが北京の天安門広場を占拠して政府との対話を訴えた。1976年にも原点とされる同様の民主化運動があったが、いずれも政府が鎮圧した。

2　ベルリンの壁：東ベルリン市民の西ベルリンへの通行を遮断するため、1961年東ドイツ政府によって建設された西ベルリンを包囲する壁。1989年11月に東西ベルリン市民によって破壊され、東西ドイツが再統一されるまで、この壁がドイツ分断や東西冷戦の象徴とされた。

試験対策」と称して続く受験勉強は、今考えても勉強の値打ちのないものでした。また私はマークシート式の試験がどうにも苦手で、「こんなもので人生を左右されるのは我慢できない」と感じていました。

この試験に参加し、自らを序列社会に組み込んでいいのだろうか、それよりも変化し始めた世界を見て、動き始めた世界を自分で確かめる旅に出るべきではないか。そんな思いが日に日に膨らみ、結局私はセンター試験を受けず、働いてお金を貯め、世界を見て歩くことを選択したのです

### (2) 壁をつくるのも人・壁を壊すのも人：社会は人の力で変えられる

1990年秋、私は神戸から船で中国に渡り、シベリア鉄道でヨーロッパへ向かいました。当時のソ連からフィンランド、スウェーデンへと抜け、ベルリンではアパートを借りて、1990年10月3日に東西ドイツが統一されて初めての新年を、世界中から集まった若者たちと共にブランデンブルグ門の下で迎えました。まだ街のあちこちに「ベルリンの壁」が残っていて、「この壁をつくったのも人間であれば、また壊すのも人間でしかない」と実感しました。壁を越えようとして射殺された人々や、彼らに銃を向けた人間のことを考えながら、何度も壁の前を歩きました。

1991年は希望に満ちた年明けでしたが、わずか数週間後に湾岸戦争[3]が始まり、世界は再び混乱に陥ります。私は反戦デモに参加したりしながらヨーロッパを転々とした後、マルセイユから船でアルジェリアに渡り、そのままサハラ砂漠を縦断してニジェール、ナイジェリアと陸路の旅を続けました。ところがパスポートの増補に訪ねた在ナイジェリア日本大使館で「渡航自粛が出ているので、ナイジェリアから国外に出る航空券を買ってこないとパスポートを渡さない」と迫られてケニアに飛び、ケニアとタンザニアにしばらく滞在後、私の最初の長旅はいったん終了。ナイロビから北京まで空路で、最後は上海から船で神戸に戻りました。

その後、再び働いてお金を貯め、もう一度ナイロビから旅を再開。今度は、

---

3　湾岸戦争：1990年8月にクウェートに侵攻したイラクに対し、国連が多国籍軍を派遣、1991年1月17日にイラクを空爆して始まった戦争。2月24日には地上軍が投入され、28日に戦闘は終結した。

アパルトヘイト[4]を終えようとしていた南アフリカ共和国を目指します。ナイロビから3ヶ月かけてたどり着いたケープタウン駅には「3等の旅客は中央出口は使えません」という大きな看板がありました。当時の南アフリカでは近郊電車も「1等」と「3等」に分かれていて、「有色人種」は3等に乗ることになっていました。写真に撮っておこうと翌日カメラを持って駅に行くと、ちょうどその看板が外された後で、歴史の変わり目に居合わせた興奮を覚えました。

ヒッチハイクで縦断したサハラ砂漠。当時19歳

南アフリカでは主にヒッチハイクで移動。白人が運転する高級車も、仕事帰りの黒人労働者でスシ詰めのトラックも、私を珍しく思うのか、すぐに停まって私を乗せてくれました。皆おしゃべりで、それまでの南アフリカの歴史について、それぞれの立場からの意見を夜中まで聞かされ、「これからは同じ学校で子どもたちは勉強するし、同じ町で新しい国をつくっていくんだ。どうだスゴイだろ」と鼻息荒く語る様子は、人種を問わず、当時の南アフリカの人々に共通していました。

そしてケープタウンからブラジルのリオデジャネイロに飛んだことが、私のその後の人生に決定的な衝撃を与えます。ブラジルにはブラジルの差別や人権上の課題はあります。でもそこには、それまで私が数ヶ月過ごしたアフリカとはまるで異なる風景がありました。さまざまな肌の色を持つ人々が入国管理ゲートで一緒に働いている。空港から市街へのバスにもイパネマのビーチにも、いろんな人が一緒に働き、遊んでいる。日本から直接ブラジルに行ったのでは、そんなことに興奮しなかったでしょう。

また、アンデスの先住民に会おうと訪れたペルーの村では、迫害されてい

---

4　アパルトヘイト（apartheid：アフリカーンス語で分離の意）：17世紀半ばオランダ人の入植以降、南アフリカで行われていた白人支配者層による有色人種に対する人種差別・隔離政策のこと。国内の差別撤廃闘争や国際的非難・制裁を受け、1991年に全廃された。

ると思い込んでいた先住民の子どもたちから、私は「チーノ・コチーノ！（汚い中国人）」と石を投げられます。驚いて理由を聞くと、白人植民者が先住民を酷使した後、足りなくなった労働力としてアフリカから奴隷を、次にアジアから移民を受け入れた歴史が、先住民がアフリカ系やアジア系を差別する理由だと言われました。でもペルーでは、日系人のフジモリ大統領が誕生していました。

どんな社会にも長い歴史的背景があり、重たい課題がたくさんあります。ただ、そうした社会を形づくってきたのも人、変えることができるのも、また人です。世界の人々が教えてくれたのは、「社会は人の力で変えられる」という事実でした。

### (3) 阪神・淡路大震災を転機に多文化共生の道へ

長旅から戻った後も、アルバイトをしながら時々海外に出る生活を続け、大阪のフィリピン人向けレンタルビデオ店で働いていました。幅広く仕事を任されていましたが、身分はアルバイト。バックパッカーの間でバイトと海外生活を繰り返すことを、「ひきこもり」ならぬ「外こもり」と自嘲することがあります。将来に展望があるわけでもなく、社会の課題に関心はあっても何か行動を起こすわけでもない。当時の私はまさに「外こもり」の状態でした。

そんな暮らしを一変させたのが、1995年1月17日に起きた阪神・淡路大震災でした。1990年の改定入国管理法施行で日本で暮らす外国人が増え始めていた頃で、仕事でもプライベートでも地域の外国人と多くの時間を過ごしていた私は、「外国人地震情報センター」を仲間と立ち上げ、外国人被災者のために必要な情報提供を行う「多言語ホットライン」を始めます。2週間だけのつもりが、あまりの相談の多さに、その後も活動を継続することにしました。

私は事務局長として、必要な資金や備品を調達し、相談内容から共通の課題を分析して、他の支援者や行政と交渉しながら解決策を考える役割を担いました。震災では他にも困難に直面している人が大勢いましたが、私たちは「外国人被災者への情報提供」だけに絞って活動を行うことで、どんな人材が何人必要か、どんな支援が有効かについて迅速に結論を出すことができました。「公平・平等」を原則とする行政支援と違い、「必要な支援を集中的に」行うことができるのが民間支援の強みです。阪神・淡路大震災でのこうした市民活動は、後に「ボランティア元年」「NPO元年」と呼ばれる大きな時代の変化として注目されました。

外国人被災者への支援を続けるうちに、地域社会のあり方自体を変える必要性を強く感じた私たちは、1995年10月「多文化共生センター」と名前を改めて活動を再スタートさせました。その後、同センターの活動は全国に拡がり、2006年には東京、きょうと、大阪、ひょうご、ひろしまの5つの地域でフリースクール運営、高校進学支援、医療通訳事業、研修や調査研究事業、保健や日本語事業など、それぞれ独立して活動するまでになりました。

「外こもり」から一変して、組織の運営を担うことになった私は、当時まだ23歳。大きな組織で働いた経験も、経営の勉強をしたこともなく、25歳の時には組織の財政が行き詰まり、消費者金融からお金を借りて事務所の家賃や当時5人いた職員の給与を払ったこともありました。最初の5年間は、とにかく必死に見よう見まねで、組織を経営していました。

### (4) 問われるのは、今何ができるか

身近にいた外国人被災者の課題をひとつずつ解決しながら、私は、「これだけの災害を体験した地元の人間として、何かをつかんで新しい社会をつくり直してみたい」という気持ちを持っていました。そのため震災支援団体のネットワークの事務局の仕事も喜んで引き受けました。1995年12月に草地賢一さん[5]の呼びかけで開催した「市民とNGOの『防災』国際会議」では事務局次長を務め、市民活動のネットワーク化や資金調達のノウハウを草地さんから学びました。震災翌年に復興まちづくりに関わる専門家やNPOリーダーで立ち上げた「神戸復興塾」の事務局長も引き受け、行政との連携や住民の合意形成の原理を、実践を通して考える機会も得ました。

災害時の対応とその後の復興では、肩書きや年齢に関係なく、「今何がで

---

5　草地賢一（1941-2000）：神戸の国際協力NGO「PHD協会」の元総主事で、震災直後に「阪神・淡路大震災地元NGO救援連絡会議」を立ち上げ、NGOの連携と行政との対等なパートナーシップを構築。国内外での災害支援に力を注いだ。58歳で急逝。

きるか」ということだけが問われます。これまでの経歴も不問。だから私もいろんな仕事を頼まれ、しばらくして「ところで田村さん、おいくつ？」「震災前は何してたの？」と聞かれて実年齢を答えても、信じてもらえないことがよくありました。私と同じように当時ボランティア活動をリードしていた若者たちも若いからと尻込みすることなく「今自分に何ができるか」からスタートし、現在もさまざまな分野で活動を続けています。避難所での学習支援活動を機に学生主体のNPO法人「ブレーンヒューマニティ」を立ち上げた能島裕介さん、京都で学生ボランティアセンターをつくり、その後も若者の社会参画のデザインを続けている「ユースビジョン」の赤澤清孝さん、現在尼崎市長を務める稲村和美さんも「神戸大学総合ボランティアセンター」の初代代表でした。

非常時には「具体的な解決策を持っている人」が求められ、若い人にも多くの機会が与えられます。明治維新も戦後復興も、若い人たちにチャンスが回ってきたことで社会は大きな変革を遂げました。これからの日本でも「新しい担い手」となる若者の活躍が、社会を次のステージに進めるのではないかと思います。

### (5) これからの自分の役割を追求するために大学院へ

阪神・淡路大震災で動き出した頃の私は、学歴は高卒。有力者の知り合も資金もない。ただ、「こんなことで困っている人がいるから、こういうことをしたい」といろんな人に声をかけて回ったら共感してくれる人がたくさんいて、それが「仕事」になりました。学歴や人脈が仕事の上で重要だと思ったことは、一度もありません。

そんな私が30歳を過ぎて大学院に行くことにしたのは、自分自身ある程度の経験と実績を積み、これからもNPOが多文化共生の推進に役割を果たしていくにはどうすればいいのか、改めて体系的に学びたくなったから。また、その頃から講師として大学で教える機会も頂くようになり、自分でも大学で学ぶ経験を持っておきたいと思ったからです。日本では高校卒業後すぐに大学に行くのが常識になっていますが、社会に出て仕事をしてみて、本当に学びたいことができてから大学に通う人がもっと増えてもいいはずです。

## 2. いろんな立場でダイバーシティを推進する

### (1) ダイバーシティは、しなやかで強い社会づくりの処方箋

長年、多文化共生に取り組んでいて、気づいたことがあります。それはさまざまなちがいや人の多様性に寛容な社会でなければ、多文化共生は難しいということです。そこで2007年に「ダイバーシティ研究所」を設立しました。

「Diversity（ダイバーシティ）」とは、性別や年齢、民族・出身地・国籍、障がい、言語や文化、価値観のちがいなどの「多様性」のこと。最近では、「人の多様性に配慮のある組織や社会のありよう」を意味する概念として広く使われるようになっています。ダイバーシティ研究所もこの根本的な考え方を広く社会に普及していくために、企業研修や調査研究を行っています。ダイバーシティは、男女雇用機会均等やワーク・ライフ・バランス（仕事と私生活の両立）の取り組みの推進に留まらない、「しなやかで強い地域や組織づくりの『処方箋』」です。私たちは、そうした地域や組織を実現しようとする人の力になりたいと考えています（図表1）。

また東日本大震災直後に、阪神・淡路大震災時の経験から内閣官房企画官となり、今も復興庁で復興推進参与として東北の復興に関わっています。国家公務員には公務員試験を受けて官僚として働く人、民間企業から出向で来ている人に加え、私のように非常勤で政策づくりに関わる人もいるのです。日々目の前の課題に迅速に対応することを旨とする非営利民間の世界から見ると、「霞ヶ関」流の仕事の進め方に戸惑うことも多いですが、民間の立場

ダイバーシティ研究所のウェブサイト　http://diversityjapan.jp/our-goal/

**図表1　現在関わっている主な活動：人の多様性に配慮した地域・組織・社会づくり**

<table>
<tr><td colspan="2">多文化共生をめざす活動</td></tr>
<tr><td>多文化共生センター・大阪（代表理事）<br>多文化共生マネージャー全国協議会（代表理事）多文化共生リソースセンター東海（理事）</td><td>外国人住民との共生に関する研究や調査、外国にルーツを持つ子どものためのフリースクールや学習塾の運営、自治体やNPO職員向けの研修、市民向けの講演会や研修会の実施</td></tr>
<tr><td colspan="2">ダイバーシティを推進する社会や担い手を育てる活動</td></tr>
<tr><td>ダイバーシティ研究所（代表理事）<br>edge（前代表理事・最高顧問）<br>関西学院大学（非常勤講師）<br>明治大学大学院（兼任講師）</td><td>ダイバーシティの推進に関する調査研究、企業研修やコンサルティング、ビジネスプランコンペの開催、ソーシャルビジネスやダイバーシティ・マネジメントに関する講義</td></tr>
<tr><td colspan="2">復興や災害に強いまちづくりをめざす活動</td></tr>
<tr><td>復興庁（復興推進参与）<br>日本財団被災者支援拠点運営人材育成事業（アドバイザー）<br>神戸まちづくり研究所（副理事長）</td><td>復興まちづくりにおける住民の合意形成に関する調査や政策提言、一人ひとりを大切にした災害時に対応できる人材育成に向けた調査・研修</td></tr>
<tr><td colspan="2">病気とたたかう子どもと家族のための活動</td></tr>
<tr><td>チャイルド・ケモ・サポート基金（副理事長）</td><td>神戸に建てた日本初の小児がん専門施設の運営、医療ケアが必要な子どもの自立支援事業</td></tr>
</table>

だけでは見えなかった課題も見えてきました。

日本は良くも悪くも雇用流動性が低く、公務員は一生公務員、会社員は一生会社員という時代が長かった。そのため、「行政」「NPO」「民間企業」という立場の違いを超えて相互の文化を知る人材が少なく、社会が硬直する一因になっている面もあると思います。神戸の復興まちづくりの勉強のため、1998年にサンフランシスコを訪ねた際に出会った市役所の局長さんが、地域の問題をあまりに詳細に知っているのに驚き、なぜそんなに地域の課題に詳しいのかを質問したことがあります。その人は市役所の局長になる前は民間銀行のコミュニティ向け融資担当、その前はNPOで貧困層向けの住宅開発に携わっていたからだというのです。まさに彼は「ひとつの仕事」をするためにNPOから銀行員、市役所の局長に就いた人でした。セクターを越えて職を変える人が日本でもっと増えていけば、ダイバーシティの担い手として多面的な視点から課題を解決し、社会ももっとよくなると思います。

最近、海外旅行や留学に行く若者が減っていると聞きます。それは残念なことですが、日本にも外国につながる人が多く暮らすようになり、多様な働き方をする人や多様な価値観を持つ人に出会うチャンスは身近にあります。さまざまなちがいから新しい考え方を吸収できるのが若い人の特権です。多様性溢れる世界に飛び込んでみてください。そして、いろんな働き方に挑戦してみてください。

### (2) ダイバーシティ推進のための３つの変化

多様性への理解を広め、ダイバーシティを推進していく上で重要なのは、「しごと」と「生活」、そして「価値観」の変化です。ダイバーシティの名を冠した部署の設置や取り組みを行う企業は増えていますが、女性の管理職を増やしたり、育児休暇からの復職研修を行ったりする程度に留まっています。ダイバーシティはもっとダイナミックに組織や地域を変革する概念です。「男性中心」「正社員」「終身雇用」の就労形態を軸とするシステムのまま、そこに「女性」も参画できるようにするのは本当の意味でのダイバーシティではないし、「正社員」となっても残業が多く、地域や家庭と切り離される働き方では幸せとは言えません。

どこかに就職してそこから生活の糧や仕事のやりがいを得ることが「安定」とされた時代も今は昔。ひとつの組織に収入だけでなく生きがいまでも委ねる生活は、むしろ「リスク」ではないでしょうか。職場だけでなく家庭や地域にも複数のコミュニティを持ち、収入も複数のところから得ながら生活するスタイルが、これからは増えていくように思います。労働集約型の雇用形態以前の、それぞれの力を活かしながら地域で複数の仕事を引き受け、それでいて生活もきちんと成り立つような、組織に過度に依存しなくてすむ社会を、本気で考える時です。これまでの「しごと」の概念や、「生活」に対する考え方も変える必要があります。社会全体が多様な働き方や暮らし方に寛容になるには、単一の物指しで人や社会を計るこれまでの「価値観」を変える必要があるのです。

図表２は、ちがいと出会った時の社会や組織の態度を、２つの軸から考えるものです。これまではちがいを受け入れず、共に変化することはないと考える「排斥」型か、後から来た人や社会的少数者に変化を強いる「同化」型が多かった。最近では、男性も女性も管理職に、障害者も就労できるようにしようとの考えが広まってはきたものの、女性管理職が多いのは公立病院の看護師長さんや保育園の園長先生といった女性ばかりの職場だったり、障害者が多く働くのは障害者雇用率の法的基準をクリアするための「特定子会

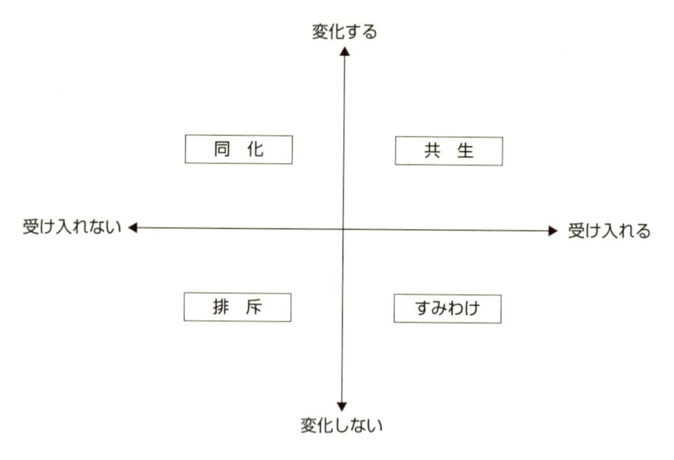


**図表２　ちがいに対する社会の態度**

（2007　田村）

社」だけだったり。ちがいは受け入れても共に変化することはない、同じ場所で働いたり暮らしたりはしない、「すみわけ」型の社会になっているようです。

ちがいを受け入れ、共に変化しながら新しい社会をつくっていくのが、「共生」社会です。これまでの社会のあり方に人々を適合させるのではなく、働き方や社会のあり方自体を柔軟に変えていく。長時間労働を前提とせず、みんなが地域や家庭での時間をもっと持てるようにする。転職や留学でキャリアを変えていくことをもっとポジティブに評価する。単線的なキャリアデザインや社会保障制度から、複線的なライフプランを描けるような教育や社会保障制度へシフトしていく。そんな変化が必要です。

少子高齢化が猛烈なスピードで進む日本で、これまで通りの「価値観」で「しごと」や「生活」を考えていては、未来は描けません。より多くの人が自らの持てる力を発揮できる全員参加型の共生社会を一日も早く実現しないと、労働力人口の急減に対応できず、今働いている人はますます過労になり、今働いていない人はますます希望を失うことになってしまいます。地域や家庭に愛着を持ちながら、仕事も続けられる。そんな持続可能な社会づくりにみんなが貢献していけるように、今の日本に最も欠けていて最も急いで広めなければならない概念が、ダイバーシティなのです。

## 3. 私のダイバーシティ・ライフ

### (1) 日常がないのが日常、でも週に1日は必ず休む

毎朝決まった場所に通勤し、同じ時間に同じことをする日がありません。東日本大震災以降は東北に行くことが増えましたが、飛行機や新幹線での移動中にメールや原稿執筆、授業の準備をします。出張先では講演や会議に出て、夜は地元の方々とよく食事をします。食事をしながらしか聞けない話も多く、どこまでが仕事でどこからがプライベートか、線引きは難しいです。家に帰れる日はできるだけ家族で食事ができる時間に帰ります。

大学では「社会起業」をテーマに、社会の課題を事業的手法で解決するための計画づくりや、そうした起業家を増やすための社会のあり方を考える実践的な授業を担当しています。理事を務めるNPOや会社の会議では事業計画や人事、資金について話し合い、必要に応じて指示を出します。土日は講演に出かけることも多く、年間100件程度お話ししています。テーマは「多文化共生」や「ダイバーシティ」「コミュニティビジネス」「復興とNPO」などが多いですが、最近は「若者と仕事のやりがい」や「世界に目を向けて進路を考える」ような話をして欲しいという依頼も多くなってきました。

休みは、必ず週に1日以上は入れるようにしています。これは阪神・淡路大震災から1ヶ月経った時、当時の仲間と決めたルールです。支援活動が長引きそうだと感じ、今だけ頑張ればすむわけではない、週に1日は休もうと決めました。海外放浪時代も週1日は「動かない日」を決めていました。お盆と年末年始、ゴールデンウィークも1週間は休みます。休みなく働くことがかっこいいと思ったことはありません。

### (2) NPOで生計をたてる

日本では「NPOでは食べていけない」とよく言われます。でも私の場合はNPOで食べてきました。ダイバーシティ研究所からは給料、他の非常勤の仕事は働いた分だけの日当、ダイバーシティ研究所以外の肩書で行う講演や執筆の収入は各団体と予め決めた割合で配分して受け取っています。

先述の通り、私は25歳で経営破綻を経験し、消費者金融でお金を借りま

した。お金が回らなくなる2ヶ月前、メンバーに打ち明けると、「なぜもっと早く言わなかったのか。これからはひとりで責任を背負い込まず、みんなで考える経営に改めよう」と言われ、「自分ひとりでやり抜かないと」と必死になっていた肩の力が抜けました。これ以降、収入に応じて取り分を決める歩合制にしていますが、お金がなくなっても人のつながりがあれば何とかなる、組織経営もまた「人の力」なんだと実感しました。

現在役員をしている団体は全部で15ほど。大学の講師の給与なども合わせると、同世代の年収より少し多いくらいの収入を得られるようになりました。でも昔から物欲はあまりないので、自由になる時間とお金が「そこそこ」ある状態が理想。今はもう少し自由な時間があれば、完璧という感じです。

## 4. 一人ひとりが生きやすい、誰も排除されない社会をつくる

2003年、2歳の長男が神経芽細胞腫という難治性の小児がんと診断され、長期入院生活を送りました。それまでの私は家庭や子育ては後回しでしたが、同じ病気でお子さんを亡くされた方から「一生後悔するから、できるだけ家族の側にいてあげて」と助言をもらい、すべての仕事を辞めて休養しました。長男の病状がいったん回復し、完全に休んだのは3ヶ月ほどでしたが、その後は仕事への姿勢が変わりました。3年後にがんが再発した長男は8歳で他界。家族で過ごした時間はかけがえのないものになりました。

正直なところ、仕事を休んだことで思った以上に多くの仕事を失いました。一方で休む前には想像もしなかった全く新しい仕事もたくさん頂きました。突然仕事を辞めてしまったことで迷惑をかけた人、今も和解できていない人もいます。でも休めば誰かに迷惑がかかるとすべてに気を遣っていたら、おそらく私は休養できなかったし、長男との大切な時間も持てずにいたと思います。

自分が大切にしたいことが、人に理解してもらえないことはある。どんなに説明を尽くしても理解されないのなら仕方がない。自分の親やお世話になった人に理解してもらえないので自分が大切にしたいことを諦めるのでは

なく、今理解してもらうことは諦めて自ら信じる道を進む、という選択もあるのではないでしょうか。何かを選ぶために、何かを諦める。諦めることはネガティブなことばかりではありません。ただ、自分で自分の道を選ぶためには、多様な価値観に触れ、多面的にものが見られるようになっていた方がいい。私も若い時に世界を歩き、いろんな働き方に触れたからこそ、仕事を辞めてでも息子との時間を大切にしようと自ら判断できたのだと思います。

また、息子のがんがきっかけで、一緒に病気と闘った医療者や家族たちと、日本初の小児がん専門施設「チャイルド・ケモ・ハウス」をつくるという一大プロジェクトに関わることもできました。活動を通して医療の進歩で人工呼吸器や経管栄養の子どもたちが自宅で家族に支えられて地域で暮らしていることや、往診してくれる小児科医が少なく、就学や就労に必要なサポートも十分ではないことも知りました。「ここにもこんな問題があるよ」と息子が教えてくれたような気がしています。

これまでの日本は、ひとつのモデルをつくり、それに沿ってみんなが生き方や働き方、価値観を一生懸命合わせてきました。でも、合わせられずに苦労した人、取り残されてきた人も多かったでしょう。

そんな中、一人ひとりのちがいに配慮したダイバーシティ経営の先進事例は、男性正社員の採用に苦労してきた地方の企業や、新興の中小企業に多くあります。子連れで出社できるよう社内に託児所を設けたり、高齢者が働き続けられるよう社内設備を改良したり、外国人社員の里帰りのために年次休暇を長く取れるよう社内ルールを整えたり、働きやすい工夫をたくさんしています。外国人のために長期休暇制度を導入した会社の社長は、自分の子どもができた時に「自分たちも長い休暇を取っているから社長も長めに休んだら」と社員から勧められたそうです。誰かのためにルールを変えたら、結果的にみんなが働きやすくなった。一人ひとりを大切にした働き方は、ともすれば他の人に迷惑がかかると心配されますが、みんなで話し合ってつくった新しいルールは、みんなにとって使いやすいものになるようです。

東北の復興に関わっていると、地域づくりも同じだと感じます。仮設住宅でのコミュニティづくりでも、ひとつにまとめよう、決まったルールを徹底させようと必死にリードする自治会長さんがいるところより、同じ趣味の住民や同じ時間に登校する子どものお母さんでつくった小さなグループがたくさんあり、それぞれに活発に活動している場所の方が、上手に外の支援を借りながら温かい雰囲気のコミュニティをつくっています。

新しいチャレンジを続ける地方の小さな職場や、誰にでも開かれた小さなコミュニティの中に、誰もが排除されない社会へのヒントがたくさん落ちています。これまでのやり方に固執せず、それぞれの生き方をみんなが見つけられる社会を、みんなでつくっていきましょう。

### 読んでみよう

ツイアビ（岡崎照男訳）〔1982〕『パパラギ：はじめて文明を見た南海の酋長ツイアビの演説集』立風書房.

### やってみよう

ひとり旅。

# 東北の復興から考える「これからの社会」

### 人口減少時代の復興：子育て世代は待ってくれない

東日本大震災からの復興は、社会が本格的な人口減少に直面しながら災害からの復興を進めていく世界で初めてのケースです。行政による復興は、まず「住宅」、次に「商業」、その後に「教育・文化」という順番に進みます。「子ども・子育て」関連は復興メニューの最後です。仮設住宅の多くは学校のグラウンドや地域の児童公園などに建つため、住宅復興が進まないと子どもたちの遊び場が戻らない。商業や働く場が復興しないと住民は戻れない。だから最後に教育・文化となるのですが、従来通りこの順番で復興を進めていては、巨額の予算をかけて新しいまちを作り直しても、人が戻ってこないのではないかと心配です。

阪神・淡路の前までの災害ではこの順番でも良かった。当時はまだ人口減少が深刻ではなかったからです。阪神・淡路が都会で東北沿岸部が地方だから人が出ていくのか、というと私はそうは思いません。1995年の日本か2011年の日本か、というちがいが大きいと感じています。日本の人口は既に減り始めています。東北の復興に時間がかかっているのは、建設業従事者数がピーク時（阪神・淡路大震災の2年後）から2割近く減っている上、高齢化していることも原因のひとつです。これからも人口は急激に高齢化し、生産年齢人口はぐんと減る。こういう時代に「まず住宅、次に商業、最後に教育」なんて言っていたら、最後の教育にたどりつくまでに、子育て世代は他の地域にすっかり流出して、もう戻ってこないでしょう。子どもは3年経てば中学や高校を卒業します。「復興には時間がかかるから5年待って」と言われたら、子育て世代はまちに戻れません。

### 求められるのは、逆のアプローチと多様な担い手の連携

これまでとは逆のアプローチが必要です。例えば民間の寄付や企業の支援で、公的施策とは逆に「子ども・子育て支援」を優先的にやっていく。阪神・淡路大震災は「ボランティア元年」と呼ばれ、非営利民間による取り組みの重要性が認識されました。9年後の新潟県中越地震では「NPOと行政の協働」で復興を推進しました。東日本大震災では「多様な担い手による連携」が多く見られたのが特徴です。行政とNPOだけでなく、企業や組合などの様々な担い手が連携して、

学生たちと年末イベントに参加
岩手県釜石市の仮設商店街で

東北の復興を支えてきました。

復興は住民が自らの手でまちを取り戻していくプロセスです。でも人口減少社会の復興は、元の住民だけで成し遂げるのは難しい。時には他所から来た若者を迎え入れ、上手に外の力を借りて新しいまちを再生していく知恵と工夫が必要です。復興には入り口はあっても出口はありません。これからも長く続く復興の道のりに重要なことは、世代や分野を超えた多様な担い手の参画・連携です。つまり、ダイバーシティの推進なのです。

## 小さな経済活動が集まる「ぶどうの房」型まちづくりを

そのためには、大きな工場や商業施設を誘致するような開発ではなく、小さなチャレンジがたくさん集まった「ぶどうの房」のようなまちづくりが大切になってきます。例えば商店街。被災地の復興計画では、商業と住宅は切り離されることが多く、店の再開には自宅の復興とは別にテナント料を払って商業地区に出店することになります。自宅と兼用なら店番も楽なのに、テナントではアルバイトを雇わなくてはならない。となると再開を断念するしかありません。阪神淡路でも自宅でたこ焼き屋や和裁教室を開いていた女性たちが、営業行為が禁止されている復興公営住宅への入居とともに隠居してしまったり、自宅でマッサージをしていた視覚障害の人が仮設住宅では仕事ができなくなったりと、小さな経済活動がすっかりなくなりました。

ゾーニングによる都市計画は、小さな経済を破壊します。ぶどうの房のように「ちょっとした仕事がたくさんあるまち」が人口減少社会のしなやかで強い地域づくりには有効です。

### 地域の未来を創る子ども・子育て支援を復興の柱に

「多様な人が活躍できる社会」というと、待機児童ゼロの子育て施策ばかりが注目されていますが、地方で同じことをしようとしても無理です。ある学会で「被災地では保育士が足りなくて、子育て支援が大変なんです」と話をしたら、「被災地だけでなく、日本の地方はどこも大変だ」という話になりました。横浜市や東京都などの大都市が「待機児童ゼロ」を掲げ、待遇を良くして地方から保育士を集める。そんなことされたら地方から保育士さんがいなくなります。少ないパイの奪い合いに展望はありません。

可能性は被災地にあります。特区制度も活用でき、まだ企業も注目している。東北で何か新しいことをやってみることは可能です。ここで強調しておきたいのは、「子ども・子育て支援が地域の未来をつくる鍵」だということです。これまでの大型開発復興のやり方を超えて、子ども・子育て支援を復興の柱にしなければ、地域の未来はないのです。

ダイバーシティ研究所では、「子育て世代が戻れる復興まちづくり」と「小規模な経済活動への丁寧なサポート」を活動の柱に、公園復興のお手伝いや仮設商店街の支援、地元の人々による復興支援活動へのサポートを震災直後から行ってきました。2016年に起きた熊本地震でも、直後から避難所のサポートを行い、仮設住宅や復興まちづくりでの多様な住民の参画を支援しています。今後も現地のNPO等と連携しながら、多様な担い手が参画できる社会のあり方を被災地から学び、被災地以外の地方でも応用できるような「これからの社会づくり」に力を尽くしたいと思っています。

**（田村太郎）**

第9章

# 小さな声を伝える場をつくる
## ―一人ひとりがメディアをつくる参加型市民社会へ―


白石　草（しらいし・はじめ）

1969年東京生まれ。1993年早稲田大学卒業後、テレビ局勤務などを経て、2001年に非営利のインターネット放送局「OurPlanet-TV」を設立、2005年にNPO法人化。マスメディアでは扱いにくいテーマを中心に独自番組を制作・配信する一方、映像ワークショップを展開し、メディアの担い手づくりに取り組む。3.11以降の原発報道などを評価され、2012年「放送ウーマン賞」「JCJ日本ジャーナリスト会議賞」「やよりジャーナリズム賞奨励賞」、2014年「科学ジャーナリスト大賞」を受賞。http://www.ourplanet-tv.org/


写真：原発事故の影響で屋外で遊べない子どもを取材する筆者（2011年10月西中誠一郎撮影）

## マスメディアが取り上げない問題に光を当てる

私は、「OurPlanet-TV（アワー・プラネット・ティービー）」という、スタッフわずか3人の小さなインターネットメディアを運営しています。2001年にサイトを公開して以来15年あまり。マスメディアの取り上げないような「社会の片隅に埋もれている問題に光を当てたい」と、活動をしてきました。

大学卒業後に入社したのは、大手テレビ局の関連会社です。その後、ローカル放送局に転職し、OurPlanet-TVを設立しました。職場を移るごとに、働く組織の規模が100分の1程度、小さくなっています。ただ不思議なことに、最も給与が低く、規模の小さな今の組織が、私にとっては最も安心できる、安定した職場です。組織の論理に煩わされることなく、自分の目指すことをのびのびと実践できるからでしょう。

日本では、OurPlanet-TVのような非営利の独立系メディアは、ほとんど存在しません。しかし、欧米などでは、私たちと同じような運営形態の独立系の市民メディアが徐々に数を増やし、社会に対して大きなインパクトを与えています。日本でも、少しずつ浸透していくのではないでしょうか。

## 1. ライフヒストリー：現場が私を鍛える

### (1) テレビに釘付けになった黄色い革命：報道という仕事を知る

ジャーナリストを目指すきっかけとなったのは、高校生の時にフィリピンで起きた「黄色い革命」です。絵を描くことが大好きだった私は、中学3年の春に見た宮崎駿監督の「風の谷のナウシカ」に心を奪われ、将来は映画制作に携わりたいと漠然と考えていました。つまり、アニメやフィクションの制作に興味を持っていたのです。ところが高校1年の冬、フィリピンの「黄色い革命」を目にして、考えが大きく変わります。

「黄色い革命」というのは、米国の庇護のもと長年汚職を繰り返してきたマルコス大統領の独裁政権を民衆が打ち倒した出来事です。首都マニラにあるマラカニアン宮殿を100万人もの群衆が取り囲み、反政府勢力の中心にいたコラソン・アキノのシンボルカラーである「黄色」で埋め尽くしました。衛星中継のカメラはマルコス大統領が米国のヘリコプターで宮殿を脱出するところまで映し出していました。

事実は小説より奇なり――ワクワクしながら、テレビのブラウン管にかじりついていました。期末テストの直前だったのに、私はテレビを見るために、わざわざ学校をさぼります。仮病を使って学校を休んだのは、これが最初で最後です。人々がどんどんと広場に集まり、声を挙げていく。現場で刻々と変化する状況や人々の様子を、衛星中継で克明に伝える圧倒的な迫力に目が釘付けになりました。このとき初めて私は、現実を社会に伝える「報道」という仕事を意識したのだと思います。

### (2) 新聞配達が教えてくれたこと

映画サークルが沢山あるというだけの理由で、私は志望大学を決めました。しかし高校生活は遊びすぎ、1年浪人。その時に私が選んだのが、新聞配達をするという選択です。自宅での受験勉強よりも、一人暮らしをした方が集中できるのではないかと考えたのです。また親が学費の低い国立大学への進学を希望していたこともあり、自分の勝手で私立に進学するからには、予備校の費用を自分で稼ぎたいという思いもありました。とくに親に相談もせず、新聞奨学生と予備校に申し込み、新聞販売店で働きながら予備校に通うことにしました。少しの参考書と布団を持って引っ越したのは、6畳に狭いキッチンのついたアパート。トイレはありましたが、お風呂はありません。

朝3時半に起きて新聞を配達し、販売店で朝食を食べてから予備校へ行き授業。午後4時半には帰宅して夕刊の配達。販売店で6時前には夕食を食べ、部屋に戻って4～5時間勉強をし、午後11時までに銭湯に行って寝る。こんな生活を1年間続けました。いま考えると、なんでこんな生活ができたのか不思議です。ところが当時の私は苦労を感じるどころか、この生活を結構楽しんでいました。朝の配達では、まだ静かな住宅地を自転車で走ります。早起きしているお年寄りや宗教系の新聞を配達しているおばさんたちとの交流は、それまで私が知らなかった社会を教えてくれました。また、新聞配達をしている私に時々贈り物を用意してくれるお宅もありました。それは小さなお菓子だったりワインだったり、クリスマスなどに「新聞配達の方へ、いつもご苦労様」と書かれた紙とともにドアノブにかかっていました。「優しい人はいるんだなあ」としみじみ感謝したことを覚えています。

月１回の集金は、配達以上に社会勉強になりました。大きな邸宅に住んでいてもケチな家。慎ましいアパート暮らしでも集金人に温かい家。家庭内暴力の激しい家庭もありました。大抵の人は新聞集金人に気を遣わないので、その態度や雰囲気で各家庭の素の姿を知ることができました。このことは人間性の本質というものを考えさせられました。また、同じ販売店で働いていた奨学生の多くは非常に厳しい生活環境で育っており、これら全てが私にとってはかけがえのない経験になったと思います。

### (3) 映画からドキュメンタリーへ

一年間の浪人生活の甲斐あって、翌年希望の大学に進学し、歴史学を専攻します。お目当ての映画サークルに嬉々として入部したものの、すぐに熱が冷めてしまいました。私には物語を創造する能力がないらしいことに、いち早く気づいてしまったからです。私はフィリピンの革命を思い出し、「物語を作らずにすむ」ドキュメンタリーに関心を移していきました。

そして映画を見たり、写真展に行ったり、講演会に行ったり、一人であちこちに出かけては「ジャーナリスト」の仕事に接するようになります。関心を持ったのは主に「戦場ジャーナリスト」の仕事です。ルポルタージュは片端から読みました。一人のジャーナリストに関心を持つと、その人が書いた本を全て読破しました。ベトナム戦争への関心から、卒業論文は「米国のベトナム侵攻」をテーマにしました。

同時に秘境や登山への関心が高まり、大学３年生から新たに登山サークルに入会しました。新聞記者が主人公の小説、井上靖の『氷壁』[1]がきっかけです。山梨県の鳳凰三山や南アルプス、八ヶ岳などを縦走し、わずか半年ですっかり山に魅せられました。

私の大学時代はバブル期末期で、まだ就職はそれほど困難ではありませんでした。ただ新聞社やテレビ局などマスコミの就職は、今と変わらず高いハードルがありました。ところがこの時期、私は登山にハマっていて、就職活動よりも登山を優先。就職シーズンピークの５月～６月も東北の山に縦走に行くなど、かなりいい加減で、ようやく内定が出たのは７月末。大手テレ

1　井上靖（1963）『氷壁』新潮文庫.

ビ局系列の映像制作会社でした。私はディレクターを志望し、この会社への入社を決めたのです。

### (4) 希望と異なる仕事が、今の私を支える

ところがです。入社後に配属されたのはなんと技術部。報道技術部というカメラマンらが所属する部署に配属され、「ビデオエンジニア（VE）」という職種を担当することになります。要するにカメラマンのアシスタントです。映像ディレクターを目指していた私にはあまりの衝撃でした。映像の技術など何一つ分かりません。3ヶ月間の研修では、カメラやマイクの構造、どうしたらより良い音が収録できるのかといったことや、どうやったら自然な感じに照明を当てられるかなど、映像制作に関する技術をみっちり学びました。ミキサーを触るのも、大きなライトを触るのも、全てが初めてのことばかり。歴史を学んできた私が、まさか半田ゴテを使ってマイクケーブルを作ることになろうとは、想像さえしませんでした。

しかも研修を終えた7月には、私は「映放クラブ」という国会内にあるテレビカメラ専門の記者クラブに配属され、閉塞感漂う日々が続きます。映放クラブの配属が決まった直後に自民党政権が38年ぶりに野党に転落し、国会の出来事は連日トップニュースでした。政治の表舞台の取材は、ある意味、花形ではありましたが、撮影するのは議場や会議ばかり。秘境や山や海外での活躍を夢見ていた私にとって、その仕事は、全くクリエイティブではありませんでした。

でも、この経験が、その後の人生に大きく役に立つことになります。1つ目は国会での取材経験を買われ、転職に成功したことです。次の就職先となった東京のローカル局「東京メトロポリタンテレビジョン（TOKYO MX）」は、今でこそユニークなワイド番組やアニメで知られていますが、開局当初はニュースとドキュメンタリーを目玉に考えていました。このため新規採用枠には報道を志すマスコミ関係者が数千人単位で殺到する狭き門でしたが、都議会を中継する計画があったため、国会経験が有利に働いたのです。

もう1つは、放送の制作技術。わずか1年とはいえ、ベテラン技術者やカメラマンから様々な技術を学んだことが、OurPlanet-TVを立ち上げる上で重要な基礎となりました。映像を撮影できるビデオジャーナリストは沢山い

ますが、機材を深く理解している人はそれほど多くはありません。音声や照明といった技術までを体系的に身につけている人は日本では稀です。私はそれらを給与をもらいながら、実践の場で会得することができたのです。非常に幸運でした。

## 2. OurPlanet-TV：小さな声を伝えるために

### (1) インターネットとの出会い

最初の会社をわずか1年で辞め、その後TOKYO MXに転職しました。その経緯は、拙著『メディアをつくる 「小さな声」を伝えるために』に詳しく記載してあるので、メディアに関心のある方はぜひ手にとってほしいと思います。

TOKYO MXは当時、企画から撮影、編集までを一人でこなす「ビデオジャーナリスト」のシステムを導入していました。フォトジャーナリストのビデオ版です。これは私には理想的な形でした。丁寧に相手に向かい合い、1つのテーマを継続的に追うことができるからです。私は水俣に向き合う高校生の話や、沖縄少女暴行事件に伴う市民の動き、フランス核実験へ抗議する人たちの運動、子どもの虐待など、関心の向くままにあちこちに出向いては、取材を重ねました。

しかし、そうした幸せな環境は長くは続きません。報道中心といったTOKYO MXの番組編成は企業に人気がなく、経営的に行き詰まったのです。ニュース枠は当初の12時間から徐々に減らされ、放送枠は徐々にテレビショッピングや宗教系の特番で占められるようになりました。編成や制作を統括していたプロデューサーは辞任に追い込まれ、会社内は混乱して怪文書まで飛び交うような事態に発展。私はこの時、テレビ局の「ある限界」を痛感しました。

テレビ局は、国の免許事業です。他の先進国では、政府の影響を受けないよう独立した機関が担当していますが、日本では政府が直接放送免許の交付や規制を行っています。このため、どの地域にどのような放送局ができるかは、政治家や官僚の大きな既得権益となっています。TOKYO MXも同じで、官僚が中心となって参画する企業やそれぞれの持ち株比率を調整し、150社から150億円を集めて会社を設立していました。参加企業の思惑は様々で、有力な企業同士の主権争いが日々火花を散らし、幹部同士が互いに足を引っ張り合って、不幸な状況に陥っていました。

そんな時に出会ったのがインターネットです。私は2000年、デジタル放送推進室という部署に異動になりました。これから始まるデジタル放送の開始に向けて、どんなサービスを展開すべきか、企画立案する仕事です。私はこのとき初めて、広い目でメディアというものを眺めました。いざメディア全体を見まわすと、デジタル放送ではなく、個人が自由に情報を交わせるインターネットの方に惹きつけられました。「もしかして、私一人でも放送局が始められるかも」—— 最先端のデジタル技術をリサーチするうちに、テレビよりもインターネットに新しい可能性を見いだしたのです。そして、デジタル放送推進室に配属されてから1年後の2001年8月末に退職しました。フリーランスとしてドキュメンタリーの制作をしながら、インターネットを活用した新しいメディアを作れないかと考えたのです。

### (2) 9.11を契機に生まれたOurPlanet-TV

退職から11日目の9月11日。航空機がニューヨークの世界貿易センタービルに突っ込む事件が起こりました。「同時多発テロ」です。当時、ブッシュ大統領は、最初の航空機がビルに激突してからわずか35分で「事件はテロ」と断定。6時間後には米上下両院が「テロ根絶の戦い」を政府に求める決議案を全会一致で採択。首謀しているのは「イスラム過激派・アルカイダ」のオサマビン・ラディンであると名指しし、アルカイダの拠点であったアフガニスタン空爆を固めていきました。米国の主要なマスメディアは皆、この空爆を非難するどころか、報復戦争を煽るような報道を繰り広げ、日本のメディアもこれに追従しました。

しかし、インターネット上では、「報復戦争は憎しみを生むだけ」と、戦争によらない解決を求める声が世界中で湧き起こっていました。「〈国益〉にとらわれず、地球上の個人と個人をつなげたら」——私はそんな思いを胸に、仲間とともに動画サイトを立ち上げることを決意します。開局は世界反戦デーの10月21日。記念すべき第一回目の番組は「緊急ライブ！　今、メディアに何を求めるか」、2時間のライブ番組でした。こうして生まれたのが、非営利のインターネット放送局OurPlanet-TVです。私は32歳でした。

OurPlanet-TVという名前には、「国境を超えて人々をつなぎたい」という当時の強い願いが凝縮しています。当時、インターネットはまだ黎明期。常時接続のブロードバンドサービスは、東京都内でもほとんど整備されていません。伝送経路は大変細く、速度は100～300kbps。画質も劣悪で、知り合いの中にはインターネットを通じて映像を見るという行為が理解できず、「どんな意味があるの？」と疑問を呈するほどでした。

それから10年以上経ち、YouTubeやニコニコ動画の登場で、今ではインターネットで動画を見るのは当たり前です。「9.11」という大きな事件を契機に、いち早くインターネット上で活動を開始したOurPlanet-TVですが、今後も初心を忘れず、個人の思いを丁寧に伝えるメディアであり続けたいと考えています。

### (3) 誰もがジャーナリストになれる

活動開始から3年目の2004年、OurPlanet-TVは一般の人を対象とした「映像ワークショップ」をスタートします。映像を作ってみたいという視聴者の声がきっかけです。以来10年以上、年に4回ほど開催する映像ワークショップで、毎回私たちは参加者から刺激を受けています。

受講者は、大学生から普通の社会人、デザイナーやカメラマン、農業従事者など様々。彼らの本業は映像ではありませんが、丁寧な取材姿勢はプロ顔負けで、むしろ、誠実さといった点では、プロのジャーナリストを上回ります。視点も斬新で、学ぶことばかりです。

たとえば、ある受講者のグループは、「空き缶は誰のもの？」という20分のドキュメンタリーを作りました。一部の自治体で空き缶拾いに対する規制が強まる中、空き缶拾いで生計を立てるホームレスの人たちの暮らしにどのような影響があるのか、野宿の人たちの姿を追ったものです。雨の中での空き缶拾いの様子や空き缶を売りに行く姿、川原での食事や仲間との交流。そこには、テレビには映らないリアルな現実がありました。おじさんが空き缶を拾う時間帯は早朝です。前日から段ボールハウスに一緒に泊まったり、近所の安宿に滞在したり、取材に備える姿に感銘を受けました。

「ジャーナリズム」の語源は、「日々書く日記」というドイツ語だと言われ

OurPlanet-TV のウェブサイト　2015 年 1 月

ます。彼らの行為はまさに、ジャーナリストそのもの。全くビデオを触ったことのなかった人たちが、身近な暮らしを記録し、人と共有していく姿を見るのは、私にとって何よりも嬉しく、また誇りでもあります。

OurPlanet-TVのミッションは、「Standing Together, Creating the Future」。ともに立ち上がり、創造することによって、より良い未来を切り開こう――そんな意味をこめています。ビデオカメラや編集ソフトが進化し、誰もが映像の担い手となれる今、OurPlanet-TVが一人でも多くの人にビデオカメラという道具を手渡し、それによって新たな表現が生まれることを願っています。

### (4) ポスト3.11のOurPlanet-TV

2011年3月11日。あと半年でOurPlanet-TVが10周年を迎えるというこの日、東日本大震災が起きました。私たちは以前から原発問題に関心を寄せていましたが、ここまで大きな原発事故が起こるとは考えていませんでした。東京電力福島第一原子力発電所は完全に制御困難となり、3月14日から15

日にかけては、「東日本が壊滅する」[2]ほどの危機に陥ります。偶然によって最悪の事態を回避したものの、放出した放射性物質は東北や関東全域に広がり、多くの人が被曝する事態を生みました。

この大事故は、メディアに対する人々の考え方を大きく変えました。「メルトダウンではない」「安全である」「直ちに健康に影響はない」――マスメディアがこうした政府の発表を繰り返した結果、マスメディアに対する人々の不信感が高まり、私たちのような小さなインターネットサイトを頼る人が急増したのです。

OurPlanet-TVは、12日にメルトダウンの可能性を報道。13日には原発付近まで取材に入っていたジャーナリストの報告を配信し、既に高い放射線量が検出されていることを伝えました。4月に入ると子どもたちへの健康影響を中心に扱い、毎時3.8マイクロシーベルト以下の学校は通常通り授業して構わないとする文科省の通達をクローズアップしました。これは、後に「学校20ミリシーベルト基準問題」としてマスコミ各社が報じる大きな社会問題となりました。

こうした取り組みが多くの人の目にとまるところとなり、活動は大きく広がりました。支援者も増え、その期待に応えるべく、息をつく暇のないまま歳月が過ぎていったという印象です。

私たちが大切にしているのは、継続性です。テレビのニュースは流行り廃りが激しく、突然ブームになったと思ったら、すぐに次の話題へと移り、社会の重要な出来事も一瞬で消費されてしまいます。こうした一過性の情報では、ものごとの本質に迫ることができません。1つの出来事を丁寧に追いかけることで、構造的な背景を見せ、人々に行動を促すような情報提供を行いたいと考えています。

---

2 「政府事故調査委員会ヒアリング記録～吉田昌郎所長聴取結果書（吉田調書）」http://www.cas.go.jp/jp/genpatsujiko/hearing_koukai/051_koukai.pdf

## 3. 暮らしの当事者として考える

### (1) ジャーナリストは仕事一直線でいいの？

20代の頃は、マスコミのほかの記者と同じように、朝から晩まで休みなく働いていました。帰宅は朝4時頃になる日がほとんど。2日に1回くらいの割合で帰宅はタクシー。そうした生活が、取材者としていかに問題であるかに気づいたのは、28歳の時です。出産に伴って育児休業を取得して、ほかの子育て中の女性と話し込んだり、商店街をゆっくり歩いたりするうちに、私はそれまで「ありのままの社会」を見ていなかったことに気づきました。

現在は、かつての生活を抜本的に見直し、家族との時間を最優先にしています。具体的には、朝5時半から6時頃に起床し、朝食を作って、8時過ぎに家を出ます。オフィスまではバスで10分程度。到着すると、コーヒーを飲みながら新聞に目を通すのが日課です。スケジュールは日によって取材が入っていたり、映像の編集をする必要があったり、まちまちです。遠方に出張することもあります。平日のうち最低3日は、なるべく夜6時すぎには事務所を出て、帰宅するようにしています。

### (2) 家計と家事の分担はパートナーシップで

こういう生活ですから、子育てや家事は、基本的に夫とほぼ半々ずつ、分担しています。私は、2人の娘の父親である夫と法律上の結婚をしていません。いわゆる「事実婚」です。どちらかがどちらかの戸籍に入るということで、平等なパートナーシップを崩したくなかったためです。また日本の戸籍制度は、外国人や被差別部落出身の人たちに対する差別を生む構造を内包しているため、そうした制度に対する抗議の意味もありました。

ただし子どもの税制法上の「扶養者」は私より収入の多い夫にしています。夫は上の娘が0歳の時、5ヶ月間育児休業を取得しました。民間放送局の社員としては、「初」だったそうです。以来、料理の腕もあげ、家事もソツなくこなすようになっています。

家事の分担については、特にルールはなく、「時間のある方がやる」「得意な方がやる」という、かなり適当な方法でやっています。最近の傾向は、朝食の用意は私。洗濯物は夫。部屋の掃除は私。ゴミ出しは夫という感じに、ゆるやかな分担が決まっています。洗濯物の取り入れとご飯を炊くのは上の娘。お風呂掃除は下の娘という具合に、お手伝いの分担も決まっています。

家計についても、それぞれ「独立」しています。それぞれが別々に口座を持ち、給与が入ると、家計のための共通口座に入金。その口座から住宅ローン、水道光熱費、食費、教育費などを支出するという方法です。なので、私は夫の給与や貯蓄額を知りません。互いに金欠になるとSOSを出し合い、どうにかその月を乗り越えるという生活です。

ところで私の給与は、テレビ局で働いていた頃と比べると、半分以下に減ってしまいました。OurPlanet-TVは、独立性を保つために、企業の広告は一切得ていません。寄付や会費のほか、映像ワークショップなどによる教育的な事業の収入と映像制作による受託事業費で賄っています。フルタイムの有給スタッフは3人。私の給与は、代表といえども、他のスタッフとほぼ同額です。このため、退職前に購入したマンションのローンが大きくのしかかり、ここ数年の家計はなかなかシビアです。とはいえ、お金に関わること以外のストレスはゼロ。融通の利かない大きな組織で働くストレスを考えると、コンスタントに仕事があり、毎月生活できるだけの給与が入る現状は、満足のいく暮らしなのではないかと思います。

## 4. いのち輝く日のために

最後に、私の娘についてお話しします。私には2人の年子の娘がいますが、上の娘は発達が遅く、3ヶ月健診になっても首がすわりませんでした。1年経っても「ハイハイ」もできません。1歳から保育園に入れましたが、2歳になっても3歳になっても歩けず、言葉も少ししか話しませんでした。箸も持てないしトイレも一人ではできません。普通の子どもより身体が弱く、保育園から呼び出されて駆けつけ、ぐったり倒れた娘の姿を見た時は、そのまま息が絶えてしまうのではないかと思ったものです。その娘も少しずつ成長し、今では福祉作業所で働いています。時々足が痙攣することはありますが、体力もつき、一人で電車に乗ったり、買い物をしたりもできるようになりました。

OurPlanet-TVの活動をするにあたり、この娘から教えられることが沢山ありました。私は小さな頃から、どちらかというと優等生で、何でも要領よくこなすタイプでした。そのため、どんな人でも努力をすれば、必ず克服できるという思い込みがありました。しかし、「効率的で優れていることが良い」とする社会の風潮からこぼれているものがあるということを、娘を育てながら、身体で学ぶことができたと感じています。

実は、最初の職場を辞めた時、たまたま図書館で一冊の本を手にしました。共同通信の記者だった斉藤茂男さんが書いた『生命（いのち）かがやく日のために』という本です。話は、斉藤さんのもとに、ある看護師さんから一通の手紙が届くところから始まります。病院でダウン症の赤ちゃんが生まれ、数日以内に手術をしなければ死んでしまうのに、両親が手術に同意してくれない、という内容です。障がい児を生かすか、殺すか。斉藤さんはこの手紙をきっかけに障がい者を取り巻く現状を取材し、本の中には、我が子がダウン症と知って悩みながらも子どもを愛する親が登場する一方で、人の役に立つことのない子どもは福祉によってわざわざ生かす必要はないと考える親も登場します。手紙の赤ちゃんの両親もそうした考えの持ち主でした。エリート一家に育った両親は生まれた赤ちゃんに会うことさえ拒みました。

社会構造や人の生き方を深くえぐり出したこの本に、私は大きなショックを受けました。当時、私は報道の現場に幻滅しかけていましたが、この一冊との出会いが、私を引き止め、再びメディアの世界で働くことを後押ししてくれたのです。

いま日本は、生活保護世帯に対するバッシングや外国人に対する誹謗中傷など、寛容さに欠ける社会になっています。出生前診断によって遺伝子に異常が見つかり、中絶に至る胎児も増えています。2016年には、神奈川県相模原市で知的障がい者19人が殺害される事件まで起きました。効率が重視され、あらゆることが成果によって評価される時代です。そういった価値観の社会で、奪われているものは何か。20年前に手にした一冊の本とハンディキャップのある娘の子育てが、私に様々なことを与えてくれたと感じています。

### (1) 多様なメディアを知る

①白石草〔2011〕『メディアをつくる：「小さな声」を伝えるために』岩波ブックレット.
②白石草〔2008〕『ビデオカメラでいこう：ゼロから始めるドキュメンタリー制作』七つ森書館.
③ミッチ・ウォルツ〔2008〕『オルタナティブ・メディア』大月書店.
④金山勉・津田正夫〔2011〕『ネット時代のパブリック・アクセス』世界思想社.
⑤松浦さと子・川島隆〔2010〕『コミュニティメディアの未来：新しい声を伝える経路』晃洋書房.
⑥特定非営利活動法人「OurPlanet-TV」http://OurPlanet-TV.org/
⑦デモクラシーナウ・ジャパン http://democracynow.jp

### (2) メディアと公共性を深める

①斎藤純一〔2000〕『公共性』岩波書店.
②DVDマーク・アクバー・ピーター・ウィントニック監督〔2007〕『チョムスキーとメディア:マニュファクチャリング・コンセント』シグロ
③DVDマーガレーテ・フォン・トロッタ監督〔2014〕『ハンナ・アーレント』ポニーキャニオン

### (3) 小さな声に耳を澄ます

①白石草〔2014〕『ルポ・チェルノブイリ28年目の子どもたち：ウクライナの取り組みに学ぶ』岩波ブックレット.（DVD『チェルノブイリ28年目の子どもたち～低線量被曝の現場から』発売元OurPlanet-TV）
②斎藤茂男編著〔1985〕『生命（いのち）かがやく日のために：ルポルタージュ日本の幸福』共同通信社.
③坂上香〔1999〕『癒しと和解への旅：犯罪被害者と死刑囚の家族たち』岩波書店.
④綿井健陽〔2005〕『リトルバーズ：戦火のバグダッドから』晶文社.（DVD『リトルバーズ：イラク戦火の家族たち』：発売元東風）

# “減思力”を防ぎ、判断力・批判力を育むために
## ――放射線副読本とメディア・リテラシー

### 3.11 の教訓：“減思力”を防ぐ

これまで日本政府による公的な原発・放射線に関する教育・広報の内容は、原発の推進側に偏った内容となっていました。いわゆる“原発の安全神話”も、偏った教育・広報によって広められていました。東京電力福島第一原子力発電所（以下、福島第一原発）の事故で教訓とすべき点の一つは、偏重した教育や広報により国民の公正な判断力を低下させるような、いわば“減思力（げんしりょく）”を防ぐことです。

福島第一原発の事故により“原発の安全神話”が本質的に崩れ去った後でも、“放射線の安全神話”とでも呼ぶべき言説の流布が見受けられます。その手段の一つに位置づけられるのが、原子力や放射線に関する国の「副読本」です。

福島第一原発の事故前に、文部科学省と経済産業省資源エネルギー庁が2010年に発行した原子力に関する小・中学生向けの各副読本（写真（a）。以下、2010年版副読本）があり、「（原発は）大きな地震や津波にも耐えられるよう設計されている」と書かれるなど、原子力推進側に偏った内容となっていました。2010年版副読本は、福島第一原発の事故後に「事実と異なる記述がある」などの理由から2011年5月に回収、その後、放射線の内容に絞った新しい副読本（写真（b）。以下、2011年版副読本）が2011年10月に発行されました。当然、福島第一原発の事故の事実や教訓を踏まえた内容となっているべきでしたが、福島第一原発事故にほとんど触れず、放射線の利用側面を強調し、放射線被ばくの危険性を伝えないなど、事実や教訓を十分反映したものとはなっていませんでした。

### 独自の副読本をつくる：減思力を防ぎ、判断力・批判力を育むために

2011年版副読本の内容に強い危機感を覚えた私は、同僚とともに、これに対抗する独自の副読本「放射線と被ばくの問題を考えるための副読本～“減思力”を防ぎ、判断力・批判力を育むために～」（写真（d）。以下、福大研究会版副読本）を作成して2012年3月に公開、一部内容を改訂した改訂版を同年6月に公開しました[1]。

---

1　福島大学放射線副読本研究会監修・後藤忍編著〔2012〕「放射線と被ばくの問題を考えるための副読本～“減思力”を防ぎ、判断力・批判力を育むために～（改訂版）」福島大学環境計画研

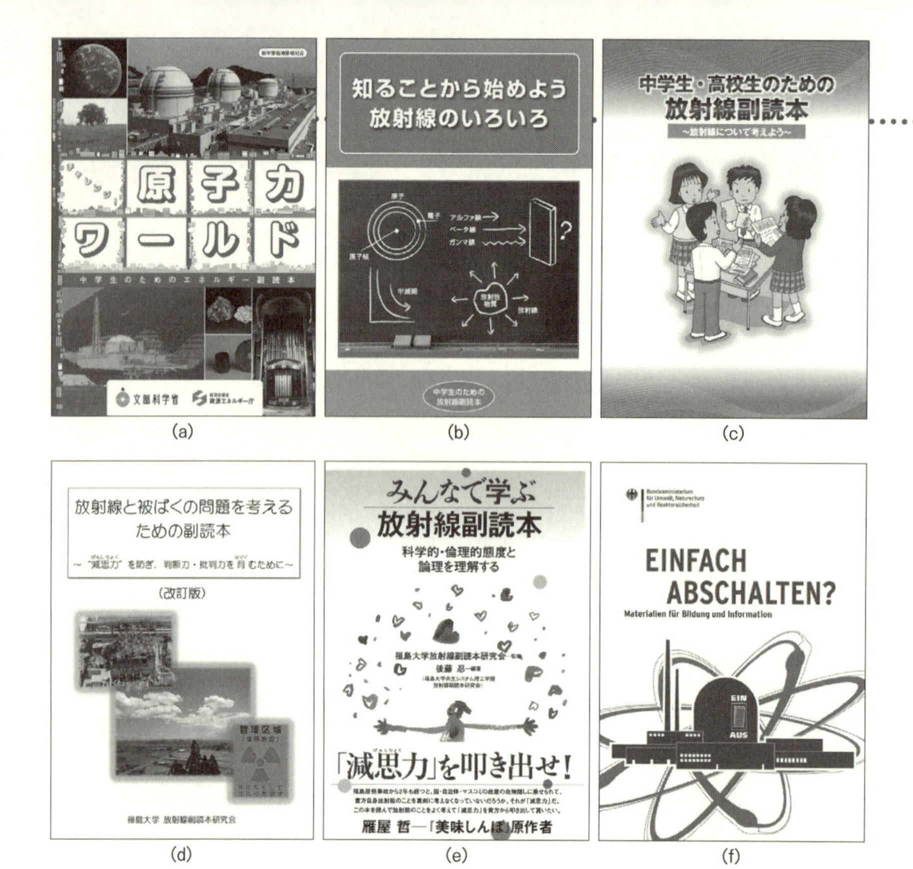


【原子力・放射線に関する副読本】(a) 文部科学省・経済産業省資源エネルギー庁「チャレンジ！原子力ワールド」(中学生用、2010 年 2 月)、(b) 文部科学省「知ることから始めよう 放射線のいろいろ」(中学生用、2011 年 10 月)、(c) 文部科学省「中学生・高校生のための放射線副読本」(2014 年 2 月)、(d) 福島大学放射線副読本研究会「放射線と被ばくの問題を考えるための副読本：“減思力” を防ぎ、判断力・批判力を育むために（改訂版)」(2012 年 6 月)、(e) 福島大学放射線副読本研究会「みんなで学ぶ放射線副読本：科学的・倫理的態度と論理を理解する」(2013 年 3 月)、(f) ドイツ環境省「Einfach abschalten?（簡単にスイッチは切れるか？)」(2008 年 4 月)

国の副読本への批判は、当初から全国で数多くありましたが、明確に対抗する形をとり、公平性にも配慮して、まとまった内容の代替案として提示した取り組みとしては、私たちの副読本が最初のものであったと認識しています。

福大研究会版副読本は、福島県教職員組合を始めとする学校教育関係者や研究者、一般市民の方々など、国内外の多くの方々からご賛同・ご支援の声をいただ

究室.

き、2013年3月には新たに装丁や情報の追加を行った一般書籍版[2]（写真（e））を刊行することができました。この間の経緯等については、別稿[3]で述べているので、ご参照ください。

福大研究会版副読本を含む多くの批判を受けて、文部科学省は2014年2月に再度改訂した放射線副読本（写真（c)。以下、2014年版副読本）を発行します。2014年版副読本では、不公平性はかなり改善され、2011年版副読本には記載がなかった「子どもは被ばくの感受性が高い可能性」にも言及されました。福島原発事故に関する記述も大幅に増え、全体の約半分のページ数を使って説明しています。再改訂によるこのような変化は、私たちの副読本を含む全国の人々の活動が引き出した一つの成果とも言えます。

しかし、教訓の核心部分はまだいくつか漏れ落ちていると私は捉えています。そもそも2011年版副読本を作成する時点で、福島第一原発事故の事実や内容の公平性にこの程度配慮したものはつくれたはずですし、つくるべきであったと思います。2014年版副読本の詳細な分析は別稿で論じたいと思いますが、私の考える主な問題点は次のものです。

①事故が起きた背景（"安全神話" の流布や、国会事故調が指摘した "規制の虜[4]" など)、政府等の事故後の対応、副読本の不公平性や再・改訂の理由など、国の責任に関する記述がない（適切に対応してきたかのように書かれている)。
②福島第一原発の事故による問題の深刻さを伝える情報（廃墟となったままの街、野積みになった除染廃棄物など）がない。
③原発事故や被ばくによる「死」（震災（原発事故）関連死やJCO臨界事故など）について、記述が極力排除されている。
④汚染の程度や被ばくによる人権侵害の状況について判断するために必要な情報がない（放射線管理区域や一般公衆の追加被ばく線量限度、避難指示区域の線

---

2　福島大学放射線副読本研究会監修・後藤忍編著〔2013〕『みんなで学ぶ放射線副読本――科学的・倫理的態度と論理を理解する』合同出版,

3　後藤忍〔2013〕「大学教員の社会貢献活動として何ができるか――福島大学放射線副読本研究会」福島大学原発災害支援フォーラム［FGF］×東京大学原発災害支援フォーラム［TGF］『原発災害とアカデミズム　福島大・東大からの問いかけと行動』合同出版，p.105-139,

4　規制の虜：経済学用語で、規制される側が情報面で優位に立ち、規制する側が実質的に支配される状況を指す。

量基準、原発事故子ども被災者支援法などが本文で説明されていない)。

⑤放射線防護の方法（安定ヨウ素剤やホットスポットになりやすい場所など）や甲状腺の検査、子どもの被ばくに対する感受性の高さなどについて、記述が不十分である。

⑥放射線の内容に絞ったままであり、事故前の2010年版副読本のように、扱う内容の枠を原子力全体にまで戻してはいない（原発の是非について直接的に扱う内容ではない）。

上記①は、原発事故の事実と教訓に関するものです。加害者側の国が出した副読本では、その責任を認める記述はなく、教訓の核心部分について学ぶことはできない点を指摘できます。②、③、⑥は、公平性の確保の観点から、幅のある事象や見解についてその幅を理解できるようにはなっていないことを意味します。④、⑤は、「脱被ばく、人権回復のための教育」の観点から問題と考えられるものです。これらの問題点について、引き続き対応を考えているところです。

### DESDモデル事業「ドイツ版副読本」に学ぶ：公平性の確保と判断力・批判力の育成

教育における「情報の公平性を確保する」ことは、人々の「判断力・批判力を育む」こととも密接に関連します。「批判力（critical thinking)」は、ESDで育みたい重要な能力の一つにも位置づけられています。日本語の「批判」は、否定的内容のものをいう場合が多い（『広辞苑』第六版）ですが、ここでの批判力とは、単に否定的に捉えるということではなく、「正しいかどうかなどをよく吟味し、判定できる能力のこと」を意味します。ESDは、「現在の人間社会のままでは持続不可能である」という問題認識から出発しているため、社会変革を指向する意味で、批判力が重視されるのは当然です。

「国連ESDの10年（Decade of Education for Sustainable Development：以下、DESD)」を提唱した日本政府は、人々の批判力を育むことができるような、国際的にも「モデル」となる教材をつくる責任があると言えます。実際、他国の政府が作成した副読本には、ユネスコにより「DESD公式モデル事業」として位置づけられていたものもあります。ドイツ環境省が2008年に発行した原子力に関する副読本（写真（f)。以下、ドイツ版副読本）です。副読本発行当時のドイツ政府は、将来的な脱原発方針を採っており、環境省も原子力を規制する側の役割を担っているので、日本の感覚で言えば、原発反対の側に偏る内容になっていてもおかしくはありませんが、そのようにはなっておらず、公平性を確保し、読み手の判断力を育もうとする姿勢が見られます。

ドイツ版副読本では、「電力供給」「地球温暖化対策」「資源と蓄え」「原子力発電所の事故」「廃棄物の処理」の5つの論点について、様式上、右と左に分けてほぼ同じスペースを確保し、「原発をやめること（Ausstieg)」について「反対(Kontra)」と「賛成（Pro)」の代表的な意見を、それぞれ出典を明記して引用しています。その他にも、リスクを扱ったページでは、自動車、タバコ、飛行機、遺伝子組換え食品、日光浴という日常生活における5つのリスク要因と、原子力のリスクが取り上げられていますが、「あなたは毎日車に乗るのに不安がありますか？」「あなたは受動喫煙が心配ですか？」などの質問に「はい／いいえ」でチェックするようになっているだけであり、日本の2011年版副読本（【解説編】教師用）のように原子力に関するリスクが相対的に低いと見せるような内容にはなっていません。また、原発に関する質問については、「あなたは原子力発電所の近くに引っ越ししたいと思いますか？」となっています。これは、原発のリスク負担の公平性に関する本質を、シンプルな表現で的確に捉えた質問と言えます。そして、相対リスクについては、「作業内容（Aufgabe)」として、個人の主観的な評価によってリスク要因を順位付けするとともに、クラスの他の人と話し合う方法を提示しています。つまり、リスクに関する様々な見方を学び、判断力を育むことができるような内容となっているのです。

このような特徴について、日本とドイツの副読本の記述を比較して把握した内容については、別稿[5]でまとめていますので、ご参照ください。

### メディア・リテラシーの育成：社会的意思決定のために

日本の原子力・放射線教育における“減思力”の教訓は、第二次世界大戦前後で教育内容が大転換した、いわゆる“墨塗り教科書”と同様の、重大な教訓と私は捉えています。その意味で、「目の前から消されたものにこそ真に学ぶべき教訓がある」と考えます。日本の2010年版副読本のような事例を記録し、教訓として伝えていくことが必要です。過去、私たちの周りに普通にあった「原発に関

---

5　後藤忍〔2013〕「原子力に関する副読本の比較～日本とドイツ～」『福島大学地域創造』第25巻1号, pp.65-74 http://ir.lib.fukushima-u.ac.jp/dspace/bitstream/10270/3932/1/18-204.pdfで、全文ダウンロードできる。

するテレビコマーシャル」などの各種メディアを題材として、そこに提示されている情報を批判的に読み解く「メディア・リテラシー」を育成する実践も行っています[6]。

「過去を学ばない者は、それを繰り返す」(ジョージ・サンタヤナ、1905年)の格言は、この問題にも当てはまります。二度と同じ過ちを繰り返さないように、一人ひとりが判断力・批判力を育み、“減思力”を克服して、「メディア・リテラシー」を身につけることが求められます。仮に、今後日本で再び原発の過酷事故が起きたとしても、もはや「だまされた」とは言えません。福島第一原発事故の事実と教訓をきちんと踏まえた社会的意思決定ができるように、一人でも多くの人が認識し、行動してほしいと思います。

**後藤　忍(ごとう・しのぶ)**

1972年大分県生まれ。福島大学理工学群共生システム理工学類准教授。2000年大阪大学大学院工学研究科環境工学専攻修了。博士(工学)。科学技術振興事業団戦略的基礎研究推進事業(CREST)研究員、福島大学行政社会学部講師、同助教授を経て2004年より現職。専門は、環境計画、環境システム工学、環境教育など。社会貢献活動の一環として、放射線と被ばくの問題について研究し、副読本などの媒体を通じて情報発信することを目的として、福島大学教員有志により、2012年2月に福島大学放射線副読本研究会を結成。同研究会の代表。

6　後藤忍〔2013〕「判断力・批判力を育む環境教育の必要性」日本環境教育学会編『東日本大震災後の環境教育』東洋館出版社，p.96-103

# 第10章
# 終わりなき今を生きよう
## ―暮らしと仕事に境界を設けない生き方―

井筒耕平（いづつ・こうへい）

1975年愛知県生まれ。岡山県西粟倉村在住。名古屋大学大学院環境学研究科単位取得満期退学。博士（環境学）。国際物流企業、環境エネルギー政策研究所、備前グリーンエネルギー(株)、美作市地域おこし協力隊を経て、現在、村楽エナジー(株) 代表取締役。専門は再生可能エネルギーに関する実践とコンサルティング。学生時代、アジア各国を旅する中で、世界で同時に進む人々の営みがそこかしこにあり、それはローカルごとに全く異なっていることを目の当たりにして、人類の多様性への興味深さとそれぞれのひたむきさに心打たれる。その思いを反芻しながら、日本のローカルで放棄されている地域資源を編集することで新時代の生業づくりを行う。

写真：子どもたちと元湯のキッチンにて © 井筒耕平

人生は一度しかありません。そして人生とは、一瞬一瞬の「時」が積み重なってできています。まさにこの本を読んでいるあなたのこの時間は、あなたの人生を重ねる１つの「時」なのであり、それはもう絶対に戻ってこない時間なのです。私は、そのことを最も大切なこととして生きています。

今の一瞬が自分にとって納得いくものなのか。ベストを尽くせているのか。楽しくやれているか。もし、そうでなければ素早い転身ができるのか。そうした思いに駆り立てられた原動力との出会いは、21 歳の時に遡ります。

## 1．ライフヒストリー

### (1) 学生時代：今を生きる若者たちとの出会い

21 歳。学生生活まっただ中の私は、北海道にいました。大学時代、モーグル（フリースタイルスキー競技の１つ）にハマっていた私は、ニセコひらふスキー場のコテージ赤啄木鳥（あかげら）という宿で居候をしていました。今でこそ「インターン」制度が一般的になっていますが、私が学生だった 1990 年代にはまだそうした言葉はなく、思い切って自ら飛び込んでみた、というのが実感です。ニセコには私のように居候している若者が多数おり、彼らは、冬はニセコ、夏はオーストラリアでスキーやボード、秋と春はアルバイトという、いわゆる「フリーター」のような生活をしていました。

彼らと会って話すうち、「人生一回きり。“今” を楽しまないとね」という考え方を持っている人たちが世の中にはたくさんいるんだ、ということに気づきます。それまでの私は、大学を出て、安定している大企業に就職し、温かい家庭を築き、老後に備えようという漠然としたレールを想像していたので、そんな考え方は新しく、また自分の側ではない。“隣の生き方” として、羨ましく思ったものです。

### (2) サラリーマン時代：国際物流の現場監督になる

そういう出会いがあったのですが、25 歳で大学院を出た時は、国際総合物流企業に勤めることにしました。というのも、大学院時代の 23 歳で初めて海外（タイ）に旅に出た後、バックパッカーとしてベトナム、ラオス、カンボジア、インド、ネパールなどアジア各国を回り、とても刺激的な経験をしたこともあって、国際的な仕事に就きたいと思うようになったからです。私にとって海外は、日本という存在を外から見られること、自分という存在が誰にも知られていないこと、地理の授業で学んだ名前だけ知っていた存在を直接体験できること、などの点で、とてもワクワクしたのです。

就職した国際総合物流企業の事業内容は幅広いものでした。私は、その中でも国際物流の中心的な存在である海上コンテナ船に関わる部署に配属されます。海上コンテナ船とは、世界中に定期航路が張り巡らされた物流ネットワークの中を行き来する貨物船のことで、貨物のサイズを標準化することで効率的かつシステマティックに国際物流をマネジメントすることができます。私の仕事は、輸入されるコンテナをどのような順番で船から降ろし、輸出されるコンテナをどのように積むかのプランを作成した後、「現場監督（通称フォアマン）」として、現場作業に携わる港湾労働者とともに本船荷役を行う、というものでした。

国際物流の現場で学んだことはいくつもありますが、痛感したのは、日本が本当に多くの輸入品によって生活を支えられているということです。今でも覚えているのは卓球台やお仏壇まで輸入されていたこと。ちょっとびっくりでした。そして、深夜であっても荷役の現場は動いており、みんなが寝ている間も自分は頑張って人々の生活を支えているんだという誇りを持ちながら働いていました。

### (3)「千年持続学」との出会い

27歳になって、転機が訪れます。2年間働いた会社を辞め、名古屋大学大学院に進むことを決めたのです。会社を辞めた理由。それは、やはり「"今"を楽しんでいるか」という自ら持つ「時」への問いかけでした。2年間働いて、「とてもお世話になったけれど、自分の居場所はここではない」と感じるようになっていました。しかし、特別になにかやりたいことがあったわけではありません。ただ、学生時代にモーグルやサーフィンに没頭していたことから、自然への恩返しがしたいということで、漠然と「環境保護」に興味があるんだと、今考えたらコジツケですが、そう思うようになっていました。

たまたま母の知り合いだった河合崇欣教授（当時）が名古屋大学大学院環境学研究科の教官だったので、この気持ちを打ち明けたところ、同じ研究室の高野雅夫先生を紹介されたのです。偶然とはいえ、すばらしい出会いに恵まれました。

2003年、高野研究室の修士課程の学生として入学、「千年持続学」という思考を叩き込まれ、実践の重要性を学びます。この時が人生最大の方向転換だったと思います。大学卒業後、大企業に就職、老後に備えるという人生設計が「成長型社会におけるスタンダード」であるという認識を学び、「持続可能な社会におけるスタンダードとはなにか」「そもそもスタンダードなどなく、多様な生き方こそ、新しい時代の生き方なのではないか」などと考えるようになりました。では、その具体的な生き方とはどういう人生なのだろう。模索し始めたのが、この頃です。

高野先生は、それまで私にとっては全く縁遠かった中山間地に可能性を見出し、愛知県豊根村を修士論文の対象地として取り上げました。そして、この村が毎年4.7億円ものエネルギー（電気、ガス、石油）費用を地域外へ支払っていることに驚き、それらのお金はどこから来ているかに疑問を抱き調べてみると、なんと村内の就業者のうち7割以上が交付金や補助金を通じて給与として得た後、エネルギー代として支払っていることが明らかになりました。つまり、日本の中山間地域は、都市からのお金によって、地域外からエネルギーを購入して生活しているという構図だったのです。地域には、豊かな森や太陽、そして水資源があるというのに。

この構図が将来にわたって長く続けばよいのですが、交付金や補助金は減らされる一方、海外の化石エネルギーは高騰する傾向にあり、持続不可能な状況にあると考えられます。こういったシステム的な持続不可能性を、私は大学院時代に目の当たりにしたのでした。

### (4) 東京、そして岡山県備前市へ

修士課程を修了後、飯田哲也氏とのこれまた偶然の出会いによって、東京にあるNPO法人「環境エネルギー政策研究所（ISEP：Institute for Sustainable Energy Policies）」[1]のインターンになりました。生まれて初めての東京生活。

1　持続可能なエネルギー政策の実現を目的とする、政府や産業界から独立した第三者機関。2000年9月、地球温暖化対策やエネルギー問題に取り組む環境活動家や専門家が設立。http://www.

東京は暮らしてみるものです。これほどまでに人と出会う機会が多いものか。毎日のように新しい人に出会い、新しい友達が増えていく。新しいお店に出会い、新しい食を体験できます。ISEPの会議では、国会議員の名前、政党の名前、有名人の名前がバンバン出てきます。実際に国会議員や政策に関わる学者、著名人に会って対話することもでき、非常によい経験でした。

その後、30歳の時に、岡山県備前市へと出向することになります。わずか半年の東京勤務の後、自分の中での「現場でやってみたい」という気持ちと、ISEPの「備前グリーンエネルギー（株）」[2]プロジェクトの始動タイミングが合致して、岡山への移住を決めたのです。備前では、実際に省エネ機器、太陽光発電、ペレットストーブ[3]の導入に携わり、再生可能エネルギーの導入にはどんな障壁があり、導入した後の運用面での課題がなんなのかということを、民間企業の立場で経験しました。初めて地域の人々と協力し、再生可能エネルギーの政策的・経済的・物理的課題に正面から対峙し、実践できたことは得難い成功体験となりました。ここで5年間コンサルタントの立場で仕事をさせてもらう中で、私は徐々に「現場の作業」を求めるようになっていました。

### (5) ガチンコ現場――美作市上山に飛び込む

35歳から38歳まで過ごしたのが、岡山県美作市上山。かつて8300枚もの棚田が広がる米の産地でしたが、1980年代以降は荒廃し、2000年代後半にはほとんどが荒れ地と化していました。そこに登場したのが、NPO法人「英田上山棚田団」。大阪を中心とするメンバーは個性豊かな野武士軍団の風情です。彼らの頭に「地域づくり」という堅い言葉はなく、「楽しいことは正しいこと」を合い言葉に、「楽しいからやるんだ」という姿勢が際立っていました。一般に地域づくりの現場では、そこにある課題を見つけ、それを

---

isep.or.jp/

2　2005年12月、岡山県備前市にISEPと住民が協働して立ち上げた民間企業。省エネ事業や自治体エネルギー計画策定を行う。http://www.bizen-greenenergy.co.jp/

3　製材所の端材などを細かく砕き、高温高圧で固形化したペレットを燃料とするストーブ。主に家庭用・業務用の暖房に使用する。詳細は、日本木質ペレット協会のウェブサイトで。http://www.w-pellet.org/

解決するような手法でやっているために、閉塞感が残ったり、自ら課題の吹きだまりのような状況に陥ったりすることが少なくないのではないか。そんな疑問を感じていた私は、この棚田団に大いに惹き付けられました。そして、何度か参加するうちに移住を決意。「美作市地域おこし協力隊員」[4]として、ガチンコ現場に飛び込んだのです。

棚田での米づくりは、平地での米づくりとは違います。水が溜まりづらく、また畦畔（けいはん）の面積が広いために草刈り量が多く、農業機械は小さいものしか入りません。また、上山の棚田でもう1つ重要な仕事が、「耕作放棄地再生（棚田再生）」です。農地を10年も放棄すれば、高さ3m以上、太さ1cm程度の笹に覆われてしまいます。これに刈払い機で挑み、野焼きします。この作業は危険が伴い、力仕事も多いため、男性の仕事のように思いがちですが、農作業には丁寧さ、緻密さ、マネジメント力など、様々な力が必要です。女性の活躍なしにプロジェクトは上手く進みません。性差を超え、様々な人の協力が重なり合ってこその棚田再生事業だと感じました。こうした環境で3年過ごし、お隣の西粟倉村へ移住することになります。

## 2. バイオマスエネルギーの実践者になる

### (1) 西粟倉村に来た理由

岡山県西粟倉村。中国山地の奥地、人口1500人、林野率95%の村になぜ向かったのか。美作市上山で鍛えてもらいながら3年が経とうとする頃、私は、学生時代、東京、備前と熱中してきた「自然エネルギーを活用した地域づくり」に100%の力を投入したいと考えるようになっていました。それまでは学生、研究者、コンサルタントという立場での関与でしたが、もっと「実践者として関わりたい」と思うようになったのです。

西粟倉村は、2008年に「百年の森林構想」を掲げ、村役場が森林所有者と長期施業管理委託を結び、長期的な視点に立った森林管理を行う取り組みを始めました。同時に、地域プロデュース会社として「(株) 西粟倉・森の

---

4 「地域おこし協力隊」情報は「JOINニッポン移住・交流ナビ」で検索できる。http://www.iju-join.jp/

学校」[5]を立ち上げ、ユカハリ・タイルという、床に置いていくだけで無垢の床ができる商品や、西粟倉産のスギで割り箸をつくるなど、高付加価値な木材商品を開発し、都市部へと営業展開を広げ、これまで上手く活用されてこなかった西粟倉産材の中でも良質な材の利用を進めています。そして2014年、西粟倉村はこれまで紙の原料として地域外へ安価で販売していた西粟倉産の低質な木材を、地域の中でエネルギー利用する方針を打ち出しました。

「バイオマス」とは生物資源のことで、木質、畜産、廃棄物などがあります。このうち、国内に最も多くありながら、利用が進んでいないスギやヒノキを中心とした「木質バイオマス」[6]に私は注目しています。木質バイオマスの利用を進める上で、5つの重要な条件は、①林業が盛んであること、②行政が政策的に再生可能エネルギーを進めようとしていること、③地域に木質資源が豊富にあること、④需要先があること、そして、⑤実践者がいること。特に木質バイオマス燃料は、発電ではなく「熱利用を中心に活用すること」が最も有効なことから、たとえば村にある温泉施設や老健施設の給湯などに利用できます。西粟倉村が温泉施設3カ所に薪ボイラーを導入することを決めたことで、私はこの5条件のうちの必須条件である「実践者になる」ために、西粟倉に移ってきたのです。

「実践者になる」というのは、バイオマスエネルギーに限ったことではありません。「日本には、コーチや監督（研究者やコンサルタント）はたくさんいるが、プレーヤー（現場作業者）が減っている」という話を、富山和子さんの著書『水と緑と土：伝統を捨てた社会の行方』で知りハッとした時から、私の実践者へのこだわりは始まっているのです。

### (2) 村楽エナジー株式会社の設立

「村楽エナジー（株）」は、実践者としての役割を果たすための手段として設立しました。自然エネルギーは、導入することが目的化してしまうケースが散見されますが、私はあくまで「サステナブルな暮らしをするための手

---

5　森林等地域資源の活用と地域のお客様づくりに取り組むために、2009年10月（株）トビムシ、西粟倉村、住民が中心となって設立。http://nishihour.jp/

6　詳細は、「バイオマス白書2014」http://www.npobin.net/hakusho/2014/や、平成25（2013）年版「森林・林業白書」http://watashinomori.jp/study/hakusho_h25_02.htmlを参照。

段」と考えており、会社という形態もまた、手段と捉えています。現在、村内では、薪ボイラーの運営、温泉ゲストハウス「あわくら温泉元湯」の運営、全国各地のコンサルタント、さらに2017年8月には香川県豊島でゲストハウス「mamma」をスタートさせるなどしており、スタッフも20人近くになっています。

### (3) 自伐型林業と兼業林家の再生へ

木質バイオマスを普及させるには、林業が重要なことは前述しました。その中で、私は「自伐型林業」という取り組みに着目しています。一般的には山主さんから森林組合等が委託を受けて作業する形態がほとんどですが、私は、山主さん自ら、または山主さんから長期的に管理委託を受けてその場所(30～100ha)から動かず施業していくような「自伐型」を進めようとしています。その理由は、①自分の山、または長期的な契約の中で山に手を入れた方が、愛情が深まり、丁寧に作業を進められる、②大規模にはできないが、小規模であるため専業でも副業でもできる、③間伐や造材以外にもキノコ類の栽培、製材、狩猟や炭焼きなど新たな生業づくりにも広がる、などの多面的効用が期待できるからです。

このような働き方は、いわゆる兼業農家ならぬ「兼業林家」。主に農閑期の秋・冬が自伐型林業のシーズンです。木材には「伐り旬」があり、それが秋～冬頃。伐る時期によっては木材に虫が入りやすくなるため、非常に理に適っているのです。こうして自然界とのやりとりをしながら、生業をつくっていきます。ただ、こうした兼業林家のあり方は、日本が工業社会になり、働き方が「サラリーマン化(分業化・専業化)」するにつれて、大きく減少してきました。1960年代には45万人いた林業従事者が2010年代には10分の1に減少、4～5万人程度となっています。こういった問題意識の中で、美作市地域おこし協力隊時代には、実際の搬出間伐や作業道開設、広葉樹施業に取り組みました。

### (4) 自らの振る舞い方：覚悟を持って生きる

2000年代に入り、日本を含む先進国は、大きな転換期を迎えています。社会は、1つの方向に収束して一体となって成長する時代から、個人個人が

薪ボイラーに薪を投入する筆者（© 井筒耕平）

大きく広がる大海原の前に立たされ、方向さえ決められていない時代に突入しました。都市も田舎も関係なく、「一人の人間が仲間たちと集い、複数のプロジェクトを動かす時代」が来ています。もはや「自分が何者か」という問いに固定化された定義づけは意味をなさず、偶然の出会いによって様々な領域へと広がる可能性を秘めています。私が西粟倉村へ移ったのも、偶然の出会いがあったからでした。現在、私が携わるプロジェクトは自然エネルギーが中心ですが、分野にとらわれず今後ますます広がっていくでしょう。実際、先に述べたように2015年4月から新たに村内の温泉施設「あわくら温泉元湯」の運営を始め、2017年にも香川県豊島でゲストハウス「mamma」をスタートさせました。

こうして様々なプロジェクトを実践してみて、分かってきたことがあります。それは、「覚悟」の重要性。何事も新しくなにかを始めるのは、一人からです。それは、とても勇気がいることで、一人ではなんの力もないからやらない、というのが一般的でしょう。しかし、始めてみるのです。むろん孤独を味わう覚悟が伴います。それを承知で始めてみると、孤独な時もありますが、次第に仲間が集まり始めます。一人で始めたという覚悟に対する感動が、人を呼び込むのです。一人ずつ覚悟を持つ人間が増えることで、目には見えませんが、少しずつ社会はいい方向に進むでしょう。

もう1つ、岡山県という縁もゆかりもない場所にＩターンして活動してきた中で、大切なことを学びました。それは、「ヨソモノ目線」を活かして地域再生プロジェクトを支援するコンサルタントのような関わり方だけでは十分とは言えない、ということです。よく言われる「自分がいなくなって、地域の人たちだけで回るようになることがよい」という考え方に加えて、「自分がいるからこそ、プロジェクトが回るんだ」という自分の存在価値を賭けた、覚悟を持った参画の仕方が、地域再生の鍵です。自ら関わり続ける覚悟こそ、人への感染力を持つのだと、これまでの経験で分かりました。外からやってきた専門的知識を持つ人々が、その覚悟を持てば、本当に最強だろうと思います。

## 3. 暮らしと仕事に境界を設けない生き方

### (1) 400万円で十分に暮らせる

最も気になる経済状況ですが、2014年3月末までは地域おこし協力隊員として、年間報酬200万円＋活動経費200万円が美作市から支払われていました。これで十分な生活と活動が実施できます。2014年4月以降は村楽エナジー（株）から報酬を得ています。これまでと同程度の収入である400万円の報酬を得るには、企業としては一人当たり800万～1000万円程度の売上げが必要です。常に頭の中ではそういう発想があります。その一方で、400万円の報酬では安すぎるとか、もっと低くても大丈夫だとか、そういうことを考えだすとキリがないので、だいたいそういう感覚で生きているということです。

現代においては自分の仕事がお金に換算されることが重要になっていますが、よくよく考えると、縄文時代には貨幣がなくても楽しく生きていたのだし、今でも田舎では物々交換や狩猟採集生活で食やエネルギーの大半を賄うことができるのです。こう書くと、「井筒は甘いな」と言われてしまいそうですが、それでも楽しく生きることができるということも、頭の片隅に置いています。

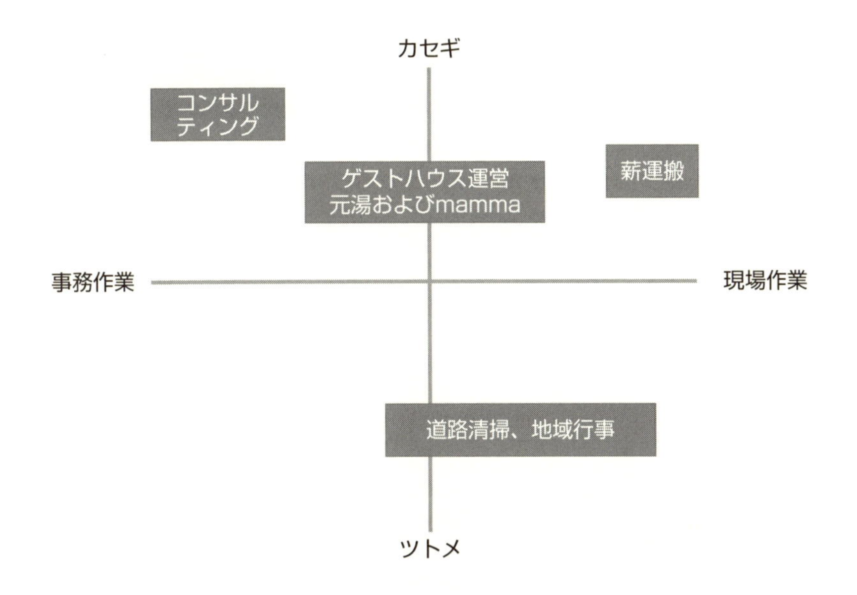


### (2) カセギとツトメ、現場作業と事務作業

仕事は、現場作業（元湯の接客や薪投入など）と事務作業に分かれ、季節によって作業内容が異なるので、「典型的な」スケジュールはありません。現場作業の日は朝８時頃から夕方まで作業して、事務作業は空いている時間に場所を選ばずやっています。元湯や薪投入を優先しながら、事務作業はその優先度に合わせて空いたスペースに埋め込んでいく感覚です。

私の生業を、縦軸に「カセギ」（お金を直接的に得る活動）と「ツトメ」（お金にはならないが、地域住民にとって大切な仕事）、横軸に「事務作業」と「現場作業」として、図のように分類してみました。ツトメには、たとえば、集落の道路清掃、消防団や獅子舞に参加するなどが含まれます。お互いの関係性やご先祖様との関係性を継承し続けるための務めを果たすことは、一人では生きていけない中山間地域での暮らしの原点となる仕事です。

全体として、活動の７割が事務作業、３割が現場作業といった感じです。経営者なので事務作業がやはり多いのですが、薪運搬やゲストハウス運営の現場に出ることもよくあります。

## 4. 終わりなき「今ここ」にこそ、希望があり、未来がある

生活の中で大事にしていることは、子どもとの時間をなるべく持つこと。2011年に長男（風太）、2013年に長女（たね）が生まれました。自分自身、父親にいろんな体験をさせてもらった経験から、子どもにとって父親の存在はとても大きいものだと考えているからです。周りの兄ちゃん姉ちゃん、爺ちゃん婆ちゃんに育ててもらうことも大切にしています。そもそも赤ちゃんの数が減っているので、有難いことに地域の皆さんにとても歓迎してもらっています。お陰で、様々な世代の多様な性格を持つコミュニティの中で子どもたちは元気に育っています。

もう1つ大事にしていることは、リアリティを大切にすること。なにか故障した時でも、誰かに頼まずに、まず自分で修理してみる。どこにどれだけのお金がかかるだとか、どれくらいの時間がかかるとか、どこに気をつければ壊れないか、などといったことが、自分でやれば分かってきます。

たとえば、今、借りている古民家には、五右衛門風呂とペレットストーブがあります。五右衛門風呂は借りる前からもともとあって、毎日火を焚くのが楽しみ。もちろん火を焚くわけだから、煙突もあり、定期的に煙管のチェックが必要です。またペレットストーブは、村の人に手伝ってもらいながら自分で設置しました。こちらもシーズン終わりのセルフメンテナンスは必須です。神は細部に宿る。細かなことを自分でやることで、問題が明確に見えてきます。これは、プロジェクト管理でも同じことで、私が大事にしていることです。

人生は「今」の積み重ねです。夢や希望をどこかに探したとしても、見つかるわけではありません。終わりなき「今ここ」にこそ、希望があり、未来がある。自らを場所や思想に縛らず、偶然性を大切にしながら、今の一瞬一瞬を、精一杯生きてください。そうすれば、自ずから然るべき場所に収まります。それが私からみんなへのメッセージです。

## 読んでみよう

①内山節〔2010〕『共同体の基礎理論』農山漁村文化協会.
②坂口恭平〔2010〕『ゼロから始める都市型狩猟採集生活』太田出版.
③富山和子〔1974〕『水と緑と土：伝統を捨てた社会の行方』中公新書.
④渡辺京二〔2005〕『逝きし世の面影』平凡社.
⑤高田貴久〔2004〕『ロジカル・プレゼンテーション』英治出版.
⑥西村佳哲〔2009〕『自分の仕事をつくる』筑摩書房.
⑦石川直樹〔2006〕『いま生きているという冒険』理論社.

## やってみよう

**①自分の関わる分野で、海外の先進地と途上地の両方に行く**

自分の興味関心・専門分野について海外の先進地に視察に行ってみよう。同じことをしているようで、細部で異なっているかもしれない。一方、その分野が日本より遅れていると感じる地域に行くことも重要だ。なぜ普及していないのかを議論し考えることは、自らの取り組みに、なんらかのヒントが得られるはずだ。

**②命のやりとりの現場に身を置く**

命のやりとりと聞くと少し怖い気持ちになる。私も街育ちで経験がなかったが、美作市上山ではヤギや牛、豚を飼い、動物たちの誕生と死が身近にあった。近所同士の関わりが濃く、地域のお葬式には必ず出席、子どもが生まれれば皆で面倒をみる。そうした生と死が繰り返される場所に身を置くことで、かけがえのない命の存在を身近に感じることができるのだ。

# 椛島農園の挑戦
# ——南の大地・阿蘇より

### 新規就農 11 年目の暮らし

2007 年に、熊本県南阿蘇村で就農しました。70 世帯位のご家庭へ年間 50 種類ほどの野菜と、卵・お米をセットにしてお届けするというシンプルな農業をしています。

就農前の土地探しは、良い思い出です。自己紹介のビラを配り、紹介を受けた方の農場に滞在して手伝いをし、そこで信頼を得てまた次の紹介を受けて滞在し……。そんなことを 2 ヶ月ほど続けて、今の土地にご縁を頂きました。何かのきっかけを提供できる場でありたいと考えて、WWOOF のホストや農業インターン、研修生の受け入れにも取り組んでいます。

### 数字には表せない豊かさを愉しむ

村での農家暮らしには数字には表せない豊かさがあります。確かに仕事は楽ではありません。自分の力不足ということも大きいですが、農繁期には日の出から日暮れまで動きます。週に 40 時間の労働、という「常識」とは程遠い世界です。それでも全部自分の時間ですし、自分で選んだ道なので納得できます。通勤時間も皆無です。家の前の田んぼでイモリ捕りに夢中になっている息子を眺めながらの農作業に、心も和みます。天候不順できつい時もありますが、そんな時は自分が自然界の一員であるということを思い返す良い機会となります。

うちのような農業スタイルの場合、初期投資額も比較的少なくて済みます。100 万～ 200 万円位の自己資金があればなんとかスタート可能です。少しずつ規模拡をし、トラクターやビニールハウスなどの中古品を揃えてきました。現在、大きな経費である送料を引いた額で月平均 40 万円位の売上です。事業経費はそれなりにかかりますが、生活費は本当に安いです。お米と野菜と卵は食べ放題。廃鶏のかしわ肉も絶品です。薪ストーブで光熱費も少なくて済みます。家のリフォームもなるべく自分たちの手で行います。現金はさほど動きませんが、豊かな暮らしです。借金もありません。何より村では地域みんなで子どもを見守ってくれます。

## 就農までの道のり

就農までの経緯は決して胸を張れるものではありません。就農の理由を人に尋ねられた際にはいつも「たまたま」「ご縁」とお茶を濁しています。かいつまんでみると、こんないきさつでの就農でした。

私は、学級委員は任されるけど遊び友達がいないという「いい子」でした。一番苦手なことは、雑談でした。「なんだか生きにくいなあ」と、ずっと思っていました。常に自意識過剰で、人と自分を比べて優劣をつけ、自分の弱さを人に見せるのを避けていました。学校の成績を上げることが、ある意味での隠れ蓑となっていました。そんな思春期の課題を持ち越したまま大学に入学した時に、危機感を覚えました。「あ、このままじゃやばいな。自分には、本当に好きなものがないや」と。自分の殻を破ろうと様々なことに手を出してみたものの全て中途半端に……。気が付けば「生きにくさ」は増大し、就職活動のタイミングも逃し、ずるずるとフリーター暮らしに入っていました。

そんな中で出会ったのが山の世界です。雪山やクライミングにどっぷりとはまる生活を数年間続けました。吹雪の中、ただ生きて帰るために全力を尽くした経験や、アラスカの神々しい山に登らせてもらった経験。そして、そんな経験を共有できる仲間や、好きなペースで自由に働かせてくれたアルバイト先の土木工事会社の方々との出会いも大きかったです。山ではなぜか全てのものに対して謙虚になれました。自我という殻が解けていく大切な時間だったように思えます。そして次第に「この気持ちを山という非日常ではなく、日々の暮らしの中でも味わえる人生でありたい」と思うようになっていったのです。

しかし現実にあるのは、東京での将来が見えない暮らしでした。軽い気持ちで就職してみた広告会社の仕事も、将来の展望が全く描けずにすぐに辞めてしまいました。ちょうど「格差」という言葉がよく聞かれるようになってきた頃でした。

そして2001年、9.11同時多発テロが起きました。25歳の時です。映像を見た瞬間、自分の中の何かが弾けました。「これって、振り落とされないようにと自分がしがみついている社会や経済活動の先にあるものの究極の姿なのかもしれない。よし、だったら、いっそ降りてしまおう。格差とか、勝ちとか、負けとか、そんなものどうでもいいや。ひとつの生物として、大地に足をつけて暮らすのだ！　生き直すのだ！」と覚悟を決めました。何年かかるか分からないけど自然の中で生きていく技と知恵をしっかり習得するぞ、と腹をくくったのです。その後5年ほどかけて各地で農場体験の旅や有機農業の研修生活を続けた後に、九州に戻って独立就農しました。

### これからの夢：一歩一歩、前へ

いざ就農してみると、単純なものです。うまく作物が育って売れれば嬉しいし、うまくいかなければ悔しいです。夢や理想はいろいろあります。もっと上手に作物を育てられるようになりたい、家を自分で建てたい、エネルギーの自給もしたい、村の良さを活かした子育てをしていきたい、そして人生の壁にあたっている人たちの力となれる場を作りたい、などなど。

しかし情けないことに、目の前のことに追われて疲れすぎると心の張りがなくなってきます。気持ちが重くなり、視野が狭くなってくる自分もいました。初心を忘れて身の丈以上の規模の拡大を考えたり、「子どものためにもっと稼がなくては」という考えに囚われてしまったり、人との比較や周りの評価を気にしたりする悪癖がまた現れたりすることも……。

そんな折に起こったのが熊本地震でした。地震の被害自体は比較的軽く、幸いにも家は無事でした。何枚もの田畑の畔が崩れましたが、なんとか1年で復旧できました。地震は、忙しさに追われる暮らしを見直すいいきっかけとなりました。改めて大事なことが何なのかを夫婦で確認しました。今は、子どもの自己肯定感が育つように子どもとの時間をしっかりとること。将来お金が要る時期にほどほど稼げるように、ゆっくりとでいいから栽培技術や経営能力を高めていくこと。いろんなことに折り合いをつけながら、「将来の大きな幸せを求める」のではなく「今日の小さな幸せを感じられる」暮らしをすること。

そして、しばらくの間農業のペースを敢えて落とすことも決めました。いろいろ考えていく中で、大事なことをしっかり夫婦で話し合って共有できるということが実は一番の幸せなのかなあ、と感じる日々です。今日出来ることを一歩一歩、少しずつ前を向いて進んでいきたいと思います。

**椛島剛士（かばしま・たかお）**

1976年福岡県生まれ。椛島農園代表。慶應義塾大学総合政策学部卒業後、生き方を模索する日々の中、26歳で農業に出会う。2007年に熊本県南阿蘇村に移住し、30歳で就農。35歳で結婚。2人の子どもを授かり自宅でお産。家族で有機農業に取り組む。WWOOF（ウーフ）（3章参照）ホスト、研修生の受け入れ、地域での活動、育児、そして日々の農作業と、動き続ける毎日。

ブログ「南の大地より　椛島農園日記」http://kb197600.blog111.fc2.com/

# 「地球のしごと大學」——持続可能なしごとを創り出す実践的な学びの場

地球のしごと大學とは、地球を良くする仕事に就きたい人を応援する学びの場です。基本となる年間講座は**「地球のしごと教養学部」**。例えば、『里山資本主義』で著名な藻谷浩介さん、東京と群馬県上野村との二重生活をしている哲学者・内山節さん、「foodは風土」の提唱者で伝統食と民間食養法を研究する幕内秀夫さんなど約30名の講師、全35回の講座（フィールドワーク19回）を開講しています。持続可能な社会をともにつくりたい人、地域に飛び込む準備をしたい人には、密度の濃い絶好の学びの場です。

**「地球のしごと教養学部」**では、受講生の皆さんのキャリア相談など就職、起業、移住などのよろず相談も行います。1年間、同じ志向を持つ受講生が集いますので受講生同士の繋がりも強固になります。OB・OGとの交流も有ります。講師の方たちとのご縁も含め、あなたの人生がとても豊かになること請け合い。また、「農業をやりたい」「林業をやりたい」など職業目標が明確な方は、**「こめまめ農家養成学部」「自伐型林業家養成学部」**をご検討ください。〈こめまめ農家〉は年収100万円～150万円を目指す兼業型の自給ベース農業です。〈自伐型林業家〉は兼業で年収300万円、専業であれば年収400万円以上を稼ぐことのできる汎用的なモデルです。今後は、農林業以外の汎用的な稼ぎモデルも随時開発し、学部として提供して参ります。

気軽に楽しむ体験から始めたい方は田植えや味噌作りなど単発イベントや、綿花の栽培や蚕の飼育を行う**「つちからきもの」**プロジェクト、区画貸しを行う**「my田んぼ」「my畑」**などのサービスも提供しています。関心を持たれた方は、ぜひ「地球のしごと大學」（http://chikyunoshigoto.com/）をご覧ください。ともに持続可能な社会経済を再構築する担い手になりましょう。

## 2016年度　地球のしごと教養学部　講座一覧

| | 日にち | 講座タイトル | 講師 | 開催場所 |
|---|---|---|---|---|
| 1 | 1月31日（日） | 哲学特講①　農山漁村の仕事観・労働観を考える～おすそ分けの贈与経済からソーシャルビジネスまで～ | 内山節 | 東京都 |
| 2 | 2月6日（土） | 哲学特講②　農山漁村の民衆精神を考える～農村共同体とその伝統的信仰心～ | 内山節 | 東京都 |
| 3 | 2月11日（祝日） | 里山資本主義を考える～人口減少時代に、目指すべき社会経済モデルとは～ | 藻谷浩介 | 東京都 |
| 4 | 2月21日（日） | 発酵道～昔ながらの酒造りから見えてくる共生の世界、発酵する生き方～ | 寺田優 | 寺田本家（千葉県香取市） |
| 5 | 2月27日（土） | 水資源を考える～水の自給、水リスク、流域経済圏について～ | 橋本淳司 | 東京都 |
| 6 | 3月6日（日） | 100年後の資本市場はどうなる？ソーシャルファイナンスについて考えよう | 河口真理子 | 東京都 |
| 7 | 3月13日（日） | 成熟社会のライフ・ワークスタイルを考える～半農半X、ダウンシフト～ | 塩見直紀、高坂勝 | 東京都 |
| 8 | 3月28日（月） | 北海道視察！未来の社会福祉を考える～弱さから始まる仕事と社会「浦河べてるの家」訪問～ | 浦河べてるの家 | 北海道浦河町 |
| 9 | 4月3日（日） | 食生活の再興～伝統食の復権～ | 幕内秀夫 | 東京都 |
| 10 | 4月10日（日） | 魚食の再興～日本の漁業問題と未利用魚の調理レクチャー～ | アクアカルチャー | 東京都 |
| 11 | 4月24日（日） | 住まいの再興～伝統的日本家屋について　川崎民家園～ | 山田貴宏 | 川崎市立日本民家園 |
| 12 | 5月7日（土） | 衣服の再興～絹・綿・麻、きものという農業～ | 中谷比佐子 | 東京都 |
| 13 | 5月29日（日） | これからの自然エネルギー～エネルギー自給と市民電力の活躍～ | 高橋真樹 | 東京都 |
| 14 | 6月4日（土） | 農山漁村で稼ぎを創ろう！①～求められる戦略思考と情緒思考～ | 高浜大介 | 東京都 |
| 15 | 6月19日（日） | 『こめまめ』農家について学ぼう～兼業による主食づくりを生業にする～ | 高浜大介 | 千葉県佐倉市の田んぼ |
| 16 | 7月3日（日） | 農山漁村で稼ぎを創ろう！②～マーケティング、ビジネスプランニング、ファイナンスの初歩～ | 高浜大介 | 東京都 |
| 17 | 7月16日（土） | 林業の未来①～自伐型林業こそ中山間地再生の切り札～ | 中嶋健造 | 高知県 |
| 18 | 7月17日（日） | 林業の未来②～自伐型林業の現場視察し、若手林業家を訪ねよう～ | 中嶋健造 | 高知県 |
| 19 | 7月18日（祝日） | まだ東京で消耗してるの？～過疎で稼ぐ、プロブロガーのイケダハヤトさんを訪ねる～ | イケダハヤト | 高知県本山町 |
| 20 | 8月7日（日） | 有機農業の未来を考えよう～産消提携ＣＳＡモデル～ | 片柳義春 | 東京都 |
| 21 | 8月27日（土） | 小水力発電による過疎地域おこし＆小商い石徹白洋品店、平野夫婦から学ぼう | 平野彰秀・馨生里ご夫妻 | 岐阜県郡上市 |

| 22 | 8月28日（日） | お祭りと共同体～郡上おどりと長良川ラフティングを楽しもう～ | ふるさと郡上会 | 岐阜県郡上市 |
|---|---|---|---|---|
| 23 | 8月29日（月） | 観光立国へ～持続可能な里山インバウンドツーリズム | 山田拓 | 岐阜県飛騨古川市 |
| 24 | 9月24日（土） | 農山漁村の女性キャリアを考えよう～活躍事例の研究～ | 大和田順子 | 東京都 |
| 25 | 10月15日（土） | 産業用大麻栽培の未来～注目の智頭町大麻栽培農家を訪ねよう～ | 上野俊彦 | 鳥取県智頭町 |
| 26 | 10月15日（土） | 西粟倉元湯ゲストハウスに泊まろう～バイオマス熱エネルギーの活用とゲストハウス運営～ | 井筒耕平 | 岡山県西粟倉村 |
| 27 | 10月16日（日） | 地域おこし協力隊のＯＢ・ＯＧから学ぼう～地域の務めと定住するための稼ぎ～ | 関口智久、水柿大地、（長島由佳） | 岡山県美作市 |
| 28 | 10月17日（月） | 地域保育の未来～森の幼稚園まるたんぼう視察～ | 森の幼稚園 | 鳥取県智頭町 |
| 29 | 10月29日（土） | 命をいただくということ～鶏を捌いて食べよう～ | 加藤大吾 | 山梨県都留市 |
| 30 | 11月5日（土） | 里山サバイバル～災害時に役立つ、基本的なサバイバル技術を学ぼう～ | 川口拓 | 千葉県佐倉市 |
| 31 | 11月19日（土） | 創造的過疎とは？サテライトオフィス誘致で成功する神山町を訪ねよう | 大南信也 | 徳島県神山町 |
| 32 | 11月20日（日） | 海陽国を創ろう！～徳島県海陽町にて資源視察＆活用ワークショップ～ | 高浜大介 | 徳島県海陽町 |
| 33 | 11月20日（日） | 里山里海循環を考える～「森は海の恋人」そのメカニズムとは？～ | 畠山重篤 | 徳島県海陽町 |
| 34 | 11月21日（月） | 漁業体験～大敷網漁法～ | 鞆浦漁業協同組合 | 徳島県海陽町 |
| 35 | 12月3日（日） | ＜卒業式＞地方創生人材へのキャリアチェンジ～移住、起業、就職、ファイナンシャルプランニング～ | 高浜大介 | 東京都 |

**高浜大介（たかはま・だいすけ）**

1979年生まれ。立教大学観光学部観光学科卒。大手国際物流企業や企業人事・教育ベンチャーの勤務経験、NPO設立支援経験などを通して21世紀の職業人“アースカラー”を増やしていくことをミッションに2010年起業。

2010年NPO法人ETICの運営する内閣府地域社会雇用創造事業「ソーシャルベンチャースタートアップマーケット」第1期生に選出。千葉県佐倉市にて不耕起・冬期湛水という故岩澤信夫氏の提唱した環境共生型お米作りを行い、農業生産法人の立ち上げも行う。都市での中間支援と田舎での現場実践、二足のわらじを履いて活動中。

## 第11章
# 心豊かに暮らせるコミュニティ「石徹白」が続いていくために

平野彰秀（ひらの・あきひで）・平野馨生里（ひらの・かおり）

写真：2017年2月撮影。家族4人で（撮影：片岡和志）

### 平野彰秀（ひらの・あきひで）

1975年岐阜市生まれ。東京大学工学部都市工学科卒、同大学院環境学修士。商業施設プロデュース会社、外資系経営コンサルティング会社を経て、2008年、岐阜市にUターン、自然エネルギー（小水力発電・木質バイオマス）導入と中山間地域の地域づくりを始める。2011年、標高700m・人口300人弱の岐阜県郡上市白鳥町石徹白に移住。2014年、石徹白農業用水農業協同組合設立に参画。現在、地域再生機構副理事長、石徹白農業用水農業協同組合参事、石徹白地区地域づくり協議会事務局、HUB GUJO理事。

### 平野馨生里（ひらの・かおり）

1981年岐阜市生まれ。慶応大学総合政策学部卒業後、ＰＲ会社に就職。学生時代から地元岐阜の地域づくりに関わり、岐阜の伝統工芸品水うちわと出会う。『水うちわをめぐる旅：長良川でつながる地域デザイン』（新評論）の執筆活動を縁に岐阜にUターン。現在、石徹白で築140年の古民家を改装し、ショップ＆ギャラリー「石徹白洋品店」を営む。地元のお年寄りにお話を聞き、石徹白の生活の知恵・技術・心を受け継ぐ「聞き書き集」発行などの活動も行っている。

# 石徹白（いとしろ）で、循環する地域と暮らしを再生する

――最初に簡単な自己紹介をお願いします。（2014年9月15日インタビュー　聞き手：関口詩織）

私たちは今、岐阜県奥美濃の石徹白（いとしろ）という集落に暮らしながら、心豊かに暮らせるコミュニティが将来も続いていくために、地域の人たちとともに取り組んでいます。

## 1. 二人のライフヒストリー：ふるさと岐阜にUターンするまで

――今の自分につながる原点のようなことはありますか？

### (1) 地元のファスト風土化[1]・長良川河口堰・1冊の本

**彰秀**　原点となるようなことは三つあります。一つは、実家のまわりの田園風景が失われていく過程を目の当たりにしたことです。僕の実家は岐阜市の郊外にあります。小学生の頃、家の周りは一面田んぼで、蛙の鳴き声が聞こえるようなところでした。それが中学生になった頃、近くに幹線道路が開通して、実家のまわりは郊外型店舗の駐車場になってしまいました。農地が失われて、都市化していくという一方向的な流れに対して疑問を持つようになりました。

二つ目は、中学時代に起きた「長良川河口堰（ながらがわかこうぜき）」[2]の建設問題。岐阜市で育った僕たちにとって、長良川というのは、とても大切な川です。報道などを見ても、なぜ建設をするのかということに、納得がいかなかった。天然のアユやサツキマスが遡上する環境を、人為的に大きく変えてしまうことに、何だかおかしいと憤ったことを覚えています。

三つ目が、大学時代に専攻した都市工学科の先生に聞いた横浜のまちづくりの話です。昭和40年代に、みなとみらいを構想したり、日本大通りに計画されていた高速道路の地下化を進めたりした、田村明さん[3]という人の話を教えてもらいました。横浜は、イメージのいいまちですが、それは、自然発生的にできたものではなく、『まちをこうしたい』と意図した人がそこにいたという事実を知りました。思いを持った個人が働きかけていくことで、まちが変わっていくというプロセスがとてもおもしろいと思った。将来は、自分が関わることで、一つの地域が良くなっていく、そんなまちづくりに携

---

1　ファスト風土化：「ファストフード」をもじった造語。三浦展〔2004〕『ファスト風土化する日本：郊外化とその病理』により、日本列島の北から南まで多様な自然と歴史に育まれた様々な風土・生活文化・産業が、便利さと引き換えに全国一律に画一的なものになっていく郊外化現象が批判的に問題提起された。

2　長良川河口堰問題：高度成長期の1960年代、岐阜県を縦断する全長166kmの清流長良川の河口部（三重県）に人工堰の建設を計画、利水・治水を理由に推進する賛成派と川の生態系や漁業などへの悪影響を訴える反対派で是非を問う論争・裁判に発展、88年着工前後には反対運動が全国に拡大したが、95年に事業費1500億円で完成。徳山ダム問題と同様、自然環境や住民の暮らしを壊す開発への疑問、現在の必要性、当事者の捉え方、公共事業・河川管理・産業振興のあり方など、開発をめぐる様々な論点を提起する原点となった。

3　田村明〔1983〕『都市ヨコハマをつくる：実践的まちづくり手法』中公新書.

わりたい。そう思ったのが20歳の頃です。

### (2) クメール織物との出会いから水うちわをめぐる旅へ

**馨生里**　私は大学時代の4年間、カンボジアに通って戦乱で失われた伝統織物の再生に取り組む「クメール伝統織物研究所」[4]でフィールドワークをしていました。そこで、クメールの布の美しさとそれを織る人々に魅せられたことが、今につながる原点です。その時インタビューした織り手のお婆ちゃんが、自分の生業(なりわい)である伝統織物にゆるぎない誇りと自信を持って働く姿に圧倒されました。彼女のように自分の故郷(ふるさと)で誇りに思えるものを全然知らないことに気がつかされ、もっと自分の根っこの部分、つまり生まれ育った岐阜に目を向けるようになりました。

それで大学4年生の時、岐阜市でまちづくりの活動をしていたG-net[5]の東京支部、「G-net TOKYO」を立ち上げ、同郷の仲間と一緒に東京から岐阜を応援する活動を始めたんです。そんな中、岐阜市の伝統工芸品「水うちわ」[6]に出会いました。水うちわを初めて見たとき、あまりにも美しいうちわで感激しました。しかし、原料の入手の問題などで、もう作られなくなっていました。こんなに美しい素晴らしいものなのだから、ぜひ復活させましょう、ということになり、職人さんと、同世代の仲間たちと2004年に「水うちわ復活プロジェクト」を始めました。

プロジェクトの中で見えてきたのは、水うちわが廃れてしまった背景にある地域経済の衰退と生活文化の危機でした。郊外開発とともに大量生産・大量消費を前提とする「低価格・均質・使い捨てのライフスタイル」が普及す

---

4　クメール伝統織物研究所（IKTT: Institute for Khmer Traditional Textiles）：京都友禅染め職人だった森本喜久男（代表）が、内戦下で途絶えたカンボジアの伝統織物の復興とその担い手の育成、生活文化環境の再生を推進しようと1996年に設立したNGO。織物に携わる人々が暮らす家、食べ物、そのための森づくり、畑づくりを現地の人々と共に行い、自給する織物村を再構築した取組みが高く評価されている。http://iktt.org/

5　NPO法人「G-net（ジーネット）」：秋元祥治（代表理事）が2001年に岐阜市を拠点に設立。2003年NPO法人化。「挑戦する若者の育成」による地域活性化や地方の中小企業の振興をテーマに、長期実践型・地域協働型インターンシップ事業など様々な活動を展開している。http://gifist.net/

6　水うちわ：水のように透ける面を持ち、鵜飼観覧などの川遊びがさかんだった岐阜市で生み出された伝統工芸品。

るなかで、水うちわのような「自然と調和した暮らしの知恵や技」によってつくられている様々なもの・ことを私たちは既に失いつつある——そう気がつきました。当時私は東京に住んでいましたが、「水うちわは失ってはならない大切なものなんだ」と月に一度は岐阜に通い、職人さんや仲間と水うちわをつくるのに必要な和紙などの材料を探しに行ったりしていました。こうして故郷の文化を再発見しながら、足もとの暮らしを見つめ直す、水うちわをめぐる学びの旅がスタートしました。

——お二人の大学生活や就職活動について教えて下さい。

### (3) 迷いと挫折と試行錯誤の 20 代

**彰秀**　僕は大学2年目の時に、志望する学科に行くことができず、自主留年をしています。それまで順調に進学してきた自分にとっては、はじめての挫折でした。だけど、この1年間がなかったら、普通に就職して、何の疑問も抱かずに、レールに乗った人生を歩んでいたかもしれません。

単位はほとんどそろっていたのに自主留年したために、あまりに暇になってしまいました。先に進級した友人たちが、次のステップに進んでいるということに、不安もありました。そこで、暇な時間を埋めるために、「早稲田大学専門学校（現在の早稲田大学芸術学校）」[7]で参加型まちづくりや都市デザインを学ぶ社会人向けの講座に通ったり、先輩のIT系ベンチャー企業の立ち上げを手伝ったりするようになりました。大学の外に出て多くの人たちに出会う中で、まちづくりには、都市計画の専門分野以外の力も重要なのではないかと思うようになりました。

都市工学科に進級した後も、友人たちとイベント会社を立ち上げたりしました。大学院に進んでからも、研究室の活動や研究以外に、さまざまな学部の学生たちと一緒に地方のまちのまちづくりを提案するプロジェクトを立ち上げたり、建築・アート系の学生たちとアートのイベントを企画したりとい

---

7　早稲田大学芸術学校：1911 年設立の早稲田工手学校を源流とする専門学校（産業技術専門課程）。授業は平日夜間に行われ、社会人、大学・大学院既卒者、大学在学中のダブルスクール生が大半を占める。http://waseda-aaschool.jp/

うことをしていました。

ただ、大学院の時にさまざまな地域のまちづくりに携わったのですが、卒業して社会人になると、それまで密につきあってきた地域の人たちと、急に離れてしまいます。学生なりに頑張ったつもりではいましたが、まちにとって本当に役に立ったのだろうか、中途半端な関わり方をしたことで地域の人たちに逆に迷惑をかけてしまったのではないかという、自責の念にかられました。

まちづくりの世界では、「風の人」「土の人」という言葉があります。専門家として各地を渡り歩いてアドバイスをするのが「風の人」。特定の地域に根ざしてまちづくりに取り組む人が「土の人」です。あまり器用でもない自分は、できることならば、「土の人」としてまちづくりをしていきたいと思うようになりました。

卒業後は、「北山創造研究所」[8]という商業施設などのプロデュース会社に入りました。学生のときに、ここの会社の本を読んでとても共感したのがきっかけです。小さな会社だったので、若くても短期間で経験を積ませてもらえるような会社だと思い、入社しました。自分のやりたい仕事で、自分で選んだ職場でしたが、働き始めてからは、思い悩む日々でした。

――どんな悩みだったんですか？

**彰秀**　1つには、単純に、自分自身が仕事ができない奴だったということですね。学生の頃は、「ベンチャーをやっている」「まちづくりに関わっている」ということだけで、価値があるような気がしていました。だけど、社会で仕事をしていく上では、それではまったくお話になりません。北山創造研究所の仕事では、「時代の動向を踏まえた上で、次の時代に求められている街や施設をプロデュースする」ということが求められていました。そのためには、次の時代を描く構想力や、他にはないクリエイティブな発想、そして、

---

8　北山創造研究所：北山孝雄代表。どんな生活を実現したいのかを発想の原点に、人を軸にしたまちづくり、くらしづくりを手掛ける都市コンサルタント／商品デザイン会社。http://www.kita-sou.com/

チームで仕事を進めていくための段取り力や気配りが求められました。しかし、当時の自分は、まったくそのような実力がありませんでした。

もう1つは、仲間からの独立の誘いに応えられなかったことです。当時は仕事の傍ら、岐阜に通いながらG-net の設立に参加していました。G-netをNPO法人化するときに、G-netの仲間が「会社を辞めて、岐阜で一緒にやろう」と誘ってくれた。でも、その時の僕は、仕事を辞めて独立するという決断ができませんでした。自分がやりたいと思っていることで、一緒にやろうと言ってくれる仲間がいるのに踏み出せない。やりたいことがやれるチャンスに飛び込めない自分の臆病さに落ち込み、深い挫折感を味わいました。当時の僕は、仕事ができている実感がなかったし、もう少し東京で経験を積んで、自分の中でやれる自信がついてからでないと独立はできないと思っていたのです。そこで、もっとビジネスの力をつけたいと思い、外資系の経営コンサルタント会社に転職をしました。

――転職して、なにか変わりましたか？

**彰秀**　不思議なもので、北山創研では「できない奴」だった僕が、経営コンサルになって「できる奴」に変わった。経営コンサルタントは、企業の経営課題を2～3か月という短い期間で、徹底的に考え抜き、最適な解決策を提案するのが仕事です。それが僕には向いていたようです。コンサル会社には、頭の良いスマートな人たちが集まっていたし、責任の大きなやりがいのある仕事ばかりでした。しかし、論理より感性やセンスが要求される北山創研でのプロデュースの仕事の方が、自分にとっては難易度が高かったように思います。

今、振り返って思うのは、自分の道を見つけられるのが、早い人もいれば、遅い人もいて、焦らなくてもいいということ。大学生の人たちと話していると、「就活で人生決まる」と思っている人が多いような気がするけど、実はそんなことはない。20代のうちは自分の幅を広げるようなことに挑戦してみればいいと思います。20代は仕事の基盤をつくる時期なので、どんな環境でどんな仕事をするかというのは重要だけど、それで人生が決まるわけではない。僕も今やっている自然エネルギーの仕事や石徹白での活動を始めたのは32歳の時です。人生は就活なんかでは決まらないし、他人が何と言おうと、自分がぴんとくるかどうかで、進路を決めればいいと思います。

### (4) グローバル企業で働く自分と地域再生を目指す自分との葛藤

**馨生里**　私は普通に一生懸命、就職活動をしました。メディアからメーカーまで、色々な企業を受けました。誰もが同じ格好をして同じように就職試験を受けるということに違和感を抱きながらも、最終的にはPR会社に就職しました。

仕事は大企業の広報活動をすることでした。記者会見の開催や、ニュースリリースの配信、メディアへのアプローチ等を通じて、効果的に企業の商品などをPRします。私は米国のとある企業の担当で、新規開発された商品をPRしていました。政党のPRを担当する部署もあって、それまで知らなかった社会の側面を見ることができました。

――PRのためのストーリーをつくるようなお仕事？

**馨生里**　そうですね、社会の関心を喚起するための演出方法やストーリーを考えるんです[9]。米国系の会社のPRだったので、英語を使い、スピード感もあって、それなりには面白かったけど、その仕事を自分がやる意味が見出せなかった。グローバル企業のPRをしている自分と地域の伝統工芸品の水うちわのPRをしている自分との間に大きな矛盾を感じていました。

地域を大事にするとか、持続可能性（サステナビリティ）を考えることの方に自分の力を注ぎたい。働き始めて数ヶ月で悩み始めました。就職した半年程後に、水うちわ復活の活動がNHKの番組で取り上げられ、雑誌に掲載されて。それを見た出版社の方が水うちわの活動について紹介する本を書かないかと連絡を下さり、本を書くための取材で頻繁に岐阜に帰るうちに、「あぁ、岐阜に戻りたいな」って思うようになりました。結局、1年で仕事を辞めて、岐阜にUター

---

9　近年多くのメディアで取り入れられている情報提供の一様式。情報それ自体の正確性・客観性よりも、情報を発信する人の雰囲気や態度、人柄を演出し、趣向をこらした娯楽商品のように情報を発信することから、インフォテイメント（information × entertainmentの合成語）ともいわれる手法。

ンすることを決めたんです。

### (5) 長良川流域持続可能研究会を立ち上げ、石徹白に出会う

**馨生里**　水うちわは長良川流域全体で育まれてきた伝統工芸品なんですね。うちわの面に使う和紙は岐阜市の上流の美濃市で漉かれ、竹は流域全体に豊富にある竹林から採り、そうした材料は舟を使って川で運ばれ、岐阜市の川湊で荷揚げされます。そこでうちわやちょうちんなどの加工品が作られ、それを岐阜の街の人が売っていました。そうやって流域全体で一つの経済文化圏がつくられてきました。街の人は、上流部に住む人々の働きや、自然の恵みに支えられて生きてきたんです。しかし、今では、上流地域は過疎化が進み、農業や林業の担い手が減って田畑や森林は荒れつつあります。下流地域についても、中心市街地の空洞化が進み、若者は大都市に出て行くと帰って来ません。この連鎖を「何とかしないと」と思い、仲間と一緒に長良川の上流部にある郡上（ぐじょう）市に通い、農林業について調べたり体験したりしていました。こうして、郡上で活動している人たちとの交流が深まり、いろんな人と繋がっていきました。

**彰秀**　そこで、林業や自然体験のNPOをやっている人たちにも出会うようになって。彼らは長良川河口堰の反対運動もしていた人たちで、自然体験や林業体験ができる場を自分たちで創っていた。清流長良川を次世代に残すんだと、諦めないで、地に足をつけて自ら実践する姿が、すごくカッコよかった。

**馨生里**　私たちも「長良川流域持続可能研究会」という勉強会を立ち上げ、動き出しました。この流域で暮らし続けていくためには何が必要かと考えた時に、食料もですが、エネルギーも地産地消が大事。岐阜は水資源が豊かだし、小水力発電[10]をやってみたらという話になりました。小水力発電が出来そうな場所を回るうちに、かつて小水力発電で電気を自給していたという郡上市の最奥にある石徹白にご縁があって訪れたんです。それが石徹白との最初の出会いで、2007年夏のことです。

---

10　小水力発電：1000kW以下の設備で、水の流れを変えずに、川の高低差や流れを利用して発電する仕組み。

**彰秀**　それから半年、小水力プロジェクトのために、僕も東京から石徹白に通っていたんですが、ここに暮らす人たちが「すごい人たち」だった。簡単な大工仕事も畑仕事も何でも自分でやる。自分の親世代の人が、おじいちゃん世代のような感覚を持っているような気がした。石徹白には、高度経済成長以降に失われてきた「自治の精神」や「自然と共に生きる知恵や技」がまだ残っている――「自分がまちづくりをする場所はここだったんだ」と直感して、石徹白に出会って半年後、2008年春に会社を辞め、まずは岐阜市にUターン。そして、石徹白で自然エネルギーづくりと地域づくりを始めることにしました。
**馨生里**　私も、石徹白の大自然、活き活きと暮らす石徹白の人たちにすっかり魅せられて、「私はここに住む！」と決めていました。その後につきあい始めた夫とも「石徹白に住もう」と約束して、2008年秋に結婚しました。

## 2. 石徹白に残る大切なものを受け継ぐために

### (1) 石徹白の歴史と文化：持続可能な未来へのヒント

――お二人を魅了した石徹白って、どんな場所なんですか？

**彰秀**　九頭竜川の最源流、白山(はくさん)の南麓(なんろく)に位置する、縄文時代から続く歴史ある集落です。石徹白は「白山信仰の里」として栄えてきました。
　スキー場ができる昭和45年以前は、冬は道路の除雪がされないため、徒歩でしか地区外には出られなかった。このために、自分たちで暮らしをつくる力や、地域のために力を合わせて暮らすコミュニティが、比較的残っていると思います。昭和30年までは、自分たちで設置した小水力発電で、エネルギー自給もしていた。僕は、持続可能な未来へのヒントは、石徹白のような日本の農山村に当たり前にあった暮らし、自治のあり方にあると思っています。
**馨生里**　今でも、集落を維持するために必要な力を提供しあい、年齢関係なく杯を交わして笑い合うこと、何かあった時には理由なく助け合う、そんな

石徹白全景（撮影：平野彰秀）

「結（ゆい）」の精神[11]がまだ残っています。

**彰秀**　石徹白に暮らしはじめて思うのは、自分たちの命が何によって支えられているのかということが、とてもよく見えるということです。飲み水は家から見える山からやってきているし、米や野菜は自分たちの身の回りの田畑で採れる。森の木を伐って薪にして暖を取り、農業用水の位置エネルギーを使って電気ができる。さらに、石徹白で代々続いている家であれば、先祖が建てた家や、先祖の植えた森の木や、先祖の墓が身近にあるから、先祖のおかげで自分たちが生きているということが見える。ここからは、自然の恵みや先祖に感謝するという心がおのずから生まれます。

現代の都市の暮らしの中では、自分の生存が何に支えられ、どう成り立っているのかが、とても見えにくくなっています。自然資源があってこその自分たちの命であるはずなのに、お金さえあれば何事も解決するように錯覚してしまいます。しかし、巨大なシステムに過度に依存することは、大きなリスクを抱えていると思います。震災に続いて原発事故が起きたとき、多くの人たちは国と電力会社のせいだと言いました。もし、食糧危機が起きたら、

11　結（ゆい）：日本の農山村でかつて当たり前だった、互いに力を分かち合い、助け合う心や共同作業のこと。子育てや水路掃除、公共施設の雪囲い作業など、みんなで力を合わせて生きていく精神と行為全体を指す。

また、私たちは「誰かのせい」にするのでしょうか？

――どんな社会に向かうべきなんでしょうか？

**彰秀**　「大きなシステムと小さなシステムが共存している社会」「自分たちの手に暮らしや自治を取り戻すことのできる社会」、そして、「人と人・人と自然の関係が良好に保たれている社会」が、目指すべき社会であると考えています。

現代社会の前提となっている高度で巨大なシステムを否定するつもりはありませんが、自分たちの手で届く範囲の小さなシステムが共存しているということが、安心につながると思います。電力会社の電気を使っている一方で、自分たちで電気を生み出すこともできて、いざというときに備えることができる。流通に乗っている食料品を買う一方で、ベースとなる米や野菜は自分たちで育てている。巨大資本によるスーパーや量販店で買い物するだけではなく、顔の見える小商いが根付いている。大きなシステムに頼りすぎて誰かのせいにするのではなく、自分たちの手で暮らしをつくるということが尊ばれる。そして、都市に暮らしていても、田舎に暮らしていても、自分たちの命を支えている自然や一次産業に携わる人に思いを馳せることができる。そんな社会へとシフトしていければと考えています。

――今はどんな活動をされているんですか？

### (2) 石徹白での取り組み

**彰秀**　石徹白で小水力発電のプロジェクトをはじめたのが2007年ですが、当時は、「地域から持続可能な社会をつくる」という理念を掲げていました。しかし、小水力発電の導入を進めていく中で、「持続可能社会」や「環境・エネルギー」ということに、地域の人たちが関心を持っているわけではないということがわかってきました。

地域の人たちに支持されない活動を続けてもしょうがないと思い、途中から方向転換し、地域の人たちの思いに寄り添った活動をしました。地域の公式ホームページの立ち上げや、女性グループによるカフェの立ち上げ、農産物加工所の再生、子育て世代の移住促進などを、地域の人たちとともに取り組みました。これらの活動が実を結び、移住者も次々に増えてきました。

そして2016年、集落ほぼ全戸出資による小水力発電所の建設が完成して、集落の電気の自給率は約230%になりました。

集落の人たちは、「小水力発電は目的ではない」と言います。かつては「子孫の世代のために、皆で力をあわせて、暮らしをつくる・仕事をつくる・地域をつくる」というのは当たり前のことでした。そのような自治の心を取り戻し、もう一度、集落が一丸となって、地域の将来に立ち向かっていくための手段として、リスクを負って小水力発電所を建設することを決断しました。

**馨生里** 私の場合、この石徹白で「やってみたい」と思うことは、常に新しく出てきます。例えば、「石徹白聞き書きの会」を石徹白公民館の担当者としてやらせてもらっています。古老に話を聞けば聞くほど、今のうちにまとめておきたいと思うことがたくさん出て来ます。昔のことをただ聞いて保存するのではなくて、野良着を今の暮らしに取り入れているように、石徹白で残ってきたものを現代の文脈の中で読み解いて、生活に活用していくということが、これからとても大事になっていくと思います。また、石徹白の民話を絵本にするという活動も進めていて、2015年10月には、第一作目である「ねいごのふたまたほおば」という絵本を出し、毎年一冊ずつ発行することを目指しています。子どもたちに故郷の民話を身近に感じてもらい、愛着を深めてもらいたいと思います。

## 3. お金に頼りすぎない暮らし

――典型的な一日を教えて下さい。

**彰秀** 平日は、石徹白でデスクワークをしたり、打合せで出かけたり。夜は、石徹白地区内でのさまざまなプロジェクトの寄合をしています。同時期に複数のプロジェクトに携わっています。石徹白での小水力発電所の建設の仕事、他地区での小水力発電や木質バイオマスボイラー導入に関する調査の仕事など。これらは、「地域再生機構」として取り組んでいる仕事です。これ以外に、石徹白地区地域づくり協議会の取組や、郡上市全体でIT産業をつくろうというNPOの取組などをしています。稼ぎになる仕事もありますし、稼ぎにならない仕事もありますが、自分の中ではあまり区別をしていません。

プロジェクトごとに一緒に仕事をするメンバーは異なります。メンバーはさまざまな立場の人が参画しますが、プロジェクトごとにチームを組んで、一つの目標に向かって、ゼロから仕組みを作っていくということが、僕はとても面白いと思っています。プロジェクトを進めていく中で、必要に応じて、法人化することもあります。「民間・公共・社会の3つの垣根を超えて活躍する人」のことを指す「トライセクター・リーダー」という言葉がありますが、さまざまな立場の人が柔軟にプロジェクトを組んで実現化していくという活動形態は、震災復興などでとても重要だったと思います。セクターを超えて連携し実現化していくスタンス・経験・スキルを身に付けていくことは、地域にとっての大きな力になるのではないかと考えています。

休日も、プロジェクトの関係で出かけることも多いです。家にいるときは、薪づくりや、冬支度や、雪おろしや、畑仕事など、季節ごとの家のまわりの仕事をしています。

——子育て真っ最中の馨生里さんの一日は？

**馨生里**　私の一日の流れは変則的ですね。石徹白洋品店の仕事でいうと、企画展の準備や調整、チラシ作りから、布の仕入れ、デザイン、型紙作り、縫製、会計の仕事まで、諸々(もろもろ)の仕事を子どもが保育園に行っている朝9時から夕方4時までにやっています。2017年4月からは石徹白洋品店を会社化しスタッフも増え、分担して作業できるようになりました。5月から10月は月10日間程、お店を開けているので、接客もやっています。

——石徹白に引越してから、経済状況は変わりましたか？

**馨生里**　お金を毎日は使わなくなった。「お財布どこだっけ？」みたいな(笑)。

**彰秀**　そうそう、お財布を持って歩かなくなった。ここら辺、みんなそうで。

飲み会とかでも「500円徴収〜」ってなると、「あっ！財布忘れた」って人がほとんどです。

**馨生里**　野菜は自分の家の畑や、ありがたいことに、たくさんいただくのでそれらで間に合う。夏場は本当に買う必要がない。卵とか肉はネット購入か、街に出た時に買います。光熱費は普通にお金が出ていくけど。多分、都会でサラリーマンして生活するほどお金は必要ないですね。でも、薪をつくるとか、漬物を漬ける、味噌を漬けるなどの時間が割かれるので、お金に換算できない労働がある程度の時間かかってくると思います。そこを理解した上で、どういうふうに仕事と生活のバランスをとるか、というのを考えていかなければならないですね。

## 4. 石徹白で、心豊かな暮らしを生き継ぎ、次世代につなぐ

——最後に、お二人が大切にしていることや今後の抱負を聞かせて下さい

**彰秀**　今の世の中に生きているのだから、お金を稼ぐことも必要です。でも、お金だけでは、生きていけない。都会で普通に暮らしていると、自動的に大きな社会システムに組み込まれてしまい、3.11の時のように何か問題が起きても、「誰か」に文句をいうしかなくて、自分では何もできない。これはエネルギーの話だけじゃなくて、あらゆる分野について言えることです。

今、一番大切なのは、自分たちの問題を大きなシステムに任せっぱなしにせず、自分で取り組む「DIY精神」、何かあっても「自分たちで暮らしを立て直していける機動力」だと感じます。最後に頼りになるのは、災害に遭っても、インフラが止まっても、自力で生きる術を持つ住民一人ひとりが、みんなで力を出し合い、助け合える地域コミュニティだと思うんです。

だから僕は、石徹白の人がよく言う「甲斐性」を取り戻したい。それは「お金を稼ぐ」だけの単純な意味じゃなくて、石徹白の厳しい自然の中で培われてきた「自治力」だったり、「自然と調和した身の丈の暮らしを創り、自ら愉しむ心」だったり。そういうホンモノの甲斐性を僕たちが生き継いで、今の時代に合った新しい形にして、次世代につないでいきたい。そして、自

然と共に暮らすからこそ分かる「感謝の気持ち」を大切にしたい。まちの人たちが、ここに来るときには、地域行事などに参加してもらい、ここで暮らす人たちの生き方を通じて、何か気づきが得られるような「体験的な学びの場」を増やしていきたいと思っています。

**馨生里**　私は、今の世の中の価値観とか、周りのみながそうしてるから、誰かがそう言うからではなくて、「自分はどういう生き方をしたいのか」を大切にしたいです。自分自身が心地よく幸せに在ることが、自分の周りの人にとっても幸せで、そういう心豊かな毎日が積み重なって、家族の幸せや地域の幸せ、社会全体の幸せにつながると思っています。

私の場合、家族と子どもを持ち、子どもも将来子どもを持って、命をずっと繋いでいきたいから、家族みなが安心して生きていける場所が、最も大切な幸せの指標。そう考えた時、東京ではないし、岐阜市でもなくて、石徹白が「一番安心できる場所だ」と思えたのです。石徹白には、清らかな水があり、土があり、野菜も自分で育てられる。山があって、木の実や山菜などの山の恵みがある。子どもたちを見守ってくれる人たちもいる。根源的な意味で「生命力が強い場所」と思います。「スーパーもコンビニもなくて不便でしょ」と、よく言われますが、この安心感は利便性とは天秤にかけられない、かけがえのないものだと思っています。

**彰秀**　僕はこれまで、試行錯誤した20代があって、30代で大きく舵を切って進む道を定め、小さな取り組みを一つずつ積み重ねてきました。集落全戸出資による小水力発電所の建設は、30代に取り組んできた「エネルギーと自治」の一つの成果だと考えています。これからも、「エネルギーを自分たちの手に取り戻す」「農山村の資源をエネルギーとして活用することで農山村の復権につなげる」という活動は、続けていきたいと考えています。全国の仲間たちも増えてきていますし（図表）、これからもこのような活動に携わるプレイヤーが増えていってほしいと思います。

一方で、今、新たな取り組みをいくつか始めています。1つは、石徹白で自然体験などに取り組んでいる事業者をつないだ「いとしろアウトドア・ビレッジ構想」。「ここにある自然が大切なことを教えてくれる」というキャッチコピーのもと、アウトドアの活動を通じて生きる力を取り戻すことのできるようなプログラムを展開していきたいと考えています。また1つは、「い

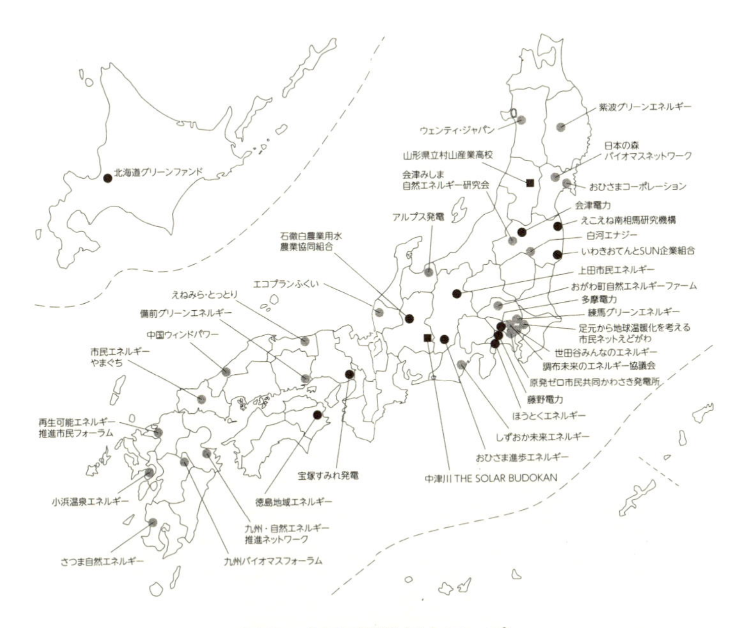


**図表　全国ご当地電力マップ**

出典：高橋真樹〔2015〕『ご当地電力はじめました!』岩波ジュニア新書

としろカレッジ」。石徹白で脈々と続いてきた暮らしをベースに、持続可能な暮らしについて学ぶことのできるような場をつくっていきたい。もう１つは、郡上市全体で、「HUB GUJO」という取り組みを行っています。これは、IT技術者などが郡上で仕事ができるようなコワーキングスペースの開設や、サテライトオフィスの誘致をしています。

３つの活動に通底する考え方は、「多様性とオープンイノベーション」と「自然から得られる学びの場」です。自然エネルギーの導入を進めていくことはもちろん大切なことですが、それだけでは、波及効果は限定的のように思います。自然とともにある暮らしの価値を、多くの人たちに気づいてほしい。そのためには、多様な人たちが、創造的な発想で、自然の価値を引き出していくような場を創っていくことを通じて、持続可能な社会へと近づいていければと考えています。

## 読んでみよう

①水野馨生里〔2007〕『水うちわをめぐる旅：長良川でつながる地域デザイン』新評論.

②水野馨生里〔2010〕『ほんがら松明復活：近江八幡市島町・自立した農村社会への実践』新評論.

③森本喜久男〔2015〕『カンボジアに村をつくった日本人：世界から注目される自然環境再生プロジェクト』白水社.

④野田智義・金井壽宏〔2007〕『リーダーシップの旅：見えないものを見る』光文社.

⑤P・センゲ他〔2006〕『出現する未来』講談社.

⑥森本喜久男・高世仁〔2017〕『自由に生きていいんだよ：お金にしばられずに生きる“奇跡の村”へようこそ』旬報社.

## みてみよう

①大西暢夫監督〔2007〕『水になった村』DVD発売元ポレポレタイムズ社
http://polepoletimes.jp/times/shop/movie/

②今井友樹監督〔2014〕『鳥の道を越えて』工房ギャレット
http://www.torinomichi.com/

③長岡野亜監督〔2008〕『ほんがら』企画：ひょうたんからKO-MA
http://gonza.xii.jp/mura/

④渡辺智史監督〔2017〕『おだやかな革命』有限責任事業組合 いでは堂
http://odayaka-kakumei.com/

## やってみよう

**①みんなが主役の石徹白集落で、フィールドワークをしてみよう**

いとしろ子育て移住推進委員会　http://life.itoshiro.net/

**②人と自然が共存する暮らしの知恵を未来につなぐために、聞き書きをしてみよう**

認定NPO法人「共存の森ネットワーク」聞き書き甲子園　http://www.kyou-zon.org/message/

### 参考文献

石徹白聞き書きの会〔2014〕『聞き書き集　石徹白の人々』石徹白公民館聞き書きの会.

北山創造研究所〔2013〕『北山創造研究所のあの手この手 1993-2013』公和印刷株式会社.（非売品）
高橋真樹〔2015〕『ご当地電力はじめました！』岩波ジュニア新書.
西村佳哲〔2011〕『いま、地方で生きるということ』ミシマ社.
広井良典〔2013〕『人口減少社会という希望：コミュニティ経済の生成と地球倫理』朝日選書.
三浦展〔2004〕『ファスト風土化する日本：郊外化とその病理』洋泉社新書.

# 石徹白洋品店

### 石徹白で私の生業を考える：服づくりへの想い

石徹白に引っ越すにあたって、私はどんなことを仕事にしたいだろうかと考えました。それまでの仕事は、PRやイベントの企画だったので、こういう類の職種では石徹白では食べていけないだろうと、それまで全くの専門外だった服づくりの仕事を考え始めました。都心から離れた山里でもできるということ、そして地域の人から見て分かりやすいということ、私自身が興味関心のあること……。

石徹白には、縫製工場が１軒残っています。今70代の石徹白すみゑさんが20代半ばのときに立ち上げました。すみゑさんは石徹白民謡保存会など地域に貢献する活動も幅広くやってらっしゃるので、彼女と一緒に仕事をしてみたい、という動機もありました。

また、身につける服は、自己を表現する最たるものですが、衣食住の中で一番遠いところで、目に見えないプロセスで作られるようになってしまっている。それを手中に取り戻したいという思いもありました。

### 28歳で服飾専門学校に通い、石徹白洋品店オープン

ところが私は、裁縫は全くできず、服ってどうやって作るのか、未知の世界でした。でも、やってみようと決めて、28歳から服飾専門学校に仕事の傍ら通いました。手先の器用な若い学生さんばかりで挫折感に苛まれ、壁にぶち当たる日々でした。しかし、石徹白で自分らしい服づくりをするという目標が明確だったので、２年間必死に勉強して、一応一通りのことはできるようになりました。ただ、服づくりは正解やゴールがないので、今でも常に試行錯誤だし、学びの日々です。

卒業後、そのタイミングで石徹白に引っ越し。一冬かけてお店の準備をし、2012年５月に、石徹白洋品店をオープンしました。

### 和裁の知恵と技術の集大成「たつけ」で「つくる循環とつくる喜びの輪」を広げる

そんな中で、わざわざ山を越えて石徹白までお客さんに来てもらうのだから、

石徹白洋品店 店内の様子
（撮影：平野馨生里）

石徹白らしい服づくりをしたいという思いが高まっていました。そして、石徹白に残る古い「野良着」を見つけたのです。それまで「洋裁」を学んでいましたが、洋裁は人の体の曲線に合わせて布をカーブで裁断して縫い合わせるという考え方。一方で、野良着は「和服＝和裁」で、布を人の体に合わせるという発想なので、直線断ち・直線縫いが基本です。こだわりの深い大切な布を使うのに、カーブに切り刻み、多くのごみを出す洋裁に疑問を持っていたときに、和裁の考え方を知り、目から鱗でした。

石徹白で始めていた「聞き書き」の活動もあり、地域のお婆さんから野良着の作り方を教えてもらって、それを今の時代でも着られるようにアレンジした服を商品化しました。石徹白の人が当たり前に知っていた野良着ズボン「たつけ」は、地域外の特に若い人に評判が高いです。今は、こうした野良着の復刻服を国産の布を仕入れて制作、販売しています。

昔の話の「聞き書き」は、過去の郷愁を書き残すのではなく、むしろ私たちがこれから生きていく中で必要となるヒントが溢れているのだと、改めて聞き書きの力を思い知らされました。実際に「たつけ」も、少ない用尺のストレッチ性のない布で機能的なズボンが手縫いで簡単にできる、という洋裁にはない素晴らしい知恵と技術の集大成なのです。

また、2015年に「郡上手しごと会議」という団体を立ち上げ、郡上の自然の恵みから布をつくったり、草木染めをして、「衣」に関わることで、生活の糧の一部になるといいなと、活動を始めました。小さくても地域性があり、誇りをもって仲間と喜びを共有できる仕事づくりに取り組んでいます。

### 自分の手で暮らしをつくる小さなコミュニティの輪を石徹白から

私自身、服は買うものと思ってきました。が、こうして自分の手で服を作ることができることを知り、より多くの人に身の回りのものを自ら生み出すことの大切さに気付いてもらいたいと、「たつけ」づくりや草木染めのワークショップを行っています。

食べ物もそうだけれど、自分の暮らしの中のあらゆることを誰かに任せるのではなく、自分の手でできるようになれば、生活に付随するリスクを軽減することができます。加えて、目に見える範囲で、互いが得意なことを持ち寄り、助け合っていくことができれば、コミュニケーションが自ずと増えて絆が深まるとともに、喜びも生まれます。そんな小さな輪が一つのコミュニティとなり、その小さなコミュニティが積み重なっていくことが、安心して生きていくことのできる社会につながっていくのではないでしょうか。私は、石徹白だからこそできる服づくりを通して、そんな地域を実現していきたいと考えています。

（平野馨生里）

# おわりに

この本を作っている間中、シリアとイラクでは内戦が続いていました。世界中でテロが頻発し、多くの市民が命を落としました。日本では自衛隊が国外で軍事活動ができるようにする法律が成立し、兵器開発と輸出が解禁され、市民の思想と言論の自由を制限する体制が整いつつあります。これらは、グローバル化が究極まで進んだ現代の世界の行き詰まりを示す姿と言えます。一見、絶望的な気持ちになりそうな状況ですが、その中で希望をきりひらく営みが世界中で繰り広げられているのも、一方の事実です。私たちはその姿をしっかりと認識して、私たち自身の働き方、暮らし方を作り出していきましょう。社会を変えようと焦る必要はありません。私たちが自分の人生を持続可能なものにしていくことが、世界全体を持続可能にしていく営みそのものです。そうやってこそ社会は根本的に変わっていくものです。

この本の執筆者はこれまで全体として交流はなかったし、執筆の過程で全体として打ち合わせるような機会もありませんでした。しかしながら、できあがった本を見ると、あらかじめ全員でよくよく話し合って執筆にとりかかったような、統一感のあるものができました。この本を作るにあたり、ESD研究／実践家である関口知子氏にたいへんお世話になりました。彼女の見識と人的ネットワークがなければこの本はできませんでした。執筆者を代表して謝意を表します。

明石書店の大江道雅氏、岡留洋文氏には粘り強く編集の労をとっていただきました。途中で何度も行き詰まりかけた企画を出版までこぎつけてくださったご努力に感謝します。

2017年6月　　　　高野　雅夫

**執筆者一覧**（五十音順、[ ] 内は担当原稿。*は編著者）


アンベール - 雨宮裕子［p159 コラム］
飯尾裕光［p156 コラム］
井筒耕平［第 10 章］
大江正章［p216 コラム］
勝田長貴［p76 コラム］
椛島剛士［p272 コラム］
川上紳一［第 1 章、p35 コラム、p76 コラム］
後藤　忍［p253 コラム］
三本木國喜［p72 コラム］
白石　草［第 9 章］
白木夏子［p177 コラム］
ソーヤ海［第 4 章］
*高野雅夫［はじめに、第 1 章、おわりに］
高浜大介［p276 コラム］
竹村伊央［p212 コラム］
田中　滋［p102 コラム］
田村太郎［第 8 章、p235 コラム］
塚本明日香［p76 コラム］
土井ゆきこ［第 7 章］
中野佳裕［第 2 章］
平野彰秀［第 11 章］
平野馨生里［第 11 章、p298 コラム］
藤村靖之［第 3 章、p130 コラム］
古沢広祐［序章、p35 コラム］
村田元夫［第 5 章］
吉原　毅［第 6 章、p196 コラム］

持続可能な生き方をデザインしよう
——世界・宇宙・未来を通していまを生きる意味を考える
ESD実践学

2017年9月20日　初版第1刷発行

編著者　高　野　雅　夫
発行者　石　井　昭　男
発行所　株式会社明石書店
〒101-0021 東京都千代田区外神田6-9-5
電　話　03（5818）1171
FAX　03（5818）1174
振　替　00100-7-24505
http://www.akashi.co.jp
装丁　明石書店デザイン室
印刷／製本　モリモト印刷株式会社

ISBN978-4-7503-4561-1
Printed in Japan　（定価はカバーに表示してあります）